国家出版基金项目
NATIONAL PUBLICATION FOUNDATION

现代空空导弹基础前沿技术丛书

国之重器出版工程
国防现代化建设

红外空空导弹捷联寻的制导技术

Infrared Airborne Missile Strapdown Homing Guidance Technology

贾晓洪 张晓阳 杨 军 李友年 编著

U0381878

西北工業大學出版社
西 安

【内容简介】 本书重点阐述了与红外空空导弹捷联寻的制导系统设计相关的理论与技术，分析了国外已广泛采用的滚仰半捷联导引头的特征与工作原理，围绕滚仰半捷联导引头建立了运动学、动力学模型和误差传递函数，介绍了导引头稳定回路、跟踪回路、随动搜索回路及其控制器的设计方法，分析了滚仰导引头所特有的过顶跟踪问题及影响，介绍了滚仰半捷联导引头的制导信息提取方法、捷联寻的制导系统的设计与分析方法以及捷联寻的制导系统的快速原型设计方法，最后研究了基于现代控制理论的捷联寻的制导系统导引控制一体化设计方法。

本书适合从事红外导弹导引头和制导系统设计的人员使用，也可供相关专业科技人员和高等院校师生阅读参考。

图书在版编目(CIP)数据

红外空空导弹捷联寻的制导技术 / 贾晓洪等编著
. —西安：西北工业大学出版社，2021.7
(现代空空导弹基础前沿技术丛书)
ISBN 978-7-5612-7764-5

Ⅰ.①红… Ⅱ.①贾… Ⅲ.①红外制导-空对空导弹-捷联式惯性制导 Ⅳ.①TJ762.2

中国版本图书馆 CIP 数据核字(2021)第 155572 号

HONGWAI KONGKONG DAODAN JIELIAN XUNDI ZHIDAO JISHU
红外空空导弹捷联寻的制导技术

责任编辑：胡莉巾　　**策划编辑：**杨　军
责任校对：王玉玲　　**装帧设计：**李　飞
出版发行：西北工业大学出版社
通信地址：西安市友谊西路 127 号　　邮编：710072
电　　话：(029)88491757，88493844
网　　址：www.nwpup.com
印 刷 者：陕西奇彩印务有限责任公司
开　　本：710 mm×1 000 mm　　1/16
印　　张：13
字　　数：248 千字
版　　次：2021 年 7 月第 1 版　　2021 年 7 月第 1 次印刷
定　　价：78.00 元

如有印装问题请与出版社联系调换

《国之重器出版工程》
编辑委员会

编辑委员会主任： 苗　圩

编辑委员会副主任： 刘利华　辛国斌

编辑委员会委员：

冯长辉	梁志峰	高东升	姜子琨	许科敏
陈　因	郑立新	马向晖	高云虎	金　鑫
李　巍	高延敏	何　琼	刁石京	谢少锋
闻　库	韩　夏	赵志国	谢远生	赵永红
韩占武	刘　多	尹丽波	赵　波	卢　山
徐惠彬	赵长禄	周　玉	姚　郁	张　炜
聂　宏	付梦印	季仲华		

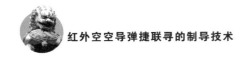

专家委员会委员（按姓氏笔画排列）：

于　全　中国工程院院士
王　越　中国科学院院士、中国工程院院士
王小谟　中国工程院院士
王少萍　“长江学者奖励计划”特聘教授
王建民　清华大学软件学院院长
王哲荣　中国工程院院士
尤肖虎　“长江学者奖励计划”特聘教授
邓玉林　国际宇航科学院院士
邓宗全　中国工程院院士
甘晓华　中国工程院院士
叶培建　人民科学家、中国科学院院士
朱英富　中国工程院院士
朵英贤　中国工程院院士
邬贺铨　中国工程院院士
刘大响　中国工程院院士
刘辛军　“长江学者奖励计划”特聘教授
刘怡昕　中国工程院院士
刘韵洁　中国工程院院士
孙逢春　中国工程院院士
苏东林　中国工程院院士
苏彦庆　“长江学者奖励计划”特聘教授
苏哲子　中国工程院院士
李寿平　国际宇航科学院院士

李伯虎 中国工程院院士

李应红 中国科学院院士

李春明 中国兵器工业集团首席专家

李莹辉 国际宇航科学院院士

李得天 国际宇航科学院院士

李新亚 国家制造强国建设战略咨询委员会委员、中国机械工业联合会副会长

杨绍卿 中国工程院院士

杨德森 中国工程院院士

吴伟仁 中国工程院院士

宋爱国 国家杰出青年科学基金获得者

张　彦 电气电子工程师学会会士、英国工程技术学会会士

张宏科 北京交通大学下一代互联网互联设备国家工程实验室主任

陆　军 中国工程院院士

陆建勋 中国工程院院士

陆燕荪 国家制造强国建设战略咨询委员会委员、原机械工业部副部长

陈　谋 国家杰出青年科学基金获得者

陈一坚 中国工程院院士

陈懋章 中国工程院院士

金东寒 中国工程院院士

周立伟 中国工程院院士

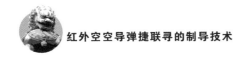

郑纬民　中国科学院院士
郑建华　中国科学院院士
屈贤明　国家制造强国建设战略咨询委员会委员、工业和信息化部智能制造专家咨询委员会副主任
项昌乐　中国工程院院士
赵沁平　中国工程院院士
郝　跃　中国科学院院士
柳百成　中国工程院院士
段海滨　“长江学者奖励计划”特聘教授
侯增广　国家杰出青年科学基金获得者
闻雪友　中国工程院院士
姜会林　中国工程院院士
徐德民　中国工程院院士
唐长红　中国工程院院士
黄　维　中国科学院院士
黄卫东　“长江学者奖励计划”特聘教授
黄先祥　中国工程院院士
康　锐　“长江学者奖励计划”特聘教授
董景辰　工业和信息化部智能制造专家咨询委员会委员
焦宗夏　“长江学者奖励计划”特聘教授
谭春林　航天系统开发总师

《现代空空导弹基础前沿技术丛书》
编 辑 委 员 会

编辑委员会主任：樊会涛

编辑委员会副主任：尹　健

编辑委员会委员：

宋劲松　朱　强　金先仲　吕长起

沈昭烈　王锡泉　梁晓庚　杨　军

杨　晨　贾晓洪　段朝阳

前　言

寻的制导技术是使空空导弹实现精确制导的核心技术之一，完成寻的制导任务的导引头一般采用动力陀螺、速率陀螺或捷联稳定平台导引体制。传统红外空空导弹均采用动力陀螺体制导引头，其抗过载能力、离轴能力和跟踪能力较弱。第四代红外空空导弹采用速率陀螺或半捷联体制导引头，能达到±90°的离轴角，可实现大过载下对目标的快速跟踪。相对于速率陀螺体制导引头，半捷联体制导引头具有可小型化的优点，通过减小导引头头部外形尺寸可大幅降低导弹飞行阻力，有效扩大导弹攻击区，现已成为关注和研究的热点。

对采用捷联体制导引头的导弹实施的导引与控制，称为捷联寻的制导。捷联寻的制导技术是第四代红外空空导弹的关键技术。捷联寻的制导的基本原理为：取消导引头视线平台的惯性测量器件，使用弹上惯性器件所提供的信息，通过数学变换实现导引头的平台稳定和视线跟踪，并通过滤波技术在制导回路中形成制导指令，再利用自动驾驶仪实现精确制导。由于捷联方式下导引头只能提供弹体坐标系对目标视线位置的测量，不能直接获得比例导引律或其他导引方式所需要的惯性系下弹目视线角速度，因此捷联寻的制导与传统制导方式相比有较大差别，由此引出了寻的制导系统设计的新问题，主要包括导引头视线稳定与跟踪、惯性视线角速度测量、“数学平台”的实现、捷联系统误差补偿以及导引与控制的一体化设计等。

采用捷联寻的制导技术的意义在于：

(1)导引头结构紧凑，跟踪场覆盖前半球，可以满足战术导弹小型化、低成本的发展要求；

(2)利用弹上自动驾驶仪惯性测量组合中的陀螺信息解算目标视线角速率，也即同一惯性器件既可保证导引头视线平台稳定，又可控制弹体飞行姿态和方向，在降低成本的同时，也为导引控制的一体化设计提供了有力保证。

随着高分辨率目标探测技术和高性能信息处理技术的不断发展，捷联寻的制导技术在战术导弹中的应用将越来越多。

本书以工程应用为背景，立足于国防技术前沿，从红外导引头小型化及未来空空导弹对导引头的发展需求出发，论述了空空导弹的捷联寻的制导技术。重点介绍了捷联式导引头稳定跟踪原理、制导信息提取技术、捷联寻的制导系统设计与分析技术、快速原型设计技术、基于现代控制理论的寻的制导一体化设计技术等内容，为捷联寻的制导系统的设计提供理论指导。

全书包括 8 章。第 1 章为概述，主要介绍红外空空导弹的发展历程、捷联稳定跟踪与寻的制导技术的研究现状及其发展趋势；第 2 章概述红外导引头的功能和组成原理，并进一步介绍动力陀螺式、速率陀螺式、半捷联式稳定平台红外导引头的结构和特征；第 3 章分析国外已广泛采用的滚仰半捷联导引头稳定平台，分析这种导引头的基本结构、运动学特性、动力学特性和误差传递特性；第 4 章介绍滚仰半捷联导引头控制系统的设计方法，给出其稳定与跟踪原理及设计指标，设计其控制回路并对控制器进行校正，提出滚仰导引头所特有的过顶控制方法，并采用现代控制理论进行控制系统设计；第 5 章分析滚仰半捷联导引头视线角速率提取原理和视线角速率重构方法，提出卡尔曼滤波算法，并对其提取精度进行仿真分析；第 6 章介绍红外制导系统组成及工作原理，设计稳定回路、制导回路并进行导引头寄生耦合回路分析与制导系统匹配性设计；第 7 章介绍制导系统快速原型开发原理，并进行捷联寻的制导系统快速原型设计和仿真；第 8 章提出捷联寻的制导控制一体化设计的必要性，采用现代控制理论设计一体化参数并进行仿真分析。

笔者多年从事制导控制系统领域研究工作，对捷联寻的制导技术理论进行了深入研究，在此基础上对全书结构及内容进行了精心设计。希望本书的内容，可帮助读者全面了解红外空空导弹捷联寻的制导系统的设计内容及开展这些工作需要考虑的问题、步骤和方法。书中给出的计算公式、表格、图和数据，可供从事该类工作的技术人员参考。同时，希望本书的出版能促进该领域科研技术人员之间的交流。

全书由贾晓洪、张晓阳、杨军、李友年负责编写。田宏亮、蒋庆华、丁海山、陈晓曾、詹训慧、韩宇萌、张良、周桃品、袁博、周卫文等人参与了本书的编写并提供了部分素材，丁海山，张跃坤、韩宇萌参与了本书的审校工作，在此对他们表示衷心的感谢！

本书的出版得到了中国空空导弹研究院梁晓庚研究员和北京理工大学夏群利教授、西北工业大学侯明善教授的鼎力支持，特此感谢！在此对所有参考文献的作者和与笔者同行的研究人员一并表示感谢！

由于水平有限，书中难免存在疏漏之处，恳请广大读者批评、指正。

编者

2020 年 12 月

目 录

第1章

概　述

自二十世纪五十年代第一代红外空空导弹诞生以来，以导引头的变化为主要标志，红外空空导弹的发展已经历了四代。第一代红外导引头使用单元非制冷硫化铅探测器探测飞机发动机尾喷口产生的热辐射，探测距离 5 km 左右，仅能尾后攻击，不具备抗红外诱饵干扰能力。第二代红外导引头采用单元制冷硫化铅探测器，对飞机的尾后作用距离大幅提升，达到 8～10 km，同样从尾后攻击且也不具备抗红外诱饵干扰能力。第三代红外导引头采用单元或多元制冷锑化铟探测器件，可全向探测，对飞机的尾后探测距离可达 20 km，具备一定的抗红外诱饵干扰能力。第四代红外导引头采用线列或面阵焦平面探测器，可全向探测，且对飞机的迎头探测距离可达 10～15 km，采用红外图像处理技术，具备较强的抗红外诱饵干扰能力。

红外成像导引头的研究开始于二十世纪七十年代初，它利用目标和背景之间的辐射差形成二维红外目标，具有高的探测灵敏度和空间分辨率，能够实现对目标的自动识别和自动跟踪，具有很强的抗干扰能力和很高的制导精度。受到探测成像技术的约束，导引头视场较小，传统上一般使用框架式结构的稳定跟踪平台来实现小视场大角度跟踪[1]，平台的稳定通过安装在其上面的惯性测量元件实现。

近年来，红外成像导引头正朝着平台小型化、低成本和高精度方向发展，将探测装置直接固联在弹体上的捷联、半捷联成像导引头已成为红外空空导弹寻的制导技术的主流。

1.1 红外空空导弹的发展历程

二十世纪五十年代，第一代红外空空导弹诞生。其导引头使用非制冷硫化铅探测器探测飞机发动机尾喷口产生的热辐射，并用超小型电子管放大器进行信号处理。导弹主要从尾后攻击自卫火力较强的亚声速轰炸机，有效攻击距离仅为目标尾后 2～3 km，另外其机动性差，发射过载低。典型代表有美国的“响尾蛇”AIM-9B(见图 1-1)、苏联的 K-13 等。

图 1-1 第一代近距格斗空空导弹——美国的“响尾蛇”AIM-9B

二十世纪五十年代，第二代红外空空导弹开始发展，于二十世纪六十年代开始装备部队，其探测灵敏度和机动过载能力比第一代红外空空导弹有一定的提高，采用制冷硫化铅等探测器提高导弹探测能力，敏感波段延伸至中红外区。导弹采用鸭式气动布局和红外近炸引信；信息处理系统有单元调制盘式调幅系统或调频系统，采用晶体管电路进行信号处理，使导弹重量减轻；可以从尾后稍宽的范围内对目标进行攻击，主要作战对象是最大机动能力达到 3～4 g 的超声速轰炸机和歼击机。典型代表有美国的“响尾蛇”AIM－9D(见图 1－2)、法国的“马特拉”R550 和苏联的“蚜虫” P－60 等。

图 1－2 第二代近距格斗空空导弹——美国的“响尾蛇”AIM－9D

二十世纪六十年代，第三代红外空空导弹开始研制，于二十世纪七十年代开始装备部队。导弹采用了单元或多元制冷锑化铟探测器件，提高了导引头探测灵敏度和跟踪能力，其导引头位标器可以和机载雷达、头盔随动，并具有一定的离轴瞄准和发射能力，信息处理系统有单元调制盘式调幅系统、调频调幅系统或非调制盘式多元脉位调制系统。导弹采用陀螺舵作为倾斜稳定，采用激光或无线电等近炸引信，基本具有了全向攻击能力，可攻击 6～9 g 大机动高性能战斗机。虽然导弹的攻击区扩展到前半球，侧向攻击能力得到提高，但是前向攻击距离仅 2～3 km。典型代表有美国的“响尾蛇”AIM－9L/M、苏联的 R－73(见图 1－3)和以色列的“怪蛇”－3 等。

二十世纪九十年代，第四代红外空空导弹开始研制，于二十一世纪初开始装备部队。导弹采用了红外成像探测体制，在增加探测距离的同时，利用图像信息区分目标和干扰，有效提高了导弹的抗干扰能力；采用了平台式位标器，跟踪场达到±90°，并具有与头盔瞄准具随动的能力，可对载机前方范围内的目标实施快速打击；采用气动力/推力矢量控制技术，能够实现“越肩发射”，对侧后方目标可快速攻击，具有很强的近距机动作战能力。典型代表有美国的“响尾蛇”AIM－9X、英国的 ASRAAM、德国的 IRIS－T 和以色列的“怪蛇”－5 等，如图 1－4 所示。

图 1－3　第三代近距格斗空空导弹——苏联的 R－73

图 1－4　第四代近距格斗空空导弹——美国的“响尾蛇”AIM－9X、英国的 ASRAAM 和以色列的“怪蛇”－5

图 1－5 比较形象地展示了红外空空导弹从第一代到第四代在战术使用上的演变过程[1]。第一代、第二代红外空空导弹因不具备抗干扰能力、不能全向攻击等而逐渐被淘汰。第三代红外空空导弹具备一定的抗干扰和全向攻击能力，仍然是现役导弹的重要组成部分。第四代红外空空导弹具备多目标辨别能力、强抗干扰能力和全向攻击能力，是未来装备和发展的方向。

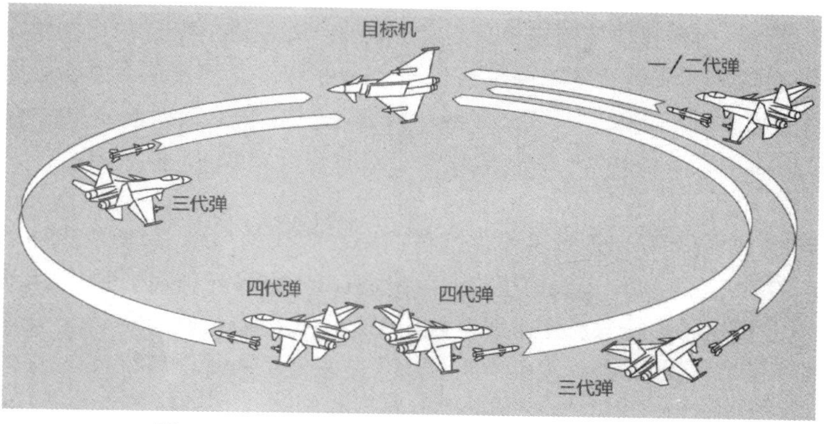

图 1-5 四代近距格斗空空导弹战术使用示意图

1.2 捷联稳定与寻的制导技术

捷联稳定与跟踪是导引头一种新的稳定跟踪方式，是随着导引头稳定平台的小型化、低成本和高精度的需求而逐渐发展起来的。捷联(strapdown)英文原意即为“捆绑、固联”。所谓捷联导引头即测量角速度的惯性器件与弹体固联，与弹体固联的惯性器件结合其他传感器信息通过数学变换得到导引头平台的惯性角速度。捷联导引头的分类如图 1-6 所示。

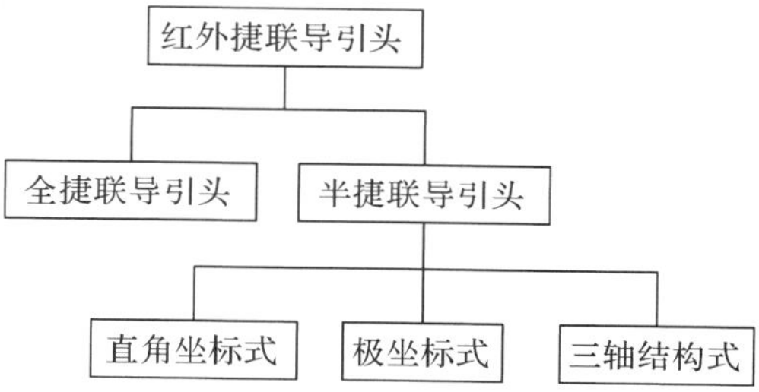

图 1-6 红外捷联导引头的分类

其中全捷联导引头取消了稳定平台的自由度框架，将光学系统、探测器直接全部固联在弹体上，构成没有运动环节的“固定头”。由于全捷联导引头没有框架式结构和活动部件，因此其具有结构简单、耐高过载、成本低、可靠性高的优点。但是，由于全捷联导引头没有可运动结构，探测跟踪机动目标时需要弹体机动来完成，需要很大的视场，因而难以跟踪机动性较强的目标，不适用于空空导弹。半捷联导引头保留了稳定平台自由度框架，通过稳定平台的运动实现导引头光轴任意指向，其稳定使用的陀螺信号来自弹体而非稳定平台本身。由于稳定平台的内外框架上没有安装惯性器件，因而减小了伺服框架的体积，使得稳定平台结构简单紧凑，在实现强跟踪能力的同时实现小型化，非常适合空空导弹应用。

捷联稳定的基本原理是将惯性器件固联在弹体的舱壁上，通过坐标变换和数学解算来实现导引头视线的稳定[2]。捷联稳定与跟踪对精确制导战术导弹具有重要的意义，采用捷联稳定与跟踪技术是导引头小型化的有效途径，对于战术导弹改善气动性能、提高射程具有重要的现实意义。同时，捷联稳定与跟踪技术利用导弹自动驾驶仪中的高精度陀螺传感器获取弹体运动角速度信息，通过数字解算来稳定导引头视线指向。这样，同一个惯性器件输出的信息既可用于导引头视线稳定，又可用于飞控系统的稳定与控制，简化了导引头的结构，降低了成本，也为导引头与制导控制系统的一体化设计提供了可靠保证。

随着寻的制导技术的发展，对捷联导引头的稳定跟踪精度、响应速度、系统稳定性和适应能力的要求越来越高，国内外研究者也相继开展了伺服机构运动学与动力学、捷联稳定跟踪策略、过顶控制策略和基于现代控制理论的稳定平台控制系统设计等方面的研究。文献[3]研究了捷联导引头的跟踪原理，给出了导引头跟踪框架角误差信号的数学模型，实现了导引头的闭环控制。文献[4]介绍了捷联导引头伺服系统的组成和控制原理，对稳定和跟踪回路进行了仿真，同时对系统内外框架进行了隔离度仿真测试。文献[5]研究了滚仰式导引头捷联稳定与跟踪原理，由刚体运动学原理推导出滚仰式捷联导引头隔离弹体扰动的指令角速度，建立了滚仰式捷联导引头捷联稳定与跟踪的一体化模型。文献[6]基于李群的指数积公式方法研究了捷联导引头的运动学原理。

导弹拦截目标的过程中，通过导引头测量获得弹目之间的相对运动信息，产生相对惯性空间的视线角速度对导弹进行精确导引，直至命中目标。捷联稳定平台没有直接安装惯性器件，因此无法直接测量视线角速度，必须通过数学解算的方法来获取。理论上，惯性视线角速度可通过对弹体坐标系内的视线角取微分，继而通过坐标变换到惯性坐标系内得到，或者是通过惯性坐标系内的视线角直接求导得到。但是在捷联系统中，受噪声源及外部干扰的影响，直接数学微分不可行，因此，国内外学者提出了采用目标状态估计的方法来提取视线角速度。文献[7]对卡尔曼滤波和机动目标跟踪问题进行研究，提出了机动目标的“当前”统计模型。文献[8]在半捷联视线稳定系统控制方案的基础上，使用框架测量角和惯导信息重构目标视线角速度。文献[9]采用 UKF 滤波方法对框架角速度进行估计，重构了半捷联导引头的视线角速度信息。

前述内容是长期以来阻碍捷联式导引头付诸实用的制约因素，同时也牵引出捷联寻的制导技术发展的五个核心问题，即导引与制导系统的一体化问题、惯性视线角速度的测量问题、“数学平台”的实现问题、捷联系统误差补偿问题和寄生耦合回路的稳定性问题[10-11]。

1. 导引与制导系统的一体化

制导系统是制导武器很重要的组成部分。传统的寻的制导系统由功能独立的目标视线跟踪系统、制导回路和飞行控制系统组成。导引头的任务是探测截获并跟踪目标，获取目标的方位信息，以测定目标相对导弹的空间位置及变化，并输出导引信息。飞行控制系统在于利用导引信息根据导引律形成指令控制舵机偏转，保证导弹姿态的稳定，改变导弹航向，使其沿预定路线飞向目标。然而在采用捷联导引头的制导系统中，从系统角度看，除作用十分明确的飞行控制回路依然作为制导回路的内回路存在之外，上述的视线跟踪系统将融于制导回路。制导回路本身的任务与结构也发生了变化。由于捷联导引头只能提供相对弹体的方位信息，因此比例导引或其他导引方式需要的惯性视线角速度的提取成为捷联寻的制导系统的重要功能。为此，在采用捷联寻的制导系统的导弹上需要一个捷联惯性参考平台，以提供导弹的速度、位置和姿态等信息。面对这多功能交融而又相互依存的分系统，从捷联寻的制导系统设计一开始，就需要把制导设计与导引头视线角跟踪系统、惯性参考系统和飞控系统设计以及制导律设计综合在一起进行。其中任何一个分系统设计都不宜单独进行，系统设计在更大程度上融为一体，从而引出一体化设计的概念。

2. 惯性视线角速度的测量

导引头作为导弹末制导回路中的测量部件，其主要功能是为制导系统提供精确可靠的制导信息。由于当前大多数自寻的制导武器使用比例导引作为末制导律，故精确提取惯性视线角速度对提高武器制导精度具有重大意义。理论上，为了获取制导律所需的惯性视线角速度，捷联寻的系统需应用捷联姿态矩阵完成弹体姿态信息的解耦，重构惯性视线，进而通过适当的微分网络完成惯性视线角速度的提取。虽然这种导出惯性视线角速度的方法在数学上是可行的，然而在实际实现中却充斥着大量的工程误差。一方面，捷联寻的制导需要大的瞬时视场，但在同等成像条件下，瞬时视场的增大使成像寻的系统失去了瞬时小视场所具有的良好信噪比特性和抑制假目标的能力，不可避免地降低角测量分辨率和导引头信噪比，观测条件的恶化使捷联成像导引头的测量噪声成分远大于传统导引头。另一方面，在将弹体坐标转化到惯性坐标的过程中，速率陀螺组合的量测误差不可避免地耦合到解算的惯性视线信息中，同时微分运算会导致误差成分的进一步放大。由于捷联成像导引头观测的弹体视线信息与制导控制回路需要的惯性视线信息间存在强烈的非线性映射关系，传统线性滤波方法难以抑制解算结果中的噪声成分，所以必须针对捷联成像寻的系统的工作特点，结合弹体姿态和惯性视线的运动特性，应用现代滤波理论设计非线性滤波器。必要时增加迭代计算的次数，以有效滤除惯性视线角速度估值中的噪声成分，为导弹控制系统提供更为精准的制导信息。

3.“数学平台”的实现

捷联导引头中惯性器件与弹体固联后，必须由微处理器和姿态算法组成“数学平台”，通过不断解算弹体的空间姿态和进行坐标转换提供惯性基准，实现导弹视线测量与弹体运动的隔离。

成像导引头的信息处理系统通常由预处理、目标的检测与识别、成像目标跟踪和制导信息提取四个部分组成。预处理部分是信息处理系统的基层单元，其主要任务是对成像探测装置给出的目标图像信号，通过必要的图像修正和空域滤波来改善图像的质量[12]。在预处理的基础上，寻的系统通过目标检测与识别算法从探测图像序列中截获目标，完成目标的锁定，进而再通过成像跟踪实时测量或估计目标在图像中的位置，并针对导弹导引规律的要求，完成相应制导信息的提取和生成制导控制指令。

滚仰式半捷联导引头的红外探测器安装在弹体上，这种固定方式能够简化稳定平台的结构，但给光线传输和光学系统成像带来了挑战。当导引头光轴处于跟踪状态时，探测器并不随着稳定平台转动，滚仰式稳定平台巧妙地采用了光滑环技术，通过 4 个反射镜组成的反射光路实现系统入射光轴的光滑偏转，使得探测器入射光轴能够保持稳定。通过坐标变换，可以将探测器量测值表示于内框系下，即得到固联在内框坐标系的虚拟探测器面上的目标量测值。结合安装在弹体上的惯导陀螺信息，根据刚体运动学原理进行捷联计算，可以得到内环坐标系的惯性运动信息，从而实现内环坐标系的两个正交轴的惯性空间稳定。

对于捷联成像导引头，万向支架机构的取消导致图像序列的运动耦合有弹体的姿态运动信息，其对信息处理系统的影响首先体现于以图像运动特征为检测与识别基准的运动目标检测算法上。与传统常框架式成像寻的系统相比,应用于捷联成像寻的系统的运动检测算法不但需要对弹体姿态运动所产生的图像运动进行有效的补偿,还需要在运动检测过程中对这种补偿的不精确性具有良好的鲁棒性。另外,捷联成像寻的系统的成像跟踪方式也由原有以万向支架为执行机构的机电跟踪转变为较大瞬时视场内的数字跟踪,原有基于万向支架跟踪性能的成像跟踪方法不再适用于捷联成像寻的系统。

4. 捷联系统误差补偿

捷联的姿态测量元件直接安装在弹体上,工作在比较恶劣的力学环境中,其动态误差显著大于稳定平台系统。捷联系统的主要误差源包括捷联导引头的测量误差、陀螺刻度系数误差与漂移、头罩折射误差、固有的角瞄准误差、信号坐标转换、算法与计算误差等。导引头的测量误差又包括非线性、线性度与量化误差等,它比万向支架式导引头的测量误差大得多。从总体上看,捷联系统的误差大于稳定平台系统。为保证捷联导引头测量精度和制导系统的精度,对这些误差都要予以适时适度的补偿,但经典的滤波技术不适合于滤出这种测量噪声。

5. 寄生耦合回路的稳定性

导引头寄生耦合回路对制导系统的快速性提出了新的约束。为保证快响应寻的制导系统性能最优,必须进行制导系统的匹配性设计。基于寄生耦合回路特性分析的视线角速度提取办法,可以建立典型平台导引头寄生耦合回路模型,并利用频域法进行解析分析,得到两种视线角速度提取方式下导引头隔离度传递函数,再利用劳斯判据研究制导参数对寄生耦合回路稳定性能的影响。采用类似的研究思路,可以在不同的隔离度模型下建立不同的寄生耦合回路模型,在频域中进行分析,得到控制系统的不稳定频率。在设计阶段,必须考虑半捷联制导系统的导引头寄生耦合特性,这对导引和制导系统的稳定性设计都有约束作用。

1.3 捷联寻的制导技术的发展与应用

从二十世纪六十年代末起,随着成像探测和微处理机技术的迅猛发展,多芯片拼接技术和镶嵌式阵列技术已经可以为成像探测系统提供更大面积的焦面阵列。因此设计大视场、高分辨率的捷联成像探测系统的条件趋于成熟,凝视大视场问题已不再成为制约捷联成像寻的系统发展的瓶颈。随着大视场、滤波技术和先进制导算法的发展,捷联寻的制导技术已经得到快速发展,捷联寻的制导武器也被大量装备。

美国陆军导弹司令部早在1969年和1970年即先后与佐治亚技术学院和美国罗克韦尔国际公司签订了两份合同,接着美国空军系统司令部与佛罗里达州通用系统公司于1973年签订了一份合同。这些早期的工作主要是研究、探索捷联导引头用于空地战术武器的可能性,提出了一些算法,用捷联导引头的测量值组合提取了惯性视线角速度,还提出了一种抖动自适应原理。研究工作从一开始就想到如何使用高速低成本微处理机来实现捷联导引头信号的实时处理,并对系统误差及其对稳定性与精度的影响作了充分分析,结果使其性能与装有万向支架式导引头的同样武器不相上下[13]。但这个时期的工作多数是基于古典控制理论开展的。

1979年以后,美国罗克韦尔国际公司与空军开始研究在空空导弹上使用捷联寻的导引系统的可能性,其目的是把抖动自适应原理推广应用到空空导弹上。为了保持对抗机动目标的空战所需要的较高通带和视场,在原理上对原来的抖动自适应方法作了改进。此项研究还细致地为一种特殊的导引头/弹体组合空地导弹作了自动驾驶仪设计。这项研究的结论是,抖动自适应方法用在侧滑转弯导弹上对付低机动目标(过载小于4)是可行的,但打击高机动目标(过载为9)时,效果不好。这个方法用于高横滚速率的倾斜转弯导弹困难更大,就未来战争实际需求而言,此方法不可取[14]。

为了满足空空导弹的要求,需要有先进的制导算法。1980年后,美国空军装备实验室执行了一个最优控制理论应用于捷联寻的制导的研究计划。这项计划采用倾斜转弯导弹模型和真实的捷联导引头误差源,推导出了一个制导与估计算法。结果显示,此算法大大优于以前的算法,但性能还不如装有万向支架导引头的同一导弹好。然而,它证明先进的制导律与估值算法可以推导出来并用到空空导弹上,并且可以严格做到只利用软件处理方法,而不用改变弹上部件特性去解决捷联寻的制导问题[15-16],它还建议采用更为适用的对偶控制理论。

针对现代控制理论的应用和捷联寻的系统的整体结构特点(导引头与弹体的特殊组合体),美国Singer和Kearfott在1983年分别提出了一个采用全捷联仪表的整体式系统的设计方案[17]。这是一种采用捷联导引头后产生的新概念,所有惯性器件(陀螺和加速度计)均与弹体固联,同一惯性器件既可以用于导引回路,为视线角速率的形成提供惯性基准,又可以为飞行控制系统提供稳定及弹体角速率信息。这种情况下,传统系统中的导引回路在捷联寻的制导系统中不再独立存在,而与飞行控制系统融为一体。经过多年研究,发现这个方案对各种导弹(从低机动能力的空地导弹到高机动能力的空空导弹)都能得到很好的结果,它代表了未来制导武器的预期作战能力。实现这一方案的关键是构造两个滤波器,有效滤除制导信息中的噪声成分,实现对视线角速度输入的最佳处理,并最终利用导引律构成两个成正交关系的加速度指令。

1988 年,位于加利福尼亚中国湖的美国海军武器中心把一篇捷联寻的制导技术的研究报告作为政府报告发表,它反映了捷联寻的制导技术在美国一直受到各军种的重视。1993 年美国海军空战中心在一篇报告中明确提出了捷联稳定的概念,对空间体积受限的红外成像导引头的捷联稳定进行了阐述,并对弹体扰动的解耦能力进行了仿真[18]。1994 年,Ulrich Hartmann 等人在滚仰式导引头的设计专利中采用了捷联稳定方案,并对捷联与稳定跟踪原理作了介绍[19]。雷神公司设计的 AIM-9X 采用了先进的滚仰两轴半捷联导引头,与海军装备试验中心设计的 AIM-9R 展开竞争,最终获得胜利,成为世界上先进导引头的典范,其外形如图 1-7 所示。

图 1-7 AIM-9X 导引头外形

AIM-9X 导弹的弹径为 127 mm,弹长 3.02 m,质量为 85 kg,采用 128×128 元的红外凝视焦平面成像导引头,具有 ±90°的离轴角和推力矢量控制技术,可使用先进的头盔瞄准具,具有全向攻击能力,从而使导弹具有先射、先击毁的能力。目前服役和生产的 AIM－9X 导弹有两个型号，即 AIM－9X BLOCK Ⅰ和 AIM－9X BLOCK Ⅱ导弹(见图 1－8)。

图 1－8　安装了新的硬件和软件的美国 AIM－9X BLOCK Ⅱ导弹

从 AIM－9X 开始，国外在第四代红外空空导弹上逐渐开展捷联寻的制导技术的应用。

德国 BGT 公司的 IRIS－T 导弹，其射程为 18 km，弹径为 127 mm，头罩直径略小于弹径，约为 100 mm，弹长 2.94 m，质量为 88 kg，制导体制为红外线列扫描成像，其导引头采用了极坐标式的滚转-俯仰两轴捷联稳定平台来实现±90°的跟踪场，工作波段为 3～5 μm，具有±90°的离轴角，装有先进的信号处理系统。其与 AIM－9X 的区别在于成像体制的不同，前者为机械扫描的 4×128 元锑化铟红外成像导引头，但它们均实现了导引头小型化。德国 BGT 公司的 IRIS－T 导弹及其位标器分别如图 1－9 和图 1－10 所示。

IRIS－T 导弹于 1996 年开始方案设计，2003 年 1 月获准进行批生产。

图 1-9 德国 BGT 公司的 IRIS-T 导弹

图 1-10 德国 BGT 公司的 IRIS-T 导弹位标器

英国的 ASRAAM 先进近距空空导弹如图 1-11 所示，其弹径为 166 mm，弹长为 2.90 m，质量为 88 kg，射程为 25 km，该导弹同样采用 128×128 元凝视成像捷联红外导引头，2002 年交付英国空军。

捷联寻的制导技术有着广阔的应用领域，检索国外专利文献可以看出，众多制导炮弹的导引头（如雷神等许多公司提出的旋转稳定高射炮弹捷联式半主动激光寻的导引头、旋转炮弹用捷联双色红外导引头、反坦克用的留有战斗部射流通道的捷联红外导引头等）采用的也都是捷联寻的制导方案。

图 1-11　F-35 战斗机挂装 ASRAAM 导弹

参考文献

[1] 白晓东，刘代军，张蓬蓬，等. 空空导弹[M]. 北京：国防工业出版社，2014.

[2] 郑志伟，白晓东，司斌，等. 空空导弹红外导引系统设计[M]. 北京：国防工业出版社，2007.

[3] 王志伟，祁载康，王江. 滚-仰式导引头跟踪原理[J]. 红外与激光工程，2008(2)：274-277.

[4] 肖仁鑫，张聘义，胡海双，等. 滚俯仰式红外导引头稳定平台控制与仿真[J]. 红外与激光工程，2007，36(增刊)：363-365.

[5] 陈雨，赵剡，张同贺，等. 滚仰式捷联导引头跟踪原理与仿真[J]. 航空兵器，2010(5)：55-58，64.

[6] 朱明超，贾宏光. 基于 Padan-Kahan 子问题求滚仰式导引头角增量[J]. 光学精密工程，2011，19(8)：1838-1844.

[7] YILMAZ A，SHAFIQUE K，SHAH M. Target tracking in airborne forward looking infrared imagery[J]. Image and Vision Computing，2003，21(7)：623-635.

[8]周瑞青,刘新华,史守峡,等.捷联导引头稳定与跟踪技术[M].北京:国防工业出版社,2010.

[9]林德福,王志伟,王江.滚仰式导引头奇异性分析与控制[J].北京理工大学学报,2010,30(11):1265-1269.

[10]苏身榜.捷联寻的制导技术及其在国外的发展[J].航空兵器,1994(2):45-50,29.

[11]罗丽,罗艳伟,贾鑫.低成本捷联微小型导弹关键技术研究[J].导弹大观,2013(6):24-28.

[12]兰涛,沈振康,李吉成.红外成像制导信息处理系统研究[J].红外与激光工程,1996,25(4):6-11.

[13]CALLEN T R. Guidance law design for tactical weapons with strapdown seekers[C]//Guidance and Control Conference. Reston VA: American Institute of Aeronautics and Astronautics, 1979: 281-293.

[14]WILLMAN W W. Effects of strapdown seeker scale-factor uncertainty on optimal guidance[C]//Journal of Guidance, Control, and Dynamics. Reston VA: American Institute of Aeronautics and Astronautics, 1988: 199-206.

[15]WILLIAMS D E, RICHMAN J, FRIEDLAND B. Design of an integrated strapdown guidance and control system for a tactical missile[C]//AIAA Guidance and Control Conference. Gatlinburg: TN, 1983: 57-67.

[16]VERGEZ P L, MCCLENDON J R. Optimal control and estimation for strapdown seeker guidance of tactical missiles[J]. J. Guidance. Control Dynam, 1982, 5(3): 225-226.

[17]RICHMAN J, HAESSIG D, FRIEDLAND B. Integrated strapdown avionics for precision guided weapons[J]. IEEE Control Systems Magazine, 1986, 6(3): 9-12.

[18]RUDIN R T. Strapdown stabilization for imaging seekers[C]//2nd Annual Interceptor Technology Conference. Albuquerque: AIAA SDIO, 1993: 1-10.

[19]ULRICH H, JUERGEN S, HARTMUT G. Seeker for target-tracking missiles: US6978965[P]. 2005-12-27.

第 2 章

红外导引头的结构与特征

红外制导导弹通过敏感目标的红外辐射能量，捕获并跟踪目标，并给制导武器提供导引信息。该制导方式具有制导精度高、抗干扰能力强、隐蔽性好、机动灵活等优点，目前广泛应用于制导武器的末制导阶段。

纵观红外制导技术的发展，从早期的单元探测器、多元探测器，发展到扫描成像、凝视成像、双色成像、多光谱成像，对目标的探测越来越精细，抗干扰能力也越来越强。红外导引头跟踪稳定技术也从动力陀螺稳定平台发展到速率陀螺稳定平台，对目标的跟踪能力有了成倍的增长。随着光电子、微机电、现代控制以及先进功能材料技术的进步，红外导引头趋向智能化、微小型化，进而催生了捷联红外导引头。捷联红外导引头以其小型化、低成本特点展现出良好的应用前景。

2.1 红外导引头的功能

导引头的基本功能与导弹的工作方式紧密相关，典型的空空导弹工作过程分为如图 2－1 所示的初制导段、中制导段、中末制导交接段、末制导段、弹目交会段等几个阶段。

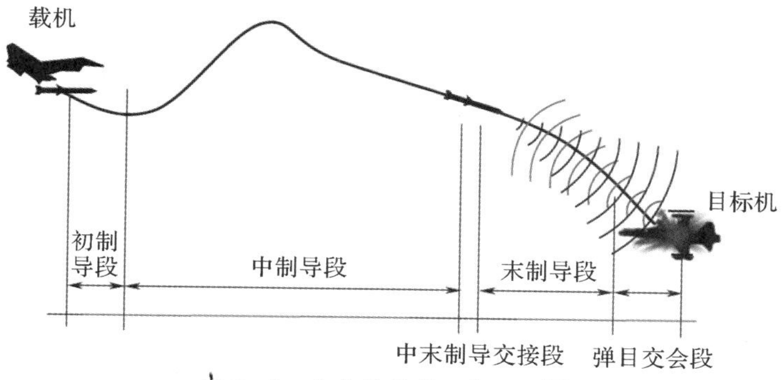

图 2－1 空空导弹的工作过程[1]

在挂机飞行段导弹完成发射前的所有准备工作，给上电稳定时间较长的元器件加电，使其达到稳定工作状态，从而使得导弹达到准发射状态。在载机发射段给导弹装订发射任务，飞行任务包括目标的位置和速度、目标种类、载机位置和速度等,目标信息主要通过机载雷达获取。初制导段导弹离开载机,采用程序控制的方式使机弹安全分离。之后导弹进入惯性制导的中制导段,依据载机发送的数据链信息,当导弹与目标的距离小于导引头的探测距离时,导引头开始工作,截获目标后导弹进入末制导段。根据导引头提供的目标信息,飞控系统控制导弹飞向敌机并最终将其摧毁。

因此,导引头最基本的功能就是自动导引功能,即根据特定导引律的需要,在末制导段不间断测量目标运动等参数,形成导引信号,传输给导弹制导回路。具体可以分解为以下功能项:

1)目标探测、识别、捕获功能:首先必须通过对目标的探测和识别确定目标的存在,然后锁定要攻击的目标,实现对目标的捕获,才能获得导引信息。因此,该功能是实现自动导引的充分条件。

2)角度预置功能:将光轴设定指向到特定位置。末制导开始工作前,导弹会根据惯性导航以及数据链信息计算出目标的方位信息,在导引头将光轴指向该位置后,一开始工作目标就能落在视场当中。

3)搜索功能:光轴按照特定的轨迹进行运动,对目标进行搜索。当中制导提供的信息误差过大导致导引头工作后目标未能出现在视场中时,导引头要启动搜索功能,扩展观察范围,使目标落入搜索场中。

4)目标跟踪功能:空空导弹的攻击目标通常是机动性非常高的战机,导引头必须确保在目标快速运动的时候不会使其脱离视场,才能够保证导弹在自主飞行过程中的全程导引功能。因此空间固定的探测视场通常不能满足要求,导引头必须具有跟踪功能,以确保目标不会溢出很窄的探测视场。

5)稳定功能:保持导引头光轴相对惯性空间稳定。制导武器在飞行过程中会有一定的弹体摆动,该摆动对于导引头而言是一种干扰,导引头需要有隔离该扰动的能力,从而保证对目标更好的跟踪。

6)导引信号输出功能:导弹系统的制导部分为了保证导弹能够击中目标,需要控制导弹的飞行轨迹(弹道),以保证导弹与目标相遇,即选择一定的规律(导引律)。不同的导引律需要获取不同的导引信号作为输入,常见的导引律包括追踪导引、平行导引和比例导引。目前空空导弹使用最主要的导引律仍是比例导引。对于比例导引导弹,导引头的主要功能就是在导弹自主飞行过程中测量目标视线角速度。现代用于复杂作战环境的导弹常在不同的制导阶段和不同的作战环境采用不同的导引律,因此导引系统还要有变换导引律的功能。同时,为完成制导信号的处理,还需要给出导引信号的坐标或时间基准。随着导引精度的提高和适用范围的扩大,导引律在不断优化。近年常采用的有自适应导引律、变系数导引律、复合导引律等。

7)抗干扰功能:包括抗自然环境干扰和抗人工干扰两个方面。自然环境干扰主要是指环境中的红外辐射背景,背景干扰总体上可分为空中、地面(含海面)两种,太阳辐射、地面沙漠发射、海杂波等红外辐射背景都属于背景干扰。红外导引头必须具有专门的抗背景干扰的功能,以便把背景干扰抑制到一定程度,使系统能在规定的范围和状态下正常工作。人工干扰是指采用人为的方式在机身附近制造与机身特性相同或相近的红外辐射,从而迷惑导引头对敌机的分辨。采用比较多的有红外诱饵、调制干扰器以及红外气溶胶和红外烟幕。这些红外人工干扰已对红外导弹的使用构成了极大的威胁,因此红外导引系统必须具有相应的对抗能力。

2.2 红外导引头的基本构成和原理

红外导引头主要由红外探测系统、目标信号处理系统、稳定与跟踪系统组成,目的是实现上述基本功能,使导引头能够“看得远、看得清、看得广、反应快、抗干扰”。探测系统用于对目标进行探测和测量,输出反映目标辐射特性的电信号;信息处理系统用于对探测系统所获取的目标和背景信号进行处理,以实现对目标的识别和弹目相对运动信息的解算;稳定与跟踪系统主要使导引头的跟踪不受弹体扰动的干扰,并利用平台框架或转向机构实现对目标的搜索和跟踪等功能。

如图 2-2 所示,目标连同背景的红外辐射能量经由大气传输后,被光学系统收集汇聚在探测器上,探测器将该能量转换为电信号送至信息处理模块,通过信息处理模块的处理输出反映目标所在空间角度的信号,再经过计算机计算出控制信号经由功率放大输出至前端,驱动光学系统连同探测器所在的平台实现对目标的指向、跟踪。光学系统、探测器连同控制其运动所需的各个传感器、驱动器组成位标器。信息处理计算机、功率放大模块组成电子舱。

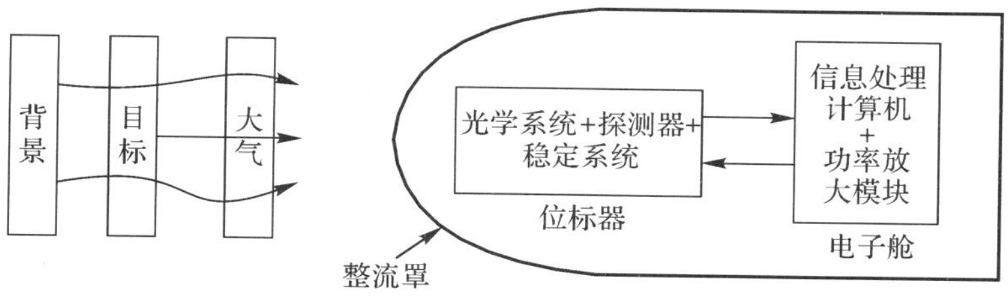

图 2-2 红外导引头的构成及工作原理

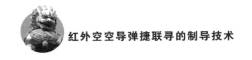

2.2.1 光学系统

光学系统的主要功能是将目标的辐射能量汇聚，便于红外探测器进行敏感，提供目标相对光学系统光轴的方位、辐射强度、形状等信息。导引头需要在飞行过程中对内部进行保护，因此最前端还需要集成可以透光的整流罩，它也是光学系统的一部分。

1. 整流罩设计

整流罩是红外导引头的关键部件之一，具有满足导弹气动特性与保护内部光学系统不受侵蚀的作用，同时也是光学系统元件之一，起着校正像差的作用。空空导弹用的大多是同心的半球形整流罩，也有用锥形整流罩（如八棱锥整流罩）的。导弹在高速飞行过程中，整流罩一方面要承受高的气动加热温度和大的气动压力，这要求它具有很高的强度、刚度和很好的高温稳定性能。另一方面整流罩还会遭受到砂石、雨水的侵袭，因此要求整流罩或窗口表面具有较高的硬度以提高抗砂石、雨水侵蚀的能力。在设计时，主要考虑以下几方面：

1）材料的要求：要求材料在波段范围内透过率高（一般要求整流罩在工作波段内的平均透过率≥80％），强度、硬度高；具有好的抗热冲击性能，在经受多次温差悬殊的冲击后不能损坏；热辐射系数小，以减小气动加热时整流罩对导引系统的干扰；化学稳定性好，以防止环境介质的侵蚀；抗雨水冲刷能力强，这对高马赫数的导弹尤其重要；材料均匀性好、散射颗粒少（尤其对半球形整流罩）以满足红外成像光学系统像质的要求；工艺性能好，如冷加工、镀膜、黏结性能要好。

2）厚度选取：可以抵抗气动压力产生的应力；可以抵抗导弹高速飞行时气动热造成的内、外表面温度差所产生的热应力。

3）整流罩包角选取：整流罩包角的选取主要考虑位标器跟踪场。当位标器位于最大跟踪场位置时，通光面积一般应不小于跟踪角在零度时通光面积的50％。

4）整流罩的加工难度：先进的红外空空导弹一般都采用半球形或接近半球形设计，其加工难度较以往有很大增加，很难突破半球形整流罩180°的限制。

5）整流罩与金属壳体连接：随着整流罩包角增大，它与金属壳体之间的连接难度也会迅速增加。

2. 光学设计

对空空导弹来说，目标与导弹距离比光学系统的焦距大得多，因此可以认为清晰成像的位置都在焦距附近。红外光学系统属于望远系统。

在红外导引系统中，应考虑光学系统与红外探测器的匹配性以充分发挥探测器的性能，从而满足灵敏阈、分辨力等要求。光学系统本身、光学系统与探测器的匹配等有诸多相互制约的设计因素，设计光学系统时，应充分考虑。

组成光学系统的透镜、反射镜等都有一定的口径，称为光阑。用来限制轴上成像光束孔径大小的光阑称为孔径光阑，限制物空间成像范围的光阑称为视场光阑。孔径光阑在物空间所成的像称为光学系统的入射光瞳，简称“入瞳”；在像空间所成的像称为光学系统的出射光瞳，简称“出瞳”。光阑的大小决定了光学系统收集目标辐射能量的大小。

光学系统的 F 数为光学系统的焦距 f' 和入射光瞳直径 D 的比值，表示为

$$F=\frac{f'}{D} \tag{2-1}$$

F 数的倒数，即为光学系统的相对孔径。在光学系统中，F 数与探测器尺寸及瞬时视场之间有一定的关系。探测器的 F 数是固定的一个系列，一般在 0.8～2 范围，选定后无法更改。

假使把红外光学系统等价成一个薄透镜，如图 2－3 所示，设物在无限远，探测器光敏面为视场光阑，放在光学系统焦面上，探测器光敏面尺寸为 d，物方视场角为 2ω，则有

$$\tan\omega=\frac{d}{2f'} \tag{2-2}$$

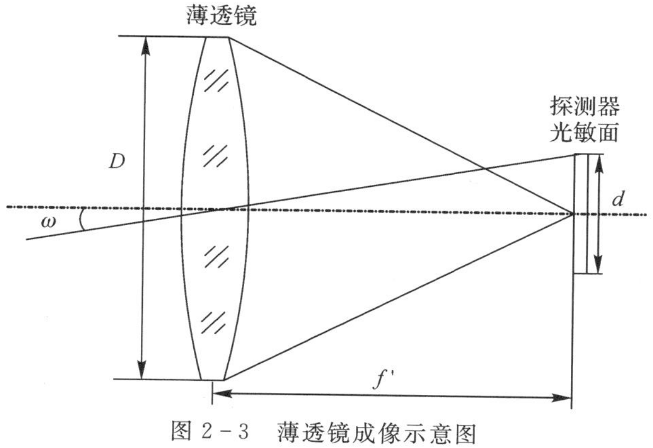

图 2－3　薄透镜成像示意图

式(2－2)表明，探测器光敏面尺寸、焦距、视场、探测器像元共同决定了导弹的角分辨率。

当 ω 很小时，有

$$\omega \approx \frac{d}{2f'} = \frac{d/D}{2f'/D} = \frac{d}{2FD} \tag{2-3}$$

通常空空导弹的视场较小，满足式(2－3)。

光学系统的像质用弥散斑来描述。点光源经过光学系统成像为有一定大小的扩展的像，通常称之为弥散斑。影响弥散斑大小的因素包括衍射和相差。其中，相差取决于光学元件表面的几何形状和光学材料的折射率、色散等，可由光学设计者控制；衍射是辐射能波动本性的结果，是物理限制，无法控制。衍射限制了光学系统性能的极限。

点源经过光学系统后成的衍射像的辐照度，最大范围呈一亮斑，即爱里斑，如图 2－4 所示。爱里斑的角直径定义为第一暗环的角直径，与波长成正比，波长越长，衍射斑越大。角直径表达式为

$$\delta = \frac{2.44\lambda}{D} \tag{2-4}$$

式中：δ 为角直径(mrad)；λ 为波长(μm)；D 为入瞳直径(mm)。

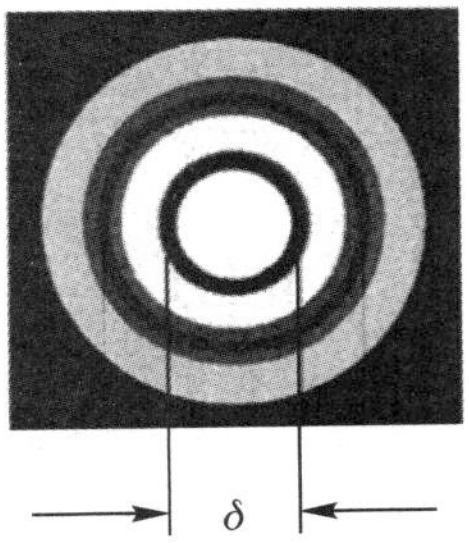

图 2－4　爱里斑示意图

爱里斑的直径必须小于探测器像元尺寸，探测的波段、探测器确定后，光学系统的入瞳直径就确定了，因此在系统设计时需要综合考虑探测器的选择、光学系统尺寸等约束因素进行光学设计。

在选择红外光学材料时，主要应考虑以下性能：光谱透射比、折射率、色散、受热时的自辐射特性以及材料的机械强度、硬度和化学稳定性等。目前能透过红外波段的光学材料已有 100 多种，但由于各种原因，实际上被应用到产品上的并不多，只有近 30 种，空空导弹经常使用的也就 10 余种，具体参数如表 2－1 所示。

表 2－1　常用红外光学材料的主要性能

材料	透过波段 波长/μm	折射率 (平均值)	密度 $g\cdot cm^{-3}$	软化温度 ℃	克氏硬度 $kg\cdot mm^{-2}$	热膨胀系数 $10^{-6}\cdot C^{-1}$
光学玻璃	0.3～2.7	1.48	2.52	700	200～600	4～10
熔融石英	0～4.5	1.43	2.20	1667	470	0.55
锗	1.8～25 35～55	4.02 (4.3μm 处)	5.33	940	800	6.1
硅	1.3～15 20～55	3.40 (4.3μm 处)	2.33	1 420	1 150	4.2
钛酸锶	0.4～7	2.21	5.12	2 080	595	9.4

续表

材料	透过波段 波长/μm	折射率 (平均值)	密度 g·cm⁻³	软化温度 ℃	克氏硬度 kg·mm⁻²	热膨胀系数 10⁻⁶·C⁻¹
蓝宝石	0～6	1.67	3.98	2 030	1 370	5.0～6.7
金刚石	6～15	2.38	3.51	3 500	8 820	0.8(293K)
氧化镁	0.4～10	1.7	3.58	2 800	640	13.9
氟化镁	0.45～9.5	1.34	3.18	1 396	576	11.5
硫化锌	0.6～15	2.20	4.09	1 020	354	7

3. 精密光机设计

支撑光学系统的机械结构设计非常重要，进行结构设计时应重点考虑以下因素：

1)结构设计必须确保光学设计结果的实现。机械结构支撑系统中的透镜和反射镜等光学系统的所有零件。为了达到像质要求，按照光学设计的公差要求，将每个光学零件固定在它的位置上。除非另有说明，结构不应遮拦正常光线。

2)根据光学设计，合理设置杂散光阑。光机结构的内外壁应消光处理，抑制视场外杂散光进入光敏面。

3)为了保证整个工作温区的焦平面位置精度，应根据需要进行无热化设计。

4)对于结构材料选用，除具有好的理化性能、机械性能和价格适中外，热膨胀系数应尽量与光学零件配合。根据产品特殊性，对机械材料应有一定的专门要求，如抗磁性能等。

5)选用黏结连接时，应选择理化性能好、寿命长、固化后应力小、黏结强度高的黏结剂。为了避免像质变坏及零件损毁，特别要注意温度效应，并应规定进行时效试验。

6)结构设计必须考虑调整环节、装配方便，选用合理的、装配应力小的固紧方法。

7)光学系统的结构应与位标器结构布局协调，满足体积空间及质量的要求。

2.2.2 红外探测器

红外探测器的作用就是把接收到的红外辐射转换成电信号输出，利用内光电效应，红外光子直接把材料束缚态电子激发成传导电子，实现光-电转换[2]。红外探测器对光谱具有选择性，只对短于某个特定波长的红外辐射有响应，这一特定波长称为截止波长，其响应速度大，探测灵敏度高，如图 2-5 所示。

反映探测器性能参数的主要指标为星探测度（单位为 cm · $Hz^{1/2}$ · W^{-1}），其表达式为

$$D_\lambda^* = R_\lambda \frac{\sqrt{\Delta f \times A_d}}{V_n} = \frac{\sqrt{\Delta f \times A_d}}{\text{NEP}} \tag{2-5}$$

式中：R_λ 为探测器的光谱响应度；A_d 为探测器的敏感面积；Δf 为探测器信号处理电路的有效带宽；V_n 为探测器本身产生的噪声；NEP 为探测器等效噪声功率。

探测度的物理意义是探测器接收到单位红外辐射功率，相对于单位敏感面积、单位带宽时探测器产生的信噪比数。图 2-5 显示了不同材料制成的红外探测器对不同红外波段的星探测度。红外空空导弹早期探测系统多使用短波波段，当时只有硫化铅（PbS）探测器的生产工艺较成熟，其只对短波红外辐射响应，只能探测飞机喷管的辐射，即只能从飞机后半球探测目标，空中作战只能以尾追的方向进行攻击。目前红外空空导弹主要使用中波探测器，包括锑化铟（InSb）、硅铂（PtSi）和碲镉汞（HgCdTe）等，以探测飞机排出的气流辐射为主，基本上可以实现全向探测与攻击。

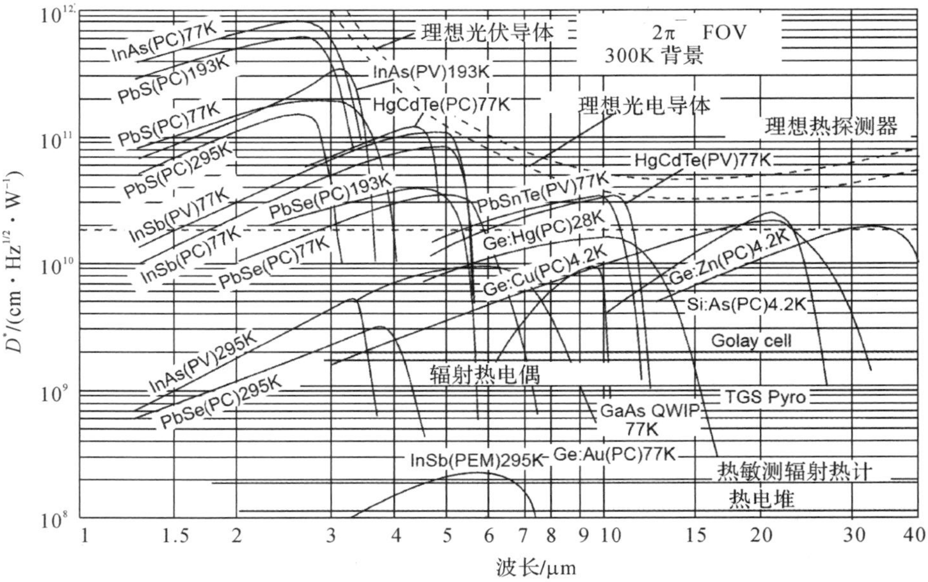

图 2-5 不同材料探测器的响应波段[3]

图 2－5 表明红外探测器的灵敏度与温度有关，工作温度越低，探测器的灵敏度越高，大多数中波探测器只能在低温（77 K 左右）工作，因此需要一定的制冷条件才能最大限度地提高其灵敏性。非制冷红外探测器则主要集中在长波波段。

空空导弹尺寸、重量受限，因此要求导引头制冷装置重量轻，体积小，启动时间短，通常采用杜瓦瓶制冷方式。常见的有金属杜瓦瓶和玻璃杜瓦瓶两种，图 2－6 所示为典型的玻璃杜瓦瓶结构，其本质就是一个玻璃夹层抽真空的保温瓶内胆，在杜瓦瓶的真空夹层内放置探测器并引出信号线，外侧玻璃留出透过红外辐射的保护玻璃窗，而内胆内充满制冷剂以对夹层进行制冷。探测器芯片被制冷时，探测器外壳保持常温。

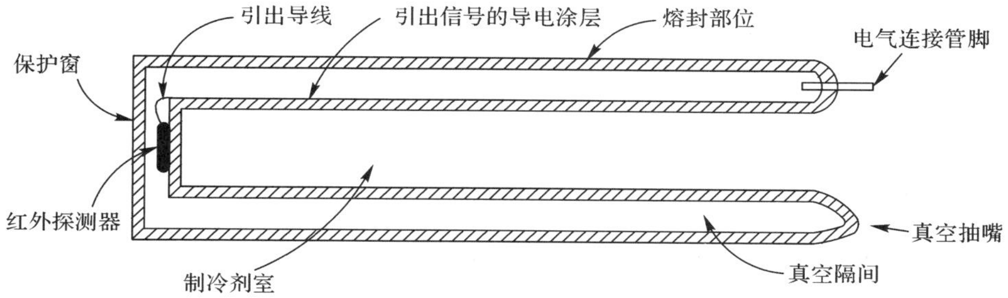

图 2－6　杜瓦瓶结构图

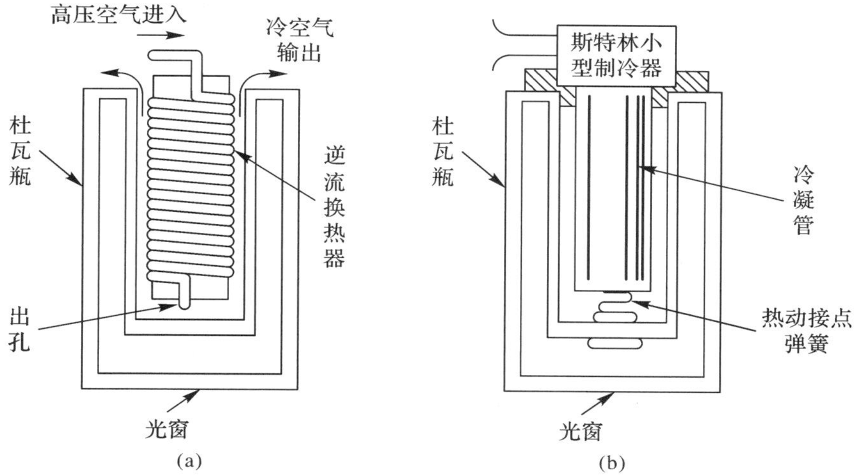

图 2－7　常见的制冷剂产生方式[4]

(a)焦耳-汤姆逊制冷器；(b)斯特林制冷器

制冷剂的产生方式通常包括图 2－7 的焦耳-汤姆逊（Joule-Thompson）制冷

器和斯特林(Stirling)制冷器两种。焦耳-汤姆逊制冷器,利用高压气体通过小孔节流绝热降压膨胀时变冷的效应制成,体积小、重量轻、冷却速度快、工作可靠,但需要外部气源或者小型压缩机。此外,其所需的气体必须经过净化,去除水蒸气和二氧化碳,否则容易结冰和堵塞节流阀。微型斯特林制冷器以氦气为介质,通过闭合压缩-膨胀循环原理实现制冷,结构稍大,运动部件会有振动。

早期的红外探测器每个敏感元都需要通过引线与前置放大器连接。前置放大器由分离器件搭建而成,像元数量越多,需要的引线、器件越多,机体庞大、结构复杂,典型的多元探测器为四元十字型红外探测器[5]。随着集成电路工艺的发展,探测器的前置电路和探测器的像元阵列可以实现芯片级的集成,体积大大减小,称之为焦平面阵列式红外探测器。

凝视红外焦平面阵列分为单片式、准单片式和混合式三种。混合式是分别制备红外探测单元阵列和相应的信息处理芯片,然后通过半导体工艺互连成一体。单片式是在同一衬底上同时制备红外光敏元件和信号处理元件。准单片式是某些工艺过程无法采用纯 IC 工艺实现的单片结构。每种形式适用于不同的红外探测器芯片,如 PtSi 焦平面器件采用的是单片式结构,InSB 采用的是倒焊混合式。这主要取决于器件特点、材料自身性能和工艺水平等。如图 2-8 所示的是几种典型的工艺形式[5]。

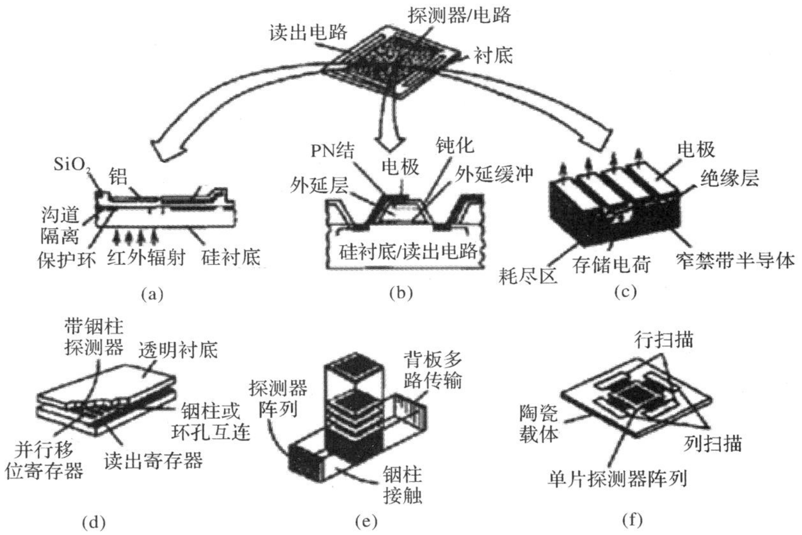

图 2-8 几种典型的工艺形式

单片式:(a)全硅技术;(b)硅上异质外延;(c)非硅衬底,混成式;

(d)倒装片;(e)Z 平面。

准单片式;(f)XY 寻址

2.2.3　稳定系统

跟踪稳定系统的主要功能是在红外探测系统和目标信号处理系统的参与、支持下，跟踪目标、实现红外探测系统光轴与弹体运动的隔离，即在弹体振动、机动飞行、目标机动逃逸等各种复杂战场情况下，使得目标始终处于视场范围内，维持光轴的空间稳定，从而给弹体控制系统输出稳定的目标运动信息(通常是视线角速度)。

1. 动力陀螺式稳定

最早的红外空空导弹采用的是动力陀螺式稳定，其结构如图 2－9 所示。内框转子以角速度 ω 高速旋转，形成动量矩 H，当力矩作用在内框或者外框时，由于陀螺效应，将在外框或者内框产生角速度，其大小为

$$\omega=\frac{M}{H} \tag{2-6}$$

称之为陀螺的进动特性。当这种陀螺仪的转子高速旋转即具有动量矩 H 时，如果不受外力的作用，根据动量矩定理有 $H=0$，由此得到动量矩为常数，表明陀螺动量矩在惯性空间中大小和方向均无变化。在实际中，图 2－9 的动力陀螺的外框和弹体通过轴承连接，由于轴承具有摩擦力，外力矩依然会作用在外框或者内框，从而导致动量矩产生变化，即陀螺的“漂移”。根据式(2－6)，陀螺动量矩越大，同样干扰下角速度变化越小。由于导弹的工作时间较短，只要陀螺内环转子转速足够高，陀螺的漂移就可以忽略，即可依靠动力陀螺的定轴性实现导引头的稳定。

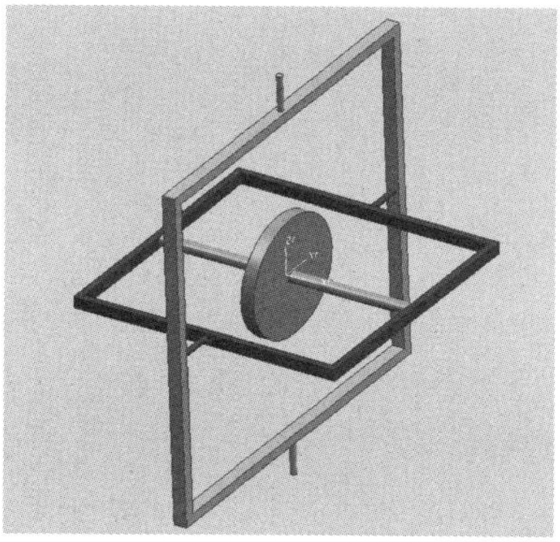

图 2－9　动力陀螺结构示意图

动力陀螺式导引头光学系统和探测器固定在陀螺转子上，探测器均为点源探测器或多元脉冲探测器，对目标位置的获取均采用了旋转调制解调技术，通过模拟电路可以直接输出表征目标视线角速度的电平信号。

动力陀螺式红外导引头具有集成性高、成本低的优点，是早期红外空空导弹普遍采用的方式，典型的如美国的 AIM－9B、AIM－9D、AIM－9L 空空导弹均采用该稳定方式。但是动力陀螺稳定也具有天生的缺陷：一般角动量越大，稳定性越好，但不易实现大的跟踪角速度；动力陀螺的离轴能力较小，因此不适用于对跟踪角速度、随动角速度和离轴角要求较大的场合。

2. 速率陀螺式稳定

随着红外凝视成像探测器的出现和新型陀螺传感器的出现，红外导引头的稳定系统逐渐过渡到了速率陀螺式稳定平台。

速率陀螺式稳定平台是指利用速率陀螺作传感器的一套机械电气装置，用于测量二自由度或三自由度稳定平台所受到的各种扰动，接受控制指令保持对平台的稳定和跟踪。速率陀螺式稳定平台的主要优点是：能够实现较大的跟踪速度和大的离轴角，能够实现高稳定精度。

图 2－10 所示是典型的二自由度速率陀螺式稳定平台。光学系统、探测器、速率陀螺安装在平台台体上，台体通过轴承与内环框架连接，内环框架通过轴承与外环支架连接，台体上的两轴陀螺输出轴与支撑轴重合。在各框架力矩器驱动下框架可绕相应轴转动，作用在平台上的干扰力矩和惯性力矩由伺服力矩抵消。台体相对惯性空间的角运动速度由安装在台体上的速率陀螺测量，各框架间相对转动角度由相应角度传感器测量。

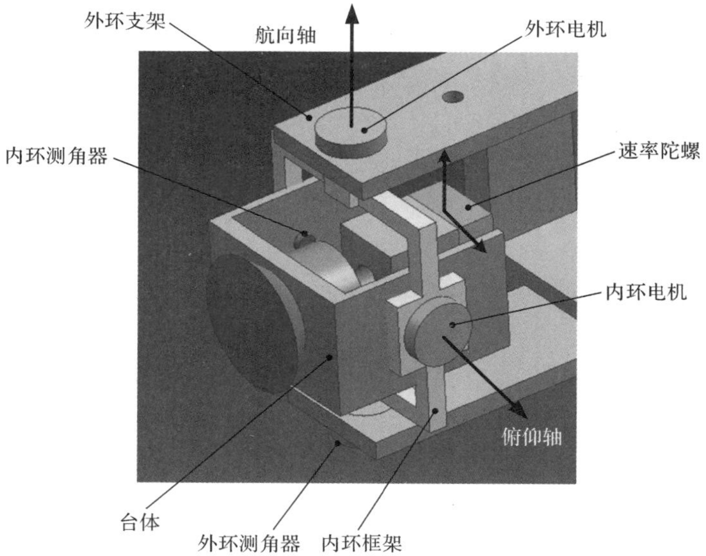

图 2－10　速率陀螺式稳定平台结构

速率陀螺式平台的稳定原理如图 2－11 所示。由弹体摆动等原因引起的干扰力矩和由静不平衡引起的漂移力矩，通过速率陀螺负反馈，与电机力矩相抵消，实现台体稳定。其中变换函数环节的输出包括了轴承、滑环摩擦产生的干扰力矩以及导线、气路等产生的干扰力矩和黏滞摩擦力矩；漂移干扰力矩包括过载力矩（含静不平衡力矩）、过载平方漂移力矩等。

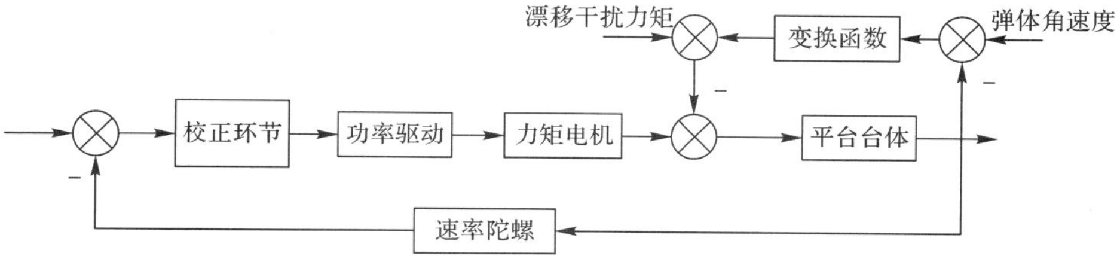

图 2－11　速率陀螺式平台的稳定原理

其跟踪原理如图 2－12 所示，当平台的光轴与目标位置不一致时，红外凝视成像探测器经过信号处理可直接给出误差信号，作为稳定回路的输入，经信息处理驱动力矩电机带动台体转动，使光轴跟踪目标。

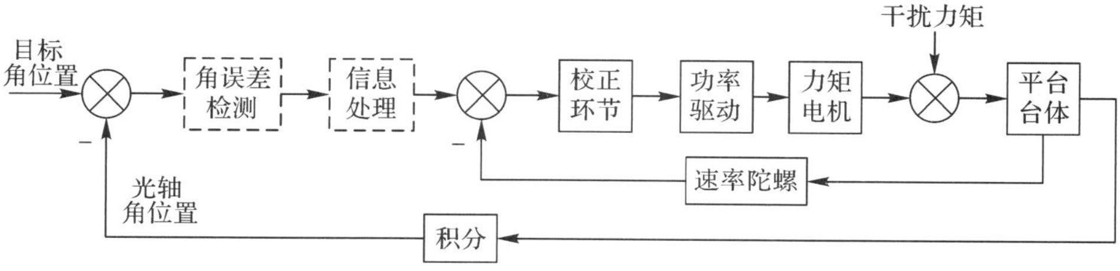

图 2－12　速率陀螺式平台跟踪原理

3. 稳定系统的捷联化

在抗干扰和跟踪速度、跟踪范围等方面，速率陀螺式稳定平台的性能大大超越了动力陀螺式稳定平台，但是在导引头小型化、低成本、高可靠性方面，速率陀螺式稳定平台已经逐渐显出不足。在弹径一定的情况下，稳定平台的尺寸、重量与台体上安装的速率陀螺直接相关，陀螺的尺寸直接影响弹径的大小；在同样的电机性能前提下，陀螺的重量直接影响了光轴的机动性能，导引头的性能难以大幅提升。

目前速率陀螺式稳定平台需要在台体设置两轴或三轴速率陀螺敏感台体的惯性运动，而弹体上通常也装载有捷联惯导用三轴陀螺。如果能够省去台体的陀螺，则导引头的成本将大幅度降低。去除台体的陀螺，则台体的重量将所有减轻，在电机不变的情况下，导引头动力学性能将会提升，捷联导引头正是为了迎合这个需求而诞生的。

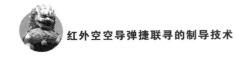

全捷联导引头是较极端的做法，它取消了稳定平台的自由度框架，将光学系统、探测器直接全部固连在弹体上，构成没有运动环节的"固定头"，复用弹体的捷联惯导用陀螺信号，通过数学运算进行光轴稳定。但由于全捷联导引头没有可动结构，难以跟踪机动性较强的目标，固不适用于空空导弹使用。

相对而言，半捷联导引头是当前红外捷联导引头中的中坚力量，欧美现役最先进的红外空空导弹均采用了半捷联稳定结构，本书将着重介绍半捷联导引头的结构及原理。

2.3 半捷联导引头

半捷联导引头是介于传统速率陀螺式稳定平台导引头和全捷联导引头之间的一种新型导引头。其在结构形式上类似速率陀螺式稳定平台导引头，即保留了稳定平台，通过稳定平台的运动实现导引头光轴任意指向，但是其和速率陀螺式稳定平台导引头的不同之处在于稳定平台上取消了惯性传感器，因而在稳定控制上类似于全捷联导引头。半捷联导引头符合小型化、低成本的发展趋势，越来越受到各国的重视，成为导引头技术发展的重点。目前欧美军事强国在半捷联导引头技术的研究与应用中处于领先水平，已经发展出了相应的空空导弹，例如美国的 AIM－9X 空空导弹、德国的 IRIS－T 空空导弹以及英国的 ASRAAM 空空导弹等。其中 AIM－9X 空空导弹是半捷联红外成像导引头成功应用的典型代表。

半捷联导引头根据其稳定平台系统采用的轴系组合方式可以分为偏航-俯仰直角坐标式、滚转-俯仰极坐标式和滚转-偏航-俯仰三轴结构这三类。这三类稳定平台各有特点，在适合各自特点的应用场合中发挥着关键作用。本节将先分别介绍这三类导引头的结构，再介绍半捷联导引头稳定原理，为后续各章的分析作准备。

2.3.1 直角坐标式结构

直角坐标式的稳定平台系统是由偏航轴和俯仰轴组成的两轴双框架结构。

在空间上，偏航轴和俯仰轴在弹轴垂面内呈正交关系，导引头光轴只能做偏航和俯仰两个自由度的运动，分别对应目标像点在像平面上以视场中心为原点的两个正交方向的移动，故称之为直角坐标式半捷联导引头。直角坐标式半捷联稳定平台系统的结构如图 2－13 所示，偏航轴固连在弹体上，俯仰轴固连在偏航框架上。偏航轴和俯仰轴的两端分别装有力矩电机和角位置传感器。探测成像系统安装在俯仰框架上。因为采用力矩电机直接驱动的形式，所以系统刚度提高了。另外，框架上没有直接安装惯性器件(速率陀螺)，不仅框架的体积与重量大大减小，而且结构紧凑且便于维护。

偏航框架作为外框带动作为内框的俯仰框架一起做偏航运动，俯仰框架带动探测成像系统一起做俯仰运动。理论上通过偏航-俯仰运动合成，导引头光轴可以实现前半球任意指向，但偏航框架嵌套俯仰框架导致俯仰框架转动的范围受到较大的限制，所以直角坐标式半捷联导引头的跟踪场一般在±(40°～60°)之内。

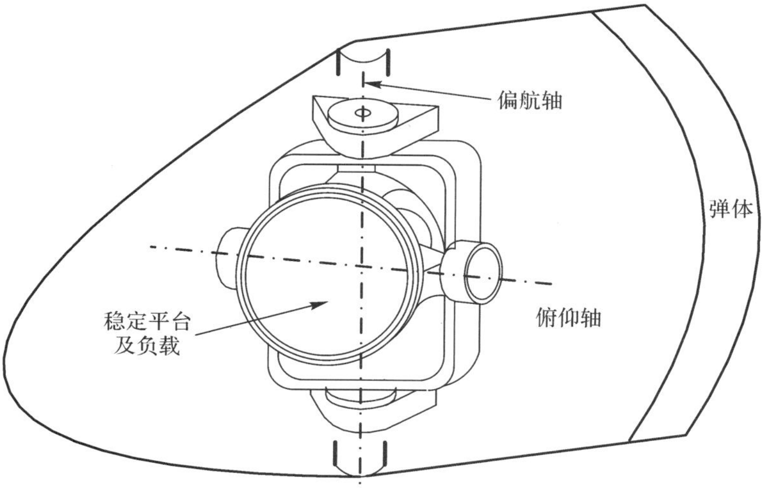

图 2－13　直角坐标式半捷联稳定平台系统的结构图

2.3.2　极坐标式结构

极坐标式半捷联导引头的稳定平台系统是由滚转轴和俯仰轴组成的两轴双框架结构。在空间上，滚转轴和俯仰轴在导弹对称面内呈正交关系，导引头光轴只能做滚转和俯仰两个自由度的运动，其中俯仰运动对应目标像点在像平面上以视场中心为原点沿极径方向的径向移动，滚转运动对应于目标像点在像平面上以视场中心为原点沿幅角变化方向的切向移动，故称之为极坐标式。极坐标式半捷联稳定平台系统的结构如图 2－14 所示[6]，滚转轴固连在弹体上，俯仰轴固连在滚转框架上。俯仰轴的两端分别装有力矩电机和角位置传感器。滚转轴的合适位置上装有力矩电机和角位置传感器。

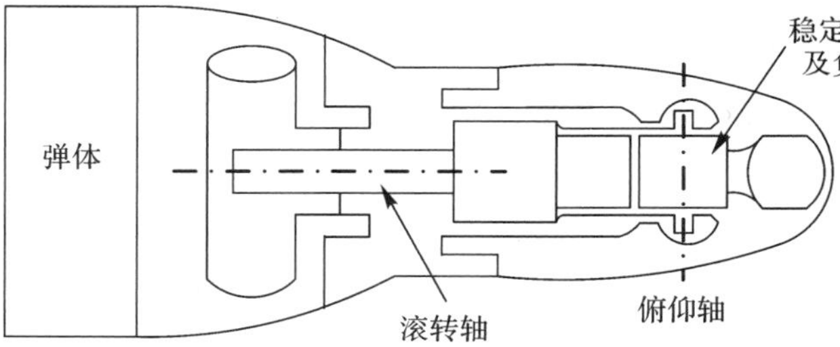

图 2－14　极坐标式半捷联稳定平台系统的结构图

滚转框架嵌套俯仰框架不存在俯仰框架转动的限位，所以通过滚转-俯仰运动合成，导引头光轴可以实现前半球任意指向。极坐标式半捷联导引头的跟踪场可以轻松达到±90°，能满足导弹大离轴角发射的要求，再加上平台体积小，并且成本较低，已成为新一代空空格斗导弹导引头平台结构的理想选择。国外已有多种型号的红外近距格斗空空导弹的导引头采用极坐标式结构，如 AIM－9X、ASRAAM和 IRIS－T 等空空导弹。

2.3.3　三轴结构

对于偏航-俯仰两轴直角坐标式结构的导引头，由于缺少滚转方向上的自由度，因此无法隔离载体在滚转方向上的运动。二十世纪八十年代以来，国内外研究者对两轴稳定平台的原理性缺陷进行了深入研究，提出了滚转-偏航-俯仰三轴结构稳定平台的概念。三轴结构半捷联稳定平台系统包括滚转、偏航和俯仰三个转动自由度，滚转框架固连在弹体上，偏航轴固连在滚转框架上，俯仰轴固连在偏航框架上，红外探测成像系统装配在俯仰框架上，偏航轴和俯仰轴的两端分别装有力矩电机和角位置传感器。滚转轴的合适位置上装有力矩电机和角位置传感器。其基本结构示意图如图 2－15 所示。

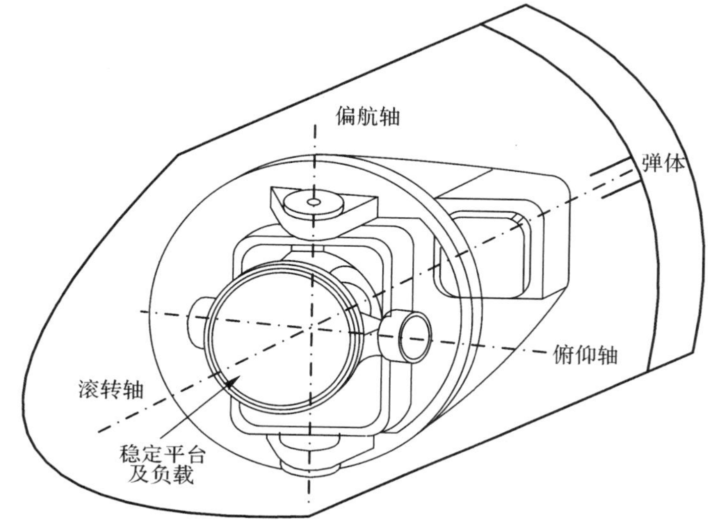

图 2－15　三轴结构半捷联稳定平台系统的结构图

三轴半捷联导引头的稳定平台系统本质上也是一种直角坐标式的导引头，具有完备的三个转动自由度，通过控制可以实现传统三自由度陀螺稳定平台的常平架作用，使俯仰框上的负载与弹体隔离，控制系统相对简单。

综上所述，半捷联导引头稳定平台的框架结构以万向支架为主体，直角坐标式（两轴或三轴）和极坐标式的稳定平台都有各自的优缺点。对于直角坐标式稳定平台，框架的数量决定系统所能达到精度的上限，但是框架数量越多，则体积与质量越大；对于极坐标式稳定平台，虽然能以最简洁的结构形式完成三轴直角坐标式所能完成的功能，但是会带来捷联稳定控制困难以及过顶跟踪的问题。因此，在实际使用中，应当详细分析系统的总体需求，选择合适的稳定平台结构。

2.3.4　半捷联导引头稳定原理

半捷联导引头虽然解决了传统速率陀螺稳定方式中存在的系统体积大、质量重和成本高的问题，但由于用来隔离弹体运动的稳定平台系统中没有安装惯性器件，所以只能利用弹载惯性器件信息来实现导引头光轴的惯性稳定。这种稳定方式称为捷联稳定。

从原理上看，半捷联稳定就是当导引头光轴相对惯性空间产生扰动时，稳定平台控制系统控制框架运动，使得导引头光轴相对惯性空间的运动和扰动相反而抵消，从而保持光轴相对惯性空间的指向保持不变。对半捷联导引头稳定控制而言，可以利用的量测信息只有框架角和弹体相对惯性空间的角速度。光轴相对惯性空间的运动可以通过运动合成原理（即光轴相对弹体的运动叠加弹体相对惯性空间的运动）得到，而光轴相对弹体的运动则由框架角和框架角速度通过运动合成原理得到。传统速率陀螺稳定平台上的惯性器件可以直接量测到光轴惯性空间角速度，半捷联导引头是通过复杂计算间接得到光轴相对惯性空间角速度的，因此半捷联稳定是一种间接稳定方式。

由于半捷联导引头稳定平台结构的特殊性，对于半捷联稳定控制而言，工程上要考虑的噪声及扰动因素较多，需要从运动学、动力学、结构装调误差补偿、系统摩擦补偿、系统整体稳定方案、匹配滤波、微分测速以及控制算法等方面开展研究。国内外对稳定平台的控制进行了大量研究，归纳起来主要有以下三种方案：

1）经典控制方法：这是工程应用中普遍采用的方案，对每个自由度的运动分别建立传递函数模型，在开环频率特性分析的基础上采用频率域设计的超前滞后串联校正网络达到满意的动态性能。必要时还可以考虑加入前馈控制来提高系统性能。经典控制具有便于设计和实现的优点，多年的实践经验表明其可以满足大多数工程应用需求。

2）现代控制方法：探索线性二次最优控制以及 H_∞ 鲁棒控制在稳定平台控制中的应用。利用局部非线性环节补偿解决速度尖峰问题，利用滑模控制设计稳定回路。其具有动态性能好、鲁棒性强等优点，但因参数不确定因素多，在参数选择上需要反复试凑，设计过程复杂。

3）智能控制方法：采用模糊控制、神经网络控制或者将智能控制与经典控制相结合的方法。这些方法虽然取得了一些成果，但离工程应用还有一定的距离。

总体来说，经典的频域设计理论仍然是目前工程上的研究重点，而现代控制理论方面也在逐渐起步。为了提高半捷联式导引头的稳定控制精度，现代控制理论设计方法是一个研究重点。

参考文献

[1]樊会涛．空空导弹方案设计原理[M]．北京：航空工业出版社，2013．

[2]梅遂生．光电子技术[M]．北京：国防工业出版社，2008

[3]ROGALSKI A. Infrared detectors: status and trends[J]. Progress in Quantum Electronics，2003，27(2/3)：59 - 210.

[4]ROGALSKI A. 红外探测器[M]．北京：机械工业出版社，2014．

[5]孙维国，黄水安. 空空导弹光电探测器设计[M]. 北京：国防工业出版社，2006.

[6]ZIPFEL P H. Modeling and simulation of aerospace vehicle dynamics[M]. Florida：American Institute of Aeronautics and Astronautics，2000.

第3章

滚仰半捷联导引头平台分析

在各种稳定平台中，滚仰半捷联稳定平台结构紧凑，跟踪场覆盖前半球，是红外空空导弹导引头平台的主要发展方向[1]。作为一种新型的稳定平台，滚仰半捷联导引头平台在结构形式、稳定机理和控制策略等方面和传统速率陀螺稳定平台均有所区别。本章从滚仰半捷联导引头的结构形式出发，利用牛顿力学原理建立各框架动力学模型，在此基础上对稳定平台的运动耦合特性进行仿真分析，最后简要分析导引头的误差传递关系。

3.1 滚仰半捷联导引头基本结构

滚仰半捷联稳定平台采用滚转-俯仰两轴极坐标式结构，即外框架为滚转框架，内框架为俯仰框架。通过采用这种“滚转＋俯仰”偏转的结构形式，可以实现大离轴角度条件下对目标的探测与跟踪。

滚仰半捷联导引头的结构如图 3-1 所示。其中探测器安置在弹体上，采用光学滑环结构实现导引头光轴对前半球空间的任意指向[2]。由于在平台框架上没有安装惯性器件，因此框架的体积大大减小，结构也更加简单，使得平台的结构紧凑并且方便进行安装和维护，非常适用于近距格斗空空导弹。

根据图 3-1，来自目标的红外辐射需要经过特定的折线光路以后才能入射到探测器焦平面上，而且光路路径随着位标器框架的转动而变化。设计时光学滑环可以简化成四块平面镜，其中平面镜 1 安置在稳定平台上，平面镜 2～4 作为 1 个整体和外框架固连。稳定平台作为负载安装在内框架上，可以随内框架做俯仰方向上的运动。内框架转轴安装在外框架上，内框架、稳定平台和平面镜 2～4 作为外框架的负载可以随外框架做滚转方向上的运动。外框架转轴安装在弹体上。内框转轴和外框转轴上分别装有测角器和电机，惯测组件安装在弹体上。

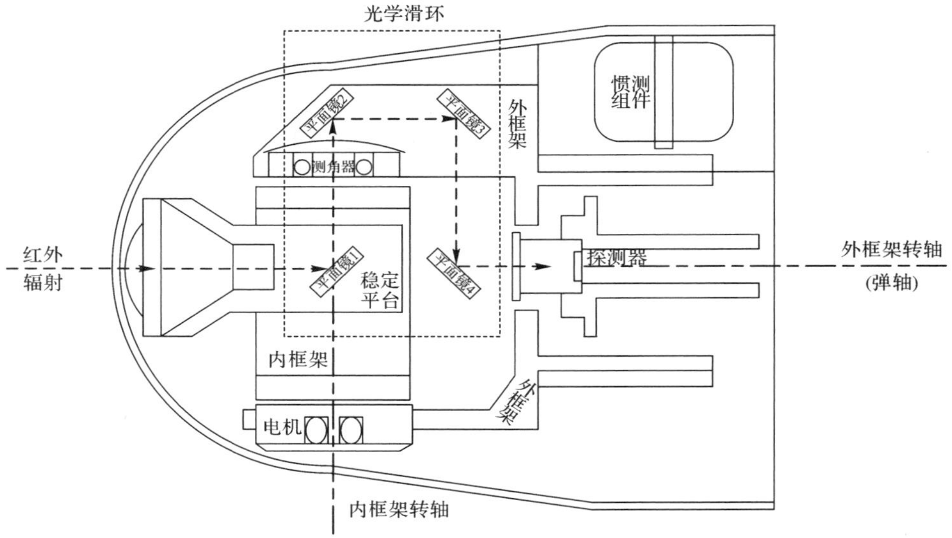

图 3-1　滚仰半捷联导引头结构示意图

3.2 滚仰半捷联导引头运动学分析

3.2.1 坐标系定义

为了便于建模,定义如下坐标系。

1. 地面坐标系

地面坐标系(i 系)O_i-x_i、y_i、z_i:原点取为导弹发射时导弹质心在地表水平面上的投影。O_ix_i 轴在地表水平面内,方向指向目标在地表水平面的投影。O_iy_i 轴和地表水平面垂直,向上为正。O_iz_i 轴和 O_ix_i 轴与 O_iy_i 轴成右手系。对于确定弹体姿态而言,可以将该坐标系平移到导弹质心,得到坐标系 $O-x_iy_iz_i$。地面坐标系相对地球是静止的。对空空导弹而言,可以认为地面坐标系是惯性坐标系。

2. 弹体坐标系

弹体坐标系(b 系)$O-x_by_bz_b$:原点取为导弹质心。Ox_b 轴和弹体纵轴重合，方向指向导弹头部。Oy_b 轴位于弹体纵对称面内，和 Ox_b 轴垂直，向上为正。Oz_b 轴和 Ox_b 轴与 Ox_b 轴成右手系。设计导引头时，将弹体系平移到位标器回转中心上。

3. 外环坐标系

外环坐标系（o 系）$O-x_oy_oz_o$：原点取为位标器回转中心。Ox_o 轴和外框架转轴固连，方向指向导弹头部。Oz_o 轴位于过原点的 Ox_o 轴的垂面内，和内框架转轴在该垂面的投影重合，方向沿弹径向外。Oy_o 轴和 Ox_o 轴与 Oz_o 轴成右手系。

4. 平台坐标系

平台坐标系（p 系）$O-x_py_pz_p$：原点取为位标器回转中心。Oz_p 轴和内框架转轴固连，方向沿径向向外。Ox_p 轴位于过原点的 Oz_p 轴的垂面内，且当内框架处于零位时，Ox_p 轴落在由内框转轴和外框转轴确定的平面内，方向指向导弹头部。Oy_p 轴和 Ox_p 轴与 Oz_p 轴成右手系。

根据坐标系的定义以及红外成像导引头的结构特点，导引头的视轴就是平台坐标系的 x 轴。记弹体偏航角为 φ，俯仰角为 ϑ，横滚角为 γ，导引头内环框架角为 θ_s，外环框架角为 γ_s。理想情况下，位标器滚转轴和弹体纵轴重合，位标器内框转轴和外框转轴正交。各坐标系之间的变换关系如图 3-2 所示。

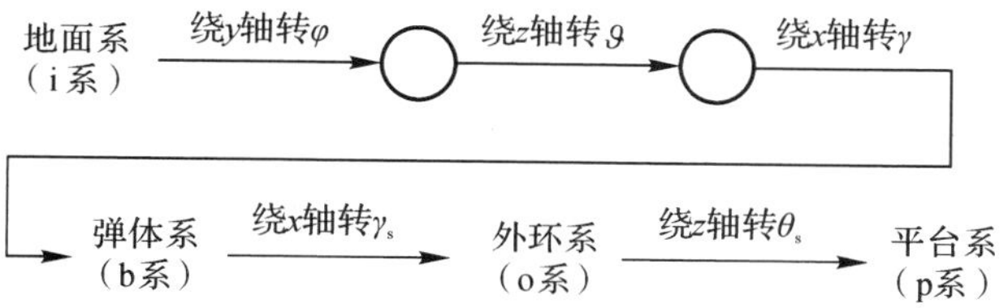

图 3-2 各坐标系之间的变换关系

为了简化书写，再定义下面三个矩阵函数，它们的物理意义就是坐标系绕相应坐标轴旋转 φ 角的坐标变换矩阵：

$$\boldsymbol{T}_x(\varphi)=\begin{bmatrix}1 & 0 & 0\\ 0 & \cos\varphi & -\sin\varphi\\ 0 & \sin\varphi & \cos\varphi\end{bmatrix},\quad \boldsymbol{T}_y(\varphi)=\begin{bmatrix}\cos\varphi & 0 & \sin\varphi\\ 0 & 1 & 0\\ -\sin\varphi & 0 & \cos\varphi\end{bmatrix}$$

$$\boldsymbol{T}_z(\varphi)=\begin{bmatrix}\cos\varphi & -\sin\varphi & 0\\ \sin\varphi & \cos\varphi & 0\\ 0 & 0 & 1\end{bmatrix}$$

各矩阵函数关于 φ 的导数为

$$\dot{\boldsymbol{T}}_x(\varphi)=\begin{bmatrix}0 & 0 & 0\\ 0 & -\sin\varphi & -\cos\varphi\\ 0 & \cos\varphi & -\sin\varphi\end{bmatrix},\quad \dot{\boldsymbol{T}}_y(\varphi)=\begin{bmatrix}-\sin\varphi & 0 & \cos\varphi\\ 0 & 0 & 0\\ -\cos\varphi & 0 & -\sin\varphi\end{bmatrix}$$

$$\dot{\boldsymbol{T}}_z(\varphi)=\begin{bmatrix}-\sin\varphi & -\cos\varphi & 0\\ \cos\varphi & -\sin\varphi & 0\\ 0 & 0 & 1\end{bmatrix}$$

3.2.2　运动学描述

导引头稳定平台是安装在动基座上的运动部件。根据位标器的结构，稳定平台随内环框架相对外框做定轴转动，外环框架相对弹体做定轴转动，弹体相对惯性系既有平动也有转动。这里根据相对运动理论，给出各运动部件相对惯性系的运动学描述。

1. 弹体姿态运动

记弹体相对惯性系的偏航角为 φ，俯仰角为 ϑ，横滚角为 γ。在弹体系中，弹体相对惯性系转动的角速度 $\boldsymbol{\omega}_{\mathrm{m}}$ 为

$$\begin{bmatrix}\omega_{\mathrm{m}x}\\ \omega_{\mathrm{m}y}\\ \omega_{\mathrm{m}z}\end{bmatrix}=\begin{bmatrix}\dot{\gamma}\\ 0\\ 0\end{bmatrix}+\boldsymbol{T}_s(-\gamma)\begin{bmatrix}0\\ 0\\ \dot{\vartheta}\end{bmatrix}+\boldsymbol{T}x(-\gamma)\boldsymbol{T}_z(-\vartheta)\begin{bmatrix}0\\ \dot{\vartheta}\\ 0\end{bmatrix}=\begin{bmatrix}\dot{\gamma}+\dot{\varphi}\sin\vartheta\\ \dot{\varphi}\cos\vartheta\cos\gamma+\dot{\vartheta}\sin\gamma\\ -\dot{\varphi}\cos\vartheta\sin\gamma+\dot{\vartheta}\cos\gamma\end{bmatrix}$$

(3－1)

2. 外环框架转动

记外环框架角为 γ_{s}。在外环系中，外框架相对惯性系转动的角速度 $\boldsymbol{\omega}_{\mathrm{o}}$ 为

$$\begin{bmatrix}\omega_{\mathrm{o}x}\\ \omega_{\mathrm{o}y}\\ \omega_{\mathrm{o}z}\end{bmatrix}=\begin{bmatrix}\dot{\gamma}_{\mathrm{s}}\\ 0\\ 0\end{bmatrix}+\boldsymbol{T}_x(-\gamma_{\mathrm{s}})\boldsymbol{\omega}_{\mathrm{m}}\begin{bmatrix}\dot{\gamma}_{\mathrm{s}}+\omega_{\mathrm{m}x}\\ \omega_{\mathrm{m}y}\cos\gamma_{\mathrm{s}}+\omega_{\mathrm{m}z}\sin\gamma_{\mathrm{s}}\\ -\omega_{\mathrm{m}y}\sin\gamma_{\mathrm{s}}+\omega_{\mathrm{m}z}\cos\gamma_{\mathrm{s}}\end{bmatrix}\qquad(3-2)$$

外框架相对惯性系转动的角加速度 $\dot{\omega}_{\mathrm{o}}$ 为

$$\begin{bmatrix}\dot{\omega}_{\mathrm{o}x}\\ \dot{\omega}_{\mathrm{o}y}\\ \dot{\omega}_{\mathrm{o}z}\end{bmatrix}=\begin{bmatrix}\ddot{\gamma}_s\\ 0\\ 0\end{bmatrix}+\boldsymbol{T}_x(-\gamma_{\mathrm{s}})\dot{\omega}_{\mathrm{m}}-\dot{\gamma}_{\mathrm{s}}\dot{\boldsymbol{T}}_x(-\gamma_{\mathrm{s}})\omega_{\mathrm{m}}$$

$$
= \begin{bmatrix} \ddot{\gamma}_s + \dot{\omega}_{mx} \\ (\dot{\omega}_{my}\cos\gamma_s + \dot{\omega}_{mz}\sin\gamma_s) - \dot{\gamma}_s(\omega_{my}\sin\gamma_s - \omega_{mz}\cos\gamma_s) \\ -(\dot{\omega}_{my}\sin\gamma_s - \dot{\omega}_{mz}\cos\gamma_s) - \dot{\gamma}_s(\omega_{my}\cos\gamma_s + \omega_{mz}\sin\gamma_s) \end{bmatrix} \tag{3-3}
$$

3. 内环框架转动

记内环框架角为 θ_s。在平台系中，内框架相对惯性系转动的角速度 ω_i 为

$$
\begin{bmatrix} \omega_{ix} \\ \omega_{iy} \\ \omega_{iz} \end{bmatrix} = \begin{bmatrix} 0 \\ 0 \\ \dot{\theta}_s \end{bmatrix} + \boldsymbol{T}_z(-\theta_s)\boldsymbol{\omega}_o
$$

$$
= \begin{bmatrix} (\dot{\gamma}_s + \omega_{mx})\cos\theta_s + (\omega_{my}\cos\gamma_s + \omega_{mz}\sin\gamma_s)\sin\theta_s \\ -(\dot{\gamma}_s + \omega_{mx})\sin\theta_s + (\omega_{my}\cos\gamma_s + \omega_{mz}\sin\gamma_s)\cos\theta_s \\ \dot{\theta}_s - (\omega_{my}\sin\gamma_s - \omega_{mz}\cos\gamma_s) \end{bmatrix} \tag{3-4}
$$

内框架相对惯性系转动的角加速度 $\dot{\boldsymbol{\omega}}_i$ 为

$$
\begin{bmatrix} \dot{\omega}_{ix} \\ \dot{\omega}_{iy} \\ \dot{\omega}_{iz} \end{bmatrix} = \begin{bmatrix} 0 \\ 0 \\ \ddot{\theta}_s \end{bmatrix} + \boldsymbol{T}_z(-\theta_s)\dot{\boldsymbol{\omega}}_o - \dot{\theta}_s - \dot{\boldsymbol{T}}_z(-\theta_s)\boldsymbol{\omega}_o \tag{3-5}
$$

具体展开后，有

$$
\begin{aligned}
\dot{\omega}_{ix} = {} & (\ddot{\gamma}_s + \dot{\omega}_{mx})\cos\theta_s - \dot{\gamma}_s\dot{\theta}_s\sin\theta_s + \dot{\theta}_s[(\omega_{my}\cos\gamma_s + \omega_{mz}\sin\gamma_s)\cos\theta_s - \omega_{mx}\sin\theta_s] - \\
& \dot{\gamma}_s(\omega_{my}\sin\gamma_s - \omega_{mz}\cos\gamma_s)\sin\theta_s + (\dot{\omega}_{my}\cos\gamma_s + \dot{\omega}_{mz}\sin\gamma_s)\sin\theta_s \\
\dot{\omega}_{iy} = {} & (\ddot{\gamma}_s + \dot{\omega}_{mx})\sin\theta_s - \dot{\gamma}_s\dot{\theta}_s\cos\theta_s + \dot{\theta}_s[(\omega_{my}\cos\gamma_s + \omega_{mz}\sin\gamma_s)\sin\theta_s + \omega_{mx}\cos\theta_s] - \\
& \dot{\gamma}_s(\omega_{my}\sin\gamma_s - \omega_{mz}\cos\gamma_s)\cos\theta_s + (\dot{\omega}_{my}\cos\gamma_s + \dot{\omega}_{mz}\sin\gamma_s)\cos\theta_s \\
\dot{\omega}_{iz} = {} & \ddot{\theta}_s\dot{\gamma}_s(\omega_{my}\cos\gamma_s + \omega_{mz}\sin\gamma_s) - (\dot{\omega}_{my}\sin\gamma_s - \dot{\omega}_{mz}\cos\gamma_s)
\end{aligned}
$$

3.3 滚仰半捷联导引头动力学分析

稳定平台是一个复杂的动力学系统，框架的结构形式、质量分布等都会对系统的性能产生影响。为了便于分析，忽略弹性因素，将内外两框架看做两个活动的刚体，分别考虑每个刚体的动力学模型，然后再进行综合。

现在根据刚体的动量矩定理建立位标器框架的动力学模型。记外环框架关于位标器回转中心的惯量张量为 $\boldsymbol{J}_o$，外环框架对位标器回转中心的动量矩为

$\boldsymbol{H}_{\mathrm{o}}$，作用在外环框架上的惯性力矩为 $\boldsymbol{M}_{\mathrm{o}}$；内环框架关于位标器回转中心的惯量张量为 $\boldsymbol{J}_{\mathrm{i}}$，内环框架对位标器回转中心的动量矩为 $\boldsymbol{H}_{\mathrm{i}}$，作用在内环框架上的惯性力矩为 $\boldsymbol{M}_{\mathrm{i}}$。

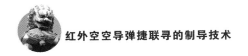

3.3.1 内环框架动力学

这里对各矢量均在平台系中考虑。假设平台系的三个坐标轴和内环框架的三个惯量主轴重合，则

$$\boldsymbol{H}_{\mathrm{i}}=\boldsymbol{J}_{\mathrm{i}}\boldsymbol{\omega}_{\mathrm{i}}=\begin{bmatrix}J_{\mathrm{i}x} & 0 & 0\\ 0 & J_{\mathrm{i}y} & 0\\ 0 & 0 & J_{\mathrm{i}z}\end{bmatrix}\begin{bmatrix}\omega_{\mathrm{i}x}\\ \omega_{\mathrm{i}y}\\ \omega_{\mathrm{i}z}\end{bmatrix}=\begin{bmatrix}J_{\mathrm{i}x}\omega_{\mathrm{i}x}\\ J_{\mathrm{i}y}\omega_{\mathrm{i}y}\\ J_{\mathrm{i}z}\omega_{\mathrm{i}z}\end{bmatrix}$$

式中：$J_{\mathrm{i}x}$ 为内环框架对平台系 x 轴的转动惯量；$J_{\mathrm{i}y}$ 为内环框架对平台系 y 轴的转动惯量；$J_{\mathrm{i}z}$ 为内环框架对平台系 z 轴的转动惯量。

于是

$$\dot{H}_{\mathrm{i}}=\frac{\partial\boldsymbol{H}_{\mathrm{i}}}{\partial t}+\boldsymbol{\omega}_{\mathrm{i}}\times\boldsymbol{H}_{\mathrm{i}}=\begin{bmatrix}J_{\mathrm{i}x}\dot{\omega}_{\mathrm{i}x}+(J_{\mathrm{i}z}-J_{\mathrm{i}y})\omega_{\mathrm{i}y}\omega_{\mathrm{i}z}\\ J_{\mathrm{i}y}\dot{\omega}_{\mathrm{i}y}+(J_{\mathrm{i}x}-J_{\mathrm{i}z})\omega_{\mathrm{i}x}\omega_{\mathrm{i}z}\\ J_{\mathrm{i}z}\dot{\omega}_{\mathrm{i}z}+(J_{\mathrm{i}y}-J_{\mathrm{i}x})\omega_{\mathrm{i}x}\omega_{\mathrm{i}y}\end{bmatrix}$$

式中：$\dot{\boldsymbol{H}}_{\mathrm{i}}$ 表示 $\boldsymbol{H}_{\mathrm{i}}$ 对时间的绝对导数；$\dfrac{\partial\boldsymbol{H}_{\mathrm{i}}}{\partial t}$ 表示 $\boldsymbol{H}_{\mathrm{i}}$ 对时间的相对导数。

对于内环框架，作用于其上的所有外力对位标器回转中心的合力矩就是内框惯性力矩 $\boldsymbol{M}_{\mathrm{i}}$。根据刚体动量矩定理，内环框架的动力学模型为 $\dot{\boldsymbol{H}}_{\mathrm{i}}=\boldsymbol{M}_{\mathrm{i}}$，其在平台系三个坐标轴上的投影为

$$\left.\begin{aligned}J_{\mathrm{i}x}\dot{\omega}_{\mathrm{i}x}+(J_{\mathrm{i}z}-J_{\mathrm{i}y})\omega_{\mathrm{i}y}\omega_{\mathrm{i}z}=M_{\mathrm{i}x}\\ J_{\mathrm{i}y}\dot{\omega}_{\mathrm{i}y}+(J_{\mathrm{i}x}-J_{\mathrm{i}z})\omega_{\mathrm{i}x}\omega_{\mathrm{i}z}=M_{\mathrm{i}y}\\ J_{\mathrm{i}z}\dot{\omega}_{\mathrm{i}z}+(J_{\mathrm{i}y}-J_{\mathrm{i}x})\omega_{\mathrm{i}x}\omega_{\mathrm{i}y}=M_{\mathrm{i}z}\end{aligned}\right\}\tag{3-6}$$

式中：$M_{\mathrm{i}x}$、$M_{\mathrm{i}y}$ 和 $M_{\mathrm{i}z}$ 分别表示 $\boldsymbol{M}_{\mathrm{i}}$ 在相应坐标轴上的投影。

3.3.2 外环框架动力学

这里对各矢量均在外环系中考虑。假设外环系的三个坐标轴和外环框架的三个惯量主轴重合，则

$$\boldsymbol{H}_{\mathrm{o}}=\boldsymbol{J}_{\mathrm{o}}\boldsymbol{\omega}_{\mathrm{o}}=\begin{bmatrix}J_{\mathrm{o}x} & 0 & 0\\ 0 & J_{\mathrm{o}y} & 0\\ 0 & 0 & J_{\mathrm{o}z}\end{bmatrix}\begin{bmatrix}\omega_{\mathrm{o}x}\\ \omega_{\mathrm{o}y}\\ \omega_{\mathrm{o}z}\end{bmatrix}=\begin{bmatrix}J_{\mathrm{o}x}\omega_{\mathrm{o}x}\\ J_{\mathrm{o}y}\omega_{\mathrm{o}y}\\ J_{\mathrm{o}z}\omega_{\mathrm{o}z}\end{bmatrix}$$

式中：J_{ox} 为外环框架对外环系 x 轴的转动惯量；J_{oy} 为外环框架对外环系 y 轴的转动惯量；J_{oz} 为外环框架对外环系 z 轴的转动惯量。

于是

$$\dot{H}_o = \frac{\partial \boldsymbol{H}_o}{\partial t} + \omega_o \times \boldsymbol{H}_o = \begin{bmatrix} J_{ox}\dot{\omega}_{ox} + (J_{oz} - J_{oy})\omega_{oy}\omega_{oz} \\ J_{oy}\dot{\omega}_{oy} + (J_{ox} - J_{oz})\omega_{ox}\omega_{oz} \\ J_{oz}\dot{\omega}_{oz} + (J_{oy} - J_{ox})\omega_{ox}\omega_{oy} \end{bmatrix}$$

式中：$\dot{\boldsymbol{H}}_o$ 表示 $\boldsymbol{H}_o$ 对时间的绝对导数；$\frac{\partial \boldsymbol{H}_o}{\partial t}$ 表示 $\boldsymbol{H}_o$ 对时间的相对导数。

对于外环框架，作用于其上的所有外力对位标器回转中心的合力矩除了外框惯性力矩 $\boldsymbol{M}_o$ 外，还有内环框架对外框的反作用力矩 $\boldsymbol{M}_{io}$。根据刚体动量矩定理，外环框架的动力学模型为 $\dot{\boldsymbol{H}}_o = \boldsymbol{M}_o + \boldsymbol{M}_{io}$，其中 $\boldsymbol{M}_{io} = -\boldsymbol{T}_z(\theta_s)\boldsymbol{M}_i$，其在外环系三个坐标轴上的投影为

$$\left.\begin{aligned} &J_{ox}\dot{\omega}_{ox} + (J_{oz} - J_{oy})\omega_{oy}\omega_{oz} = M_{ox} - (M_{ix}\cos\theta_s - M_{iy}\sin\theta_s) \\ &J_{oy}\dot{\omega}_{oy} + (J_{ox} - J_{oz})\omega_{ox}\omega_{oz} = M_{oy} - (M_{ix}\sin\theta_s - M_{iy}\cos\theta_s) \\ &J_{oz}\dot{\omega}_{oz} + (J_{oy} - J_{ox})\omega_{ox}\omega_{oy} = M_{oz} - M_{iz} \end{aligned}\right\} \quad (3-7)$$

式中：M_{ox}、M_{oy} 和 M_{oz} 分别表示 $\boldsymbol{M}_o$ 在相应坐标轴上的投影。

3.3.3 平台动力学模型

根据位标器结构，稳定平台只有沿内框转轴和沿外框转轴转动的两个自由度，故其动力学模型由内环框架动力学模型[式(3-6)]在平台系 z 轴上的投影和外环框架动力学模型[式(3-7)]在外环系 x 轴上的投影组成，即

$$\left.\begin{aligned} &J_{iz}\dot{\omega}_{iz} + (J_{iy} - J_{ix})\omega_{ix}\omega_{iy} = M_{iz} \\ &J_{ox}\dot{\omega}_{ox} + (J_{oz} - J_{oy})\omega_{oy}\omega_{oz} = M_{ox} - (M_{ix}\cos\theta_s - M_{iy}\sin\theta_s) \end{aligned}\right\} \quad (3-8)$$

1. 沿内框转轴的力矩

对于内环框架，沿内框转轴的力矩主要包括内框电机控制力矩 T_{emi}、内框质量不平衡力矩 T_{ubi}、内框摩擦力矩 T_{fi} 和内框受到的电缆柔性力矩 T_{si}。

根据质量不平衡力矩的定义，有

$$T_{ubi} = \rho_i m_i k_n g \cos\theta_s$$

式中：m_i 为内框及其负载总质量；ρ_i 为内框系统质心到内框转轴的距离；k_n 为弹体横向过载系数；g 为重力加速度。

内框摩擦力矩包括线性部分和非线性部分，如下式描述：

$$T_{fi} = K_{fi}\dot{\theta}_s + F_{fi}(\dot{\theta}_s)$$

式中：K_{fi}表示内框黏性摩擦因数；$F_{fi}(\dot{\theta}_s)$为关于 $\dot{\theta}_s$ 的非线性函数，表示内框非线性摩擦力矩。

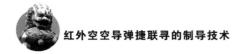

内框受到的电缆柔性力矩也包括线性部分和非线性部分，如下式描述：

$$T_{si}=K_{si}\theta_s+F_{si}(\dot{\theta}_s)$$

式中：K_{si}表示内框电缆柔性系数；$F_{si}(\theta_s)$为关于 θ_s 的非线性函数，表示内框非线性电缆柔性力矩。

综上分析，有

$$\begin{aligned}M_{iz}&=T_{emi}-T_{ubi}-T_{fi}-T_{si}\\&=T_{emi}-\rho_i m_i k_n g\cos\theta_s-[K_{fi}\dot{\theta}_s+F_{fi}(\dot{\theta}_s)]-[K_{si}\theta_s+F_{si}(\theta_s)]\end{aligned} \tag{3-9}$$

2. 沿外框转轴的力矩

对于外环框架，除内框的反作用力矩$-(M_{ix}\cos\theta_s-M_{iy}\sin\theta_s)$外，各种外力对外环转轴的力矩主要包括外框电机控制力矩 T_{emo}、外框质量不平衡力矩 T_{ubo}、外框摩擦力矩 T_{fo}和外框受到的电缆柔性力矩 T_{so}。类似于内框，有

$$\begin{aligned}M_{ox}&=T_{emo}-T_{ubo}-T_{fo}-T_{so}\\&=T_{emo}-\rho_o m_o k_n g\cos\gamma_s-[K_{fo\dot{\gamma}_s}+F_{fo}(\dot{\gamma}_s)]-[K_{so}\gamma_s+F_{so}(\gamma_s)]\end{aligned} \tag{3-10}$$

式中：m_o 为外框及其负载总质量；ρ_o 为外框系统质心到外框转轴的距离；k_n 为弹体横向过载系数；g 为重力加速度；K_{fo}表示外框黏性摩擦因数；$F_{fo}(\dot{\gamma}_s)$为关于 $\dot{\gamma}_s$ 的非线性函数，表示外框非线性摩擦力矩；K_{so} 表示外框电缆柔性系数；$F_{so}(\dot{\gamma}_s)$为关于 $\dot{\gamma}_s$ 的非线性函数，表示外框非线性电缆柔性力矩。

最后将式(3-1)～式(3-5)，式(3-9)和式(3-10)代入式(3-8)，整理后得到如下稳定平台动力学模型：

$$\left.\begin{aligned}&J_{iz}\ddot{\theta}_s+K_{ft}\dot{\theta}_s+K_{si}\theta_s=T_{emi}-T_{di,cross}-T_{di,NL}\\&(J_{ox}+J_{ix}\cos^2\theta_s+J_{iy}\sin^2\theta_s)\ddot{\gamma}_s+K_{fo}\dot{\gamma}_s+K_{so}\gamma_s=T_{emo}-T_{do,cross}-T_{do,NL}\end{aligned}\right\} \tag{3-11}$$

式中：$T_{di,NL}=F_{fi}(\dot{\theta}_s)+F_{si}(\theta_s)+\rho_i m_i k_n g\cos\theta_s$，表示沿内框转轴的非线性干扰力矩项；$T_{do,NL}=F_{fo}(\dot{\gamma}_s)+F_{so}(\gamma_s)+\rho_o m_o k_n g\cos\gamma_s$，表示沿外框转轴的非线性干扰力矩项；$T_{di,cross}=T_{gci}+T_{mci}$，表示沿内框转轴的交叉耦合项，其中 T_{mci}为弹体对内框的交叉耦合项，$T_{gci}=0.5\dot{\gamma}_s^2(J_{ix}-J_{iy})\sin2\theta_s$，为外框对内框的交叉耦合项；$T_{do,cross}=T_{gco}+T_{mco}$，表示沿外框转轴的交叉耦合项，其中 T_{mco}为弹体对外框的交叉耦合项，$T_{gco}=\dot{\gamma}_s\dot{\theta}_s(J_{iy}-J_{ix})\sin2\theta_s$ 为内框对外框的交叉

耦合项。有

$$T_{\mathrm{mci}}=\dot{\gamma}_{\mathrm{s}}(J_{\mathrm{i}x}-J_{\mathrm{i}y})\omega_{\mathrm{m}x}\sin2\theta_{\mathrm{s}}+\dot{\gamma}_{s}(\omega_{\mathrm{mg}}\cos\gamma_{\mathrm{s}}+\omega_{\mathrm{m}z}\sin\gamma_{s})[(J_{\mathrm{i}y}-J_{\mathrm{i}x})\cos2\theta_{\mathrm{s}}-J_{\mathrm{i}z}]-$$
$$J_{\mathrm{i}z}(\dot{\omega}_{\mathrm{my}}\sin\gamma_{\mathrm{s}}-\dot{\omega}_{\mathrm{m}z}\cos\gamma_{\mathrm{s}})-0.5(J_{\mathrm{i}y}-J_{\mathrm{i}x}\omega_{\mathrm{m}x}^{2}\sin2\theta_{\mathrm{s}})+$$
$$0.5(J_{\mathrm{i}y}-J_{\mathrm{i}x})(\omega_{\mathrm{my}}\cos\gamma_{\mathrm{s}}+\omega_{\mathrm{m}z}\sin\gamma_{\mathrm{s}})[(\omega_{\mathrm{my}}\cos\gamma_{\mathrm{s}}+\omega_{\mathrm{m}z}\sin\gamma_{\mathrm{s}})\sin2\theta_{\mathrm{s}}+2\omega_{\mathrm{m}x}\cos2\theta_{\mathrm{s}}]$$

$$T_{\mathrm{mco}}=\dot{\theta}_{\mathrm{s}}(\omega_{\mathrm{my}}\cos\gamma_{\mathrm{s}}+\omega_{\mathrm{m}z}\sin\gamma_{\mathrm{s}})[(J_{\mathrm{i}x}-J_{\mathrm{i}y})\cos2\theta_{\mathrm{s}}+J_{\mathrm{i}z}]+\dot{\theta}_{\mathrm{s}}(J_{\mathrm{i}y}-J_{\mathrm{i}x})\omega_{\mathrm{m}x}\sin2\theta_{\mathrm{s}}+$$
$$\dot{\omega}_{\mathrm{m}x}(J_{\mathrm{o}x}+J_{\mathrm{i}x}\cos^{2}\theta_{\mathrm{s}}+J_{\mathrm{i}y}\sin^{2}\theta_{\mathrm{s}})+0.5(\dot{\omega}_{\mathrm{my}}\cos\gamma_{s}+\dot{\omega}_{\mathrm{m}z}\sin\gamma_{\mathrm{s}})(J_{\mathrm{i}x}-J_{\mathrm{i}y})\sin2\theta_{\mathrm{s}}+$$
$$0.5(\omega_{\mathrm{my}}\sin\gamma\gamma_{\mathrm{s}}-\omega_{\mathrm{m}z}\cos\gamma_{\mathrm{s}})(J_{\mathrm{i}x}-J_{\mathrm{i}y})\omega_{\mathrm{m}x}\sin2\theta_{\mathrm{s}}+$$
$$[0.5(\omega_{\mathrm{my}}^{2}-\omega_{\mathrm{m}z}^{2})\sin2\gamma_{\mathrm{s}}-\omega_{\mathrm{my}}\omega_{\mathrm{m}z}\cos2\gamma_{\mathrm{s}}](J_{\mathrm{oy}}-J_{\mathrm{o}z}-J_{\mathrm{i}z}+J_{\mathrm{i}x}\sin^{2}\theta_{\mathrm{s}}+J_{\mathrm{i}y}\cos^{2}\theta_{\mathrm{s}})$$

3.4 稳定平台耦合分析

3.4.1 机电建模

对某型滚仰半捷联稳定平台进行建模仿真。出于简化目的,这里只考虑电机控制力矩和负载摩擦力矩。

1. 摩擦力矩模型

摩擦力矩 T_{f} 采用“库伦-黏性摩擦”模型,即

$$T_{\mathrm{f}}=K_{\mathrm{f}}\dot{\theta}+\mathrm{sgn}(\dot{\theta})F_{\mathrm{f}}$$

其中,K_{f} 为电机黏性摩擦因数;F_{f} 为库仑摩擦参数;$\dot{\theta}$ 为负载转速(电机转速)。

如图 3-3 所示为摩擦力矩示意图。

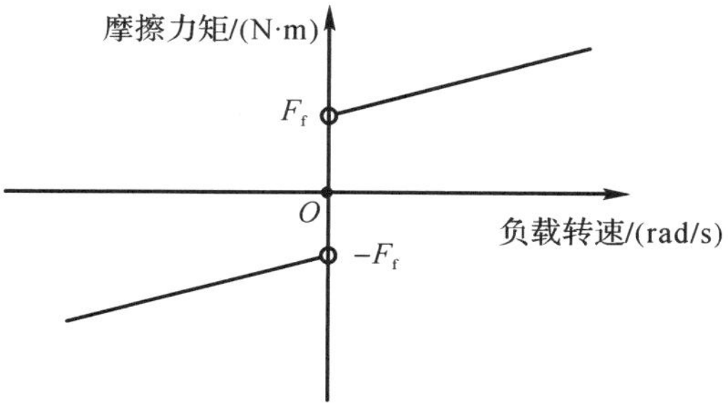

图 3-3 摩擦力矩示意图

内、外环负载摩擦力矩模型的参数取值如表 3－1 所示。

表 3－1　摩擦力矩模型参数

	$K_{f}/(N\cdot m\cdot s\cdot rad^{-1})$	$F_{f}/(N\cdot m)$
内环	1.2×10^{-4}	2.5×10^{-3}
外环	2×10^{-2}	8×10^{-2}

2. 电机模型

直流力矩电机的电气方程为

$$\begin{cases} u_a = L_a \dfrac{di_a}{dt} + i_a R_a + e_a \\ e_a = k_e \dot{\theta} \\ T_{em} = k_T i_a \end{cases}$$

其中，u_a 为励磁电压；i_a 为电机电流；$\dot{\theta}$ 为电机转速；R_a 为电枢电阻；L_a 为电枢电感；k_e 为电机反电动势系数；k_T 为电机力矩系数；T_{em}为电机输出力矩。

内、外环电机模型的具体参数值如表 3－2 所示。

表 3－2　电机模型参数

	R_a/Ω	L_a/H	$k_e/(V\cdot s/rad)$	$k_T/(N\cdot m/A)$
内环电机	8	6.0×10^{-3}	0.032	0.032
外环电机	7	5.0×10^{-3}	0.55	0.55

滚仰半捷联稳定平台通过提高机械加工精度以及精密装调，可以做到内环框架对平台系 x 轴和 y 轴的转动惯量近似相等，外环框架对外环系 y 轴和 z 轴的转动惯量近似相等。于是稳定平台动力学模型可简化为

$$\begin{cases} J_{iz}\ddot{\theta}_s + K_{fi}\dot{\theta}_s = T_{emi} - T_{di,cross} - T_{di,NL} \\ (J_{ox} + J_{ix})\ddot{\gamma}_s + K_{fo}\dot{\gamma}_s = T_{emo} - T_{do,cross} - T_{do,NL} \end{cases}$$

其中

$$T_{di,NL} = \mathrm{sgn}(\dot{\theta}_s)F_{fi},\ T_{do,NL} = \mathrm{sgn}(\dot{\gamma}_s)F_{fo}$$

$$T_{di,cross} = -J_{iz}\dot{\gamma}_s(\omega_{my}\cos\gamma_s + \omega_{mz}\sin\gamma_s) - J_{iz}(\dot{\omega}_{my}\sin\gamma_s - \dot{\omega}_{mz}\cos\gamma_s)$$

$$T_{do,cross} = (J_{ix} - J_{iz})[0.5(\omega_{my}^2 - \omega_{mz}^2)\sin2\gamma_s - \omega_{my}\omega_{mz}\cos2\gamma_s] + \dot{\omega}_{mx}(J_{ox} + J_{ix}) +$$

$$J_{iz}\dot{\theta}_s(\omega_{my}\cos\gamma_s+\omega_{mz}\sin\gamma_s)$$

负载转动惯量数值如表 3-3 所示。

表 3-3　负载转动惯量　　(单位:kg·m²)

J_{ix}	J_{iz}	J_{ox}
1.5×10^{-4}	9.2×10^{-4}	1.24×10^{-3}

综上,得到稳定平台的机电模型如图 3-4 所示。图中 u_{ai}、T_{emi} 和 T_{fi} 分别表示内环电机控制电压、内环电机输出力矩和内环摩擦力矩;u_{ao}、T_{emo} 和 T_{fo} 分别表示外环电机控制电压、外环电机输出力矩和外环摩擦力矩。

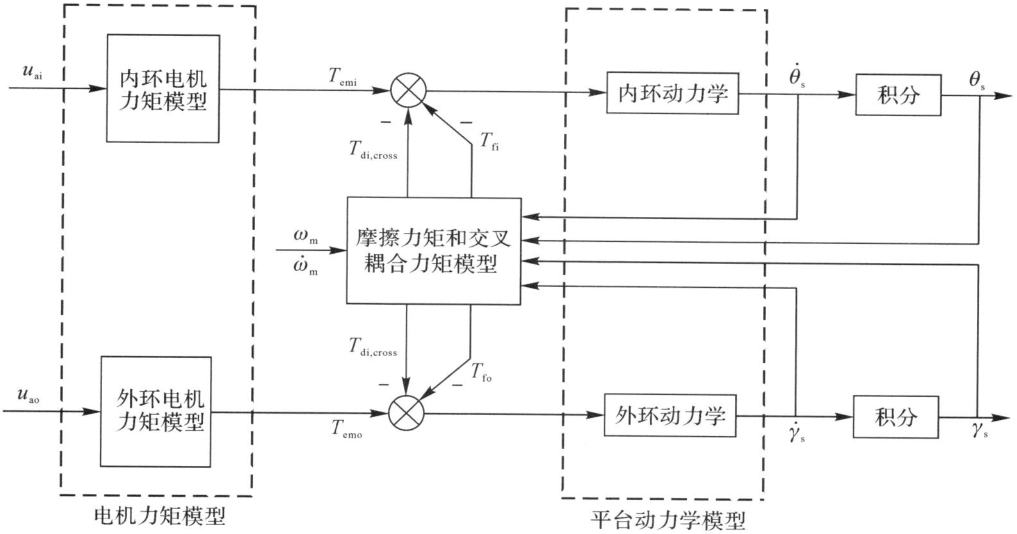

图 3-4　滚仰半捷联稳定平台机电模型框图

3.4.2　弹体运动耦合仿真

根据滚仰半捷联稳定平台的动力学方程可知,弹体扰动的姿态角速度和角加速度、偏航框的角速度和角加速度以及俯仰框的角速度和角加速度之间相互耦合,导致了框架之间耦合力矩的产生。在设计控制系统前,有必要考察干扰力矩和弹体运动耦合对稳定平台框架角和框架速度的影响[3]。本节根据图 3-4

的机电模型进行开环仿真。

1. 稳定平台在脉冲干扰力矩下的响应

仿真条件设为：内环、外环电机输入为零；弹体角速度为零；干扰力矩的合力矩为脉冲信号，其幅值是 0.1 N·m，脉冲宽度是 0.01 s，并且内框的干扰合力矩在仿真 0 s 时刻加入，外框的干扰合力矩在仿真 10 s 时刻加入。仿真结果如图 3-5 所示。

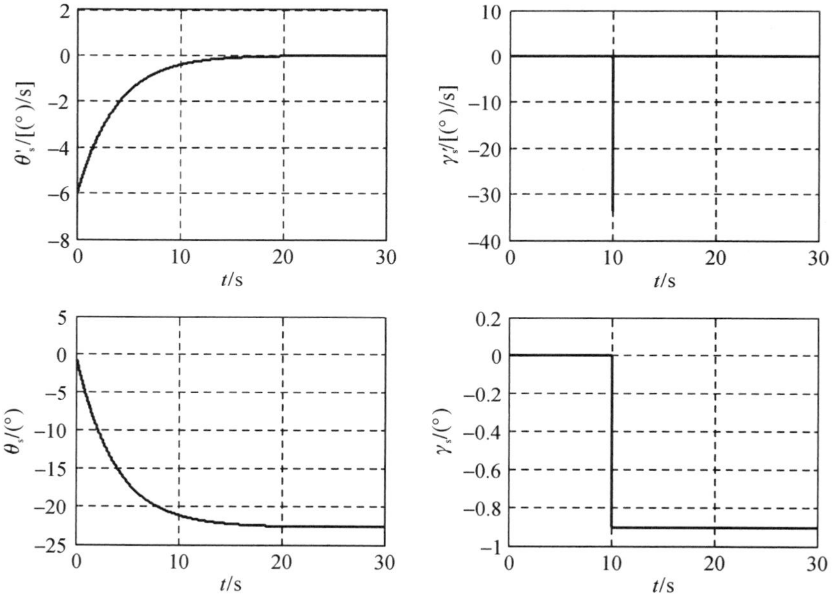

图 3-5 脉冲干扰力矩下的响应

2. 稳定平台在弹体脉冲运动耦合作用下的响应

仿真条件设为：内环、外环电机输入为零；内环、外环框架干扰合力矩为零；弹体滚转、俯仰、偏航运动角速度均为脉冲信号，其幅值是 1 rad/s，脉冲宽度是 0.01 s，并且滚转角速度脉冲在仿真 5 s 时刻加入，俯仰角速度脉冲在仿真 10 s 时刻加入，偏航角速度脉冲在仿真 20 s 时刻加入。仿真结果如图 3-6 所示。

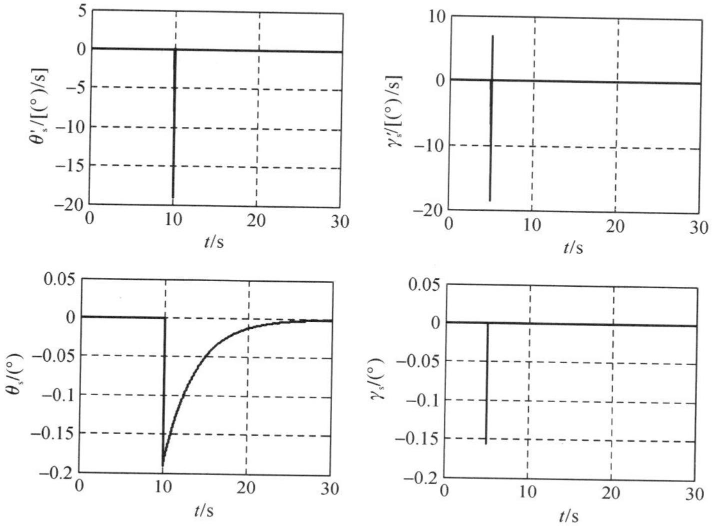

图 3－6　弹体脉冲运动耦合作用下的响应

3. 稳定平台在弹体正弦运动耦合作用下的响应

仿真条件设为：内环、外环电机输入为零；内环、外环框架干扰合力矩为零；弹体滚转、俯仰、偏航运动角速度均为正弦信号，其幅值是 0.1 rad/s，频率是 1 Hz。仿真结果如图 3－7 所示。

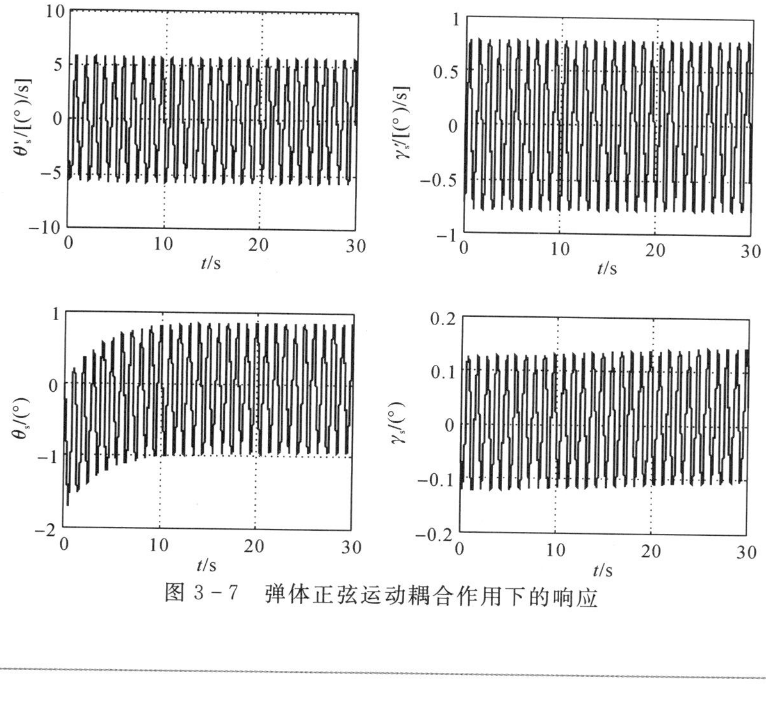

图 3－7　弹体正弦运动耦合作用下的响应

根据图 3-5，内环、外环框架上的干扰合力矩对框架角速度和角度都有影响，稳定平台可以将脉冲干扰引起的框架角速度衰减到零，框架角会偏离零位。根据图 3-6，弹体滚转运动主要影响外环框架，弹体偏航运动主要影响内环框架。由图 3-7 可知，弹体正弦运动时耦合到内环、外环框架上的角速度和角度也是正弦的，而且主要是外环受影响。弹体耦合作用的影响是系统固有的特性，在导弹飞行过程中，弹体摆动、气流扰动等都会引起弹体对稳定平台框架的耦合影响，在控制系统设计中必须通过补偿环节来消除[4]。

3.5 滚仰半捷联导引头误差传递分析

稳定平台的主要任务是实现对目标位置的精确跟踪。为达到这样一个目的，要求各转轴之间具有较高的装配精度，而操作者的经验往往对装配过程有较大影响，使得稳定平台不可避免地存在各种装调误差，从而很难令稳定平台各转轴之间达到理想中的正交或者重合状态[5-6]。本节在对各安装误差进行数学描述的基础上，基于光线反射定律和等距变换理论研究滚转俯仰式半捷联稳定平台对目标的空间角位置测量，分析各类误差对稳定平台和目标测角精度的影响，从而为此类平台的设计提供一些参考。

3.5.1 装调误差的数学描述

在工程中位标器各转轴之间很难达到理想情况中的正交或者重合。对于采用库德光路的滚转俯仰式半捷联稳定平台而言，其装调误差可以归结为光学滑环安装误差、探测器安装误差、内框架安装误差和外框架安装误差四类。现分别对这四类误差进行介绍。

1. 光学滑环安装误差

俯仰滚转半捷联导引头的红外探测成像系统如图 3-8 所示。图中，O_b 是焦平面中心，$O_b-x_by_bz_b$ 是弹体系；O 是稳定平台回转中心，$O-x_oy_oz_o$ 是外环系；$O-x_iy_iz_i$ 是平台系。焦平面阵列和弹体固连且垂直于弹轴。图 3-8 中平面镜 1～4 构成了光学滑环，其中平面镜 1 安置在稳定平台上，即和内环框架固连，镜面和平台系的 y 轴平行，使得 x 轴和 z 轴均指向远离镜面的方向，且 x 轴和镜面成 45°角。平面镜 2～4 作为整体和外环框架固连。当内环框架无偏转时，平面镜 2 和平面镜 1 的镜面保持平行。平面镜 3 和平面镜 2 的镜面垂直相对放置，平面镜 4 和平面镜 3 的镜面平行相对放置。图 3－8 给出了光学滑环中的平面镜 1～4 随外环框架绕外环转轴相对于弹体转了 γ_s 角，平面镜 1 相对于外环框架没有偏转的相对位置关系。

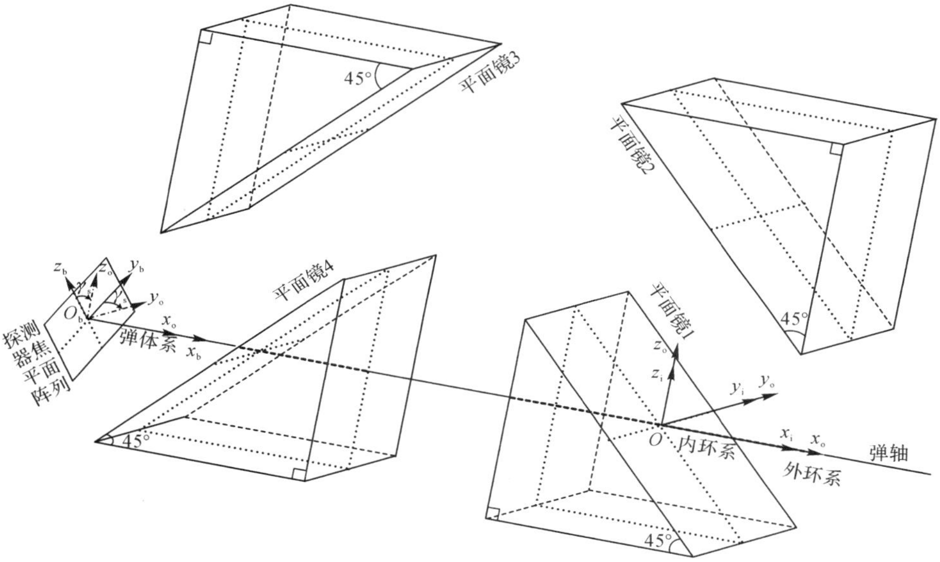

图 3－8　红外探测成像系统示意图

由于光学滑环可以视为由图 3－8 中的四块平面镜组成，而每一块平面镜的装调位置都可能存在误差，为了便于理论分析，对每块平面镜引入镜面坐标系，它和平面镜固连，用于确定平面镜的空间位置，同时将镜面系关于该平面镜的像称为镜像坐标系。这里用原点和三个基矢来表示坐标系。下面给出具体描述。

(1)平面镜 1 的安装误差

记平台系为$[O;i,j,k]$。平面镜 1 安置在稳定平台上。引入镜面坐标系（简称为“镜面系”）1：$[O;i_{11},j_{11},k_{11}]$。镜面系 1 的原点和平台系的原点重合，y 轴和平台系 y 轴在镜面上的投影平行；z 轴垂直于 y 轴指向远离镜面的方向，且 z 轴和镜面成 45°角；x 轴垂直于 y 轴和 z 轴且使镜面系 1 成右手系。记镜像坐标系（简称为“镜像系”）1 为$[O_1;i_{12},j_{12},k_{12}]$，它是镜面系 1 关于平面镜 1 所成的像，由光线反射定律，镜像系 1 为左手系。

理想状态下，平面镜 1 安置在稳定平台上，镜面和平台系的 y 轴平行，使得平台系的 x 轴和 z 轴均指向远离镜面的方向，且 x 轴和镜面成 45°角。此时镜面系 1 和平台系重合。这样平面镜 1 的安装误差可以由 α_1、β_1 和 γ_1 来确定，其中 α_1 是镜面系 1 的 y 轴在平台系 xOy 面中的投影和平台系 y 轴的夹角，β_1 是镜面系 1 的 y 轴和平台系 xOy 面的夹角，γ_1 是镜面系 1 的 z 轴和包含镜面系 1y 轴的铅垂面的夹角，如图 3－9 所示，这里 $\alpha_1\approx0$，$\beta_1\approx0$，$\gamma_1\approx0$，角度的正负按右手法则确定。显然，平台系绕 z 轴转 α_1 角，然后绕 x 轴转 β_1 角，最后绕 y 轴转 γ_1 角就和镜面系 1 重合。

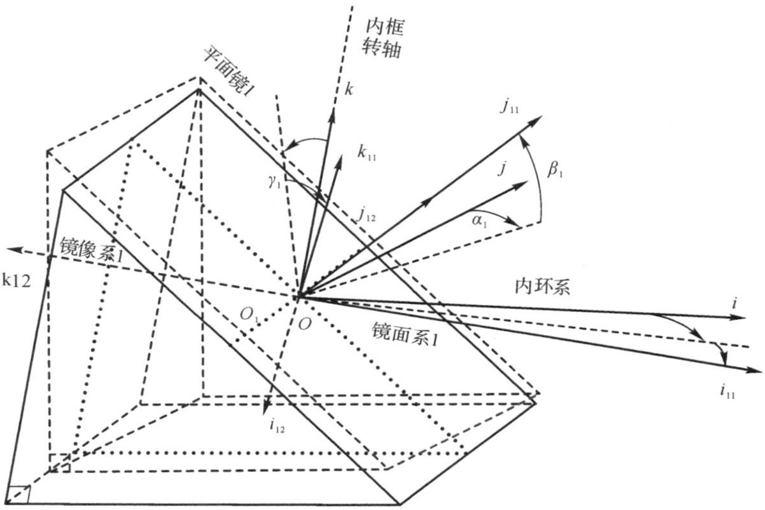

图 3－9　平面镜 1 的安装误差示意图

(2)平面镜 2 的安装误差

引入镜面坐标系 2：$[O_1;i_{21},j_{21},k_{21}]$。镜面系 2 的原点和镜像系 1 的原点重合，$y$ 轴和平面镜 2 的镜面平行，x 轴和 z 轴均指向远离镜面的方向，且 x 轴和镜面成 45°角。镜面系 2 是左手系。记镜像坐标系 2 为$[O_2;i_{22},j_{22},k_{22}]$，它是镜面系 1 关于平面镜 2 所成的像，由光线反射定律，镜像系 2 为右手系。

记内环框架无偏转时的镜面系 1′ 为 $[O;i'_{11},j'_{11},k'_{11}]$，镜像系 1′ 为 $[O;i'_{12},j'_{12},k'_{12}]$。理想状态下，当内环框架无偏转时，平面镜 2 和平面镜 1 的镜面保持平行。此时镜面系 2 和镜像系 1′重合。这样平面镜 2 的安装误差可以由 α_2，β_2 和 γ_2 来确定，其中 α_2 是镜面系 2 的 y 轴在镜像系 1′的 xOy 面中的投影和镜像系 1′的 y 轴的夹角，β_2 是镜面系 2 的 y 轴和镜像系 1′的 xOy 面的夹角，γ_2 是镜面系 2 的 z 轴和包含镜面系 2 的 y 轴的铅垂面的夹角，如图 3－10 所示，这里 $\alpha_2\approx0$，$\beta_2\approx0$，$\gamma_2\approx0$，角度的正负按左手法则确定。显然，镜像系 1′绕 z

轴转 α_2 角，然后绕 x 轴转 β_2 角，最后绕 y 轴转 γ_2 角就和镜面系 2 重合，如图 3－10 所示。

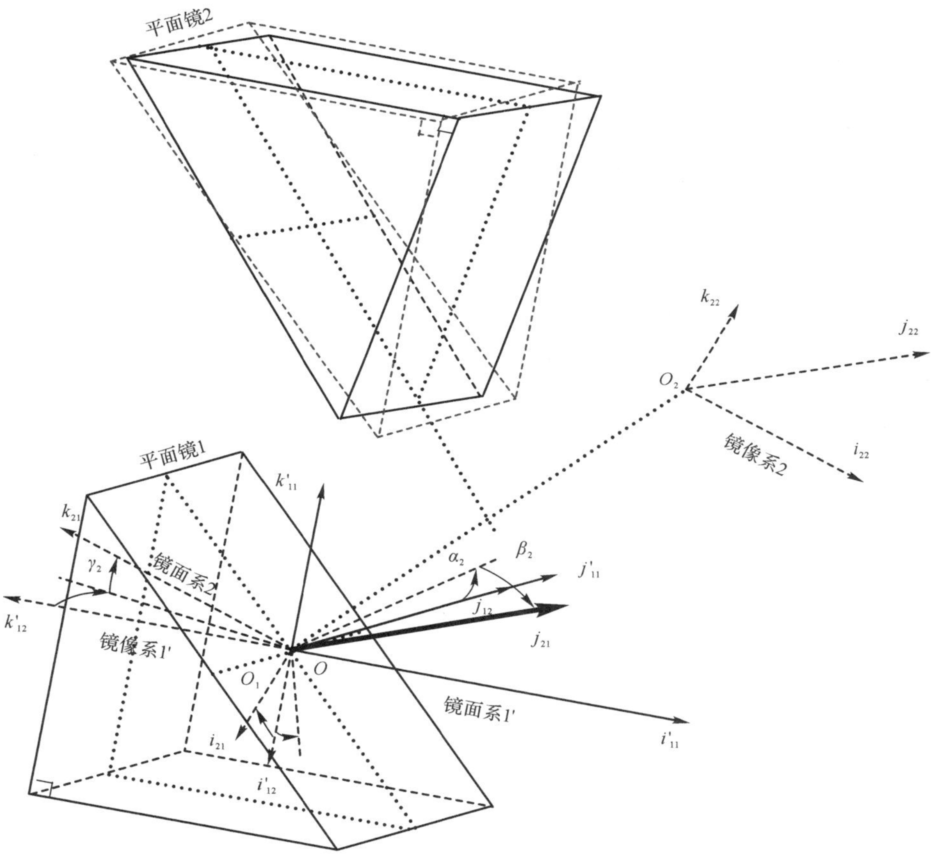

图 3－10　平面镜 2 的安装误差示意图

(3)平面镜 3 的安装误差

引入镜面坐标系 3:$[O_2;i_{31};j_{31},k_{31}]$。镜面系 3 的原点和镜像系 2 的原点重合，$y$ 轴和平面镜 3 的镜面平行，x 轴和 z 轴均指向远离镜面的方向，且 x 轴和镜面成 45°角。镜面系 3 是右手系。记镜像坐标系 3 为$[O_3;i_{32},j_{32},k_{32}]$，它是镜面系 3 关于平面镜 3 所成的像，由光线反射定律，镜像系 3 为左手系。

理想状态下，平面镜 3 和平面镜 2 的镜面垂直相对放置。此时镜面系 3 和镜像系 2 重合。这样平面镜 3 的安装误差可以由 α_3、β_3 和 γ_3 来确定，其中 α_3 是镜面系 3 的 y 轴在镜像系 2 的 xOy 面中的投影和镜像系 2 的 y 轴的夹角，β_3 是镜面系 3 的 y 轴和镜像系 2 的 xOy 面的夹角，γ_3 是镜面系 3 的 z 轴和包含镜面系 3 的 y 轴的铅垂面的夹角。如图 3－11 所示，这里 $\alpha_3 \approx 0$，$\beta_3 \approx 0$，$\gamma_3 \approx 0$，角度的正负按右手法则确定。显然，镜像系 2 绕 z 轴转 α_3 角，然后绕 x 轴转 β_3 角，最后绕 y 轴转 γ_3 角就和镜面系 3 重合。

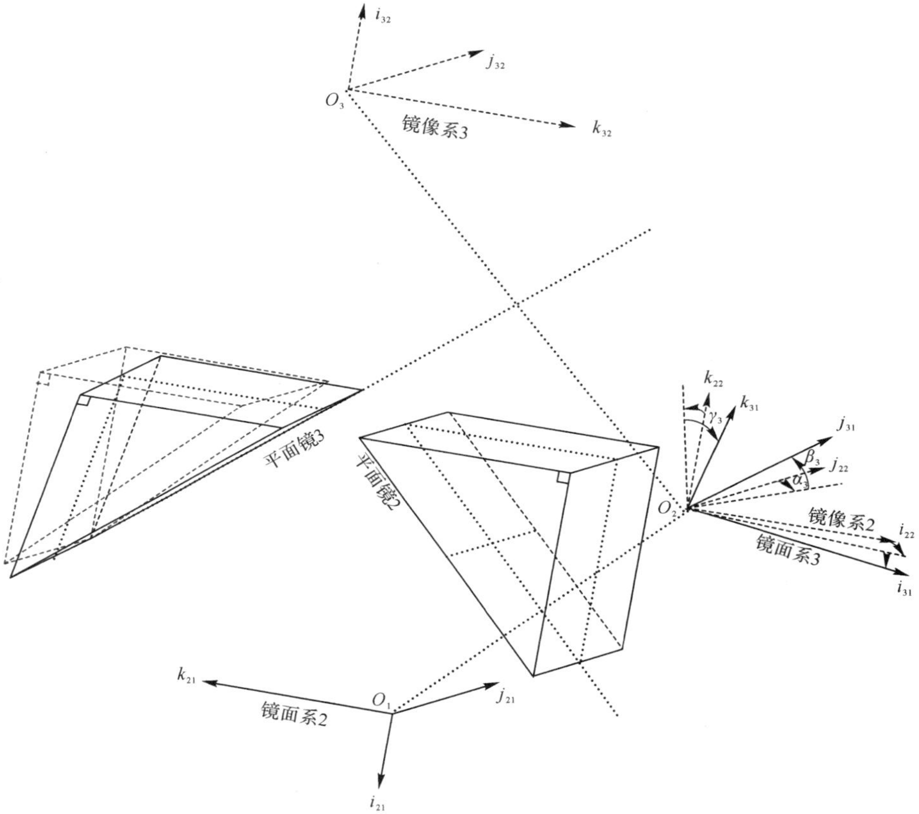

图 3－11　平面镜 3 的安装误差示意图

（4）平面镜 4 的安装误差

引入镜面坐标系 4：$[O_3; i_{41}, j_{41}, k_{41}]$。镜面系 4 的原点和镜像系 3 的原点重合，$y$ 轴和平面镜 4 的镜面平行，x 轴和 z 轴均指向远离镜面的方向，且 x 轴和镜面成 45°角。镜面系 4 是左手系。记镜像坐标系 4 为$[O_4; i_{42}, j_{42}, k_{42}]$，它是镜面系 4 关于平面镜 4 所成的像，由光线反射定律，镜像系 4 为右手系。

理想状态下，平面镜 4 和平面镜 3 的镜面平行相对放置。此时镜面系 4 和镜像系 3 重合。这样平面镜 4 的安装误差可以由 α_4、β_4 和 γ_4 来确定，其中 α_4 是镜面系4的 y 轴在镜像系3的 xOy 面中的投影和镜像系3的 y 轴的夹角，β_4 是镜面系4的 y 轴和镜像系3的 xOy 面的夹角，γ_4 是镜面系4的 z 轴和包含镜面系4的 y 轴的铅垂面的夹角。如图3-12所示，这里 $\alpha_4 \approx 0$，$\beta_4 \approx 0$，$\gamma_4 \approx 0$，角度的正负按左手法则确定。显然，镜像系3绕 z 轴转 α_4 角，然后绕 x 轴转 β_4 角，最后绕 y 轴转 γ_4 角就和镜面系4重合。

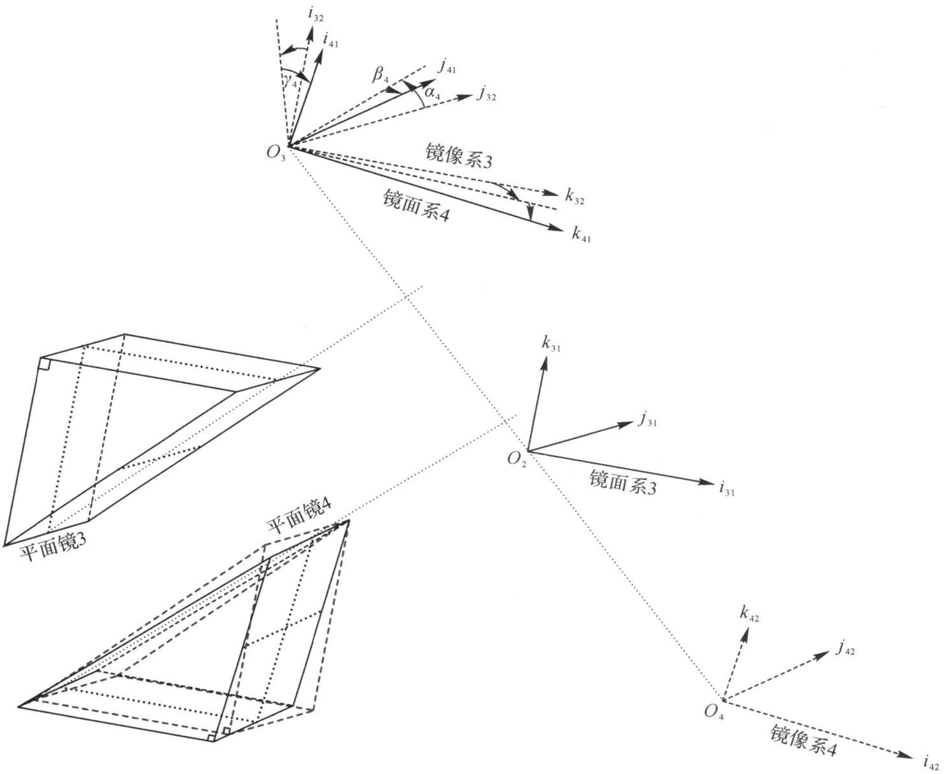

图3-12 平面镜4的安装误差示意图

2. 探测器安装误差

对于两轴半捷联导引头，探测器和弹体固连。理想状态下，探测器焦平面应该和弹轴垂直，这样探测器安装误差表现为探测器光轴和弹体系 x 轴的夹角不为0。如图3-13所示，其中 $O-x_b y_b z_b$ 表示弹体系，$\alpha_5 \approx 0$，$\beta_5 \approx 0$，角度的正负按右手法则确定。

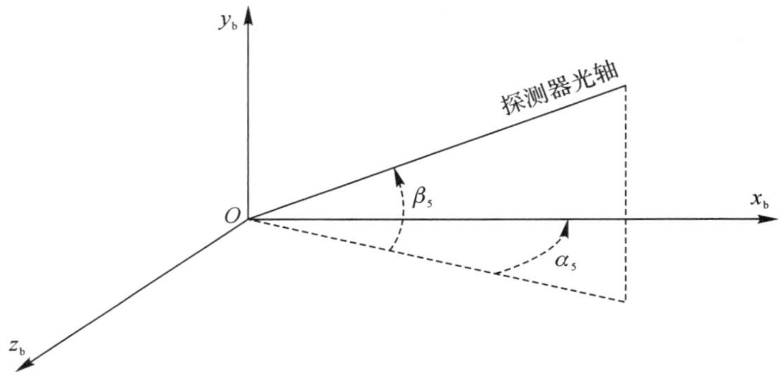

图 3-13　探测器安装误差示意图

3. 内框架安装误差

理想状态下，内框架转轴应该和外框架转轴正交。这里不考虑两轴异面的情况。这样内框架安装误差表现为内框转轴和外环系 y_oOz_o 面的夹角不为 0，如图 3-14 所示，其中 $O-x_oy_oz_o$ 表示外环系，$\alpha_6\approx 0$，角度的正负按右手法则确定。

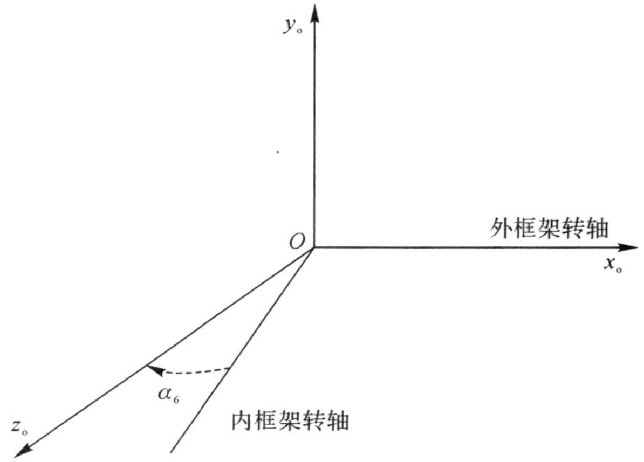

图 3-14　内框架安装误差示意图

4. 外框架安装误差

理想状态下，外框架转轴应该和弹体纵轴重合。这里不考虑两轴异面的情况。这样外框架安装误差表现为外框转轴和弹体系 x 轴的夹角不为 0，如图 3-15 所示，其中 $O-x_by_bz_b$ 表示弹体系，$\alpha_7\approx 0$，$\beta_7\approx 0$，角度的正负按右手法则确定。

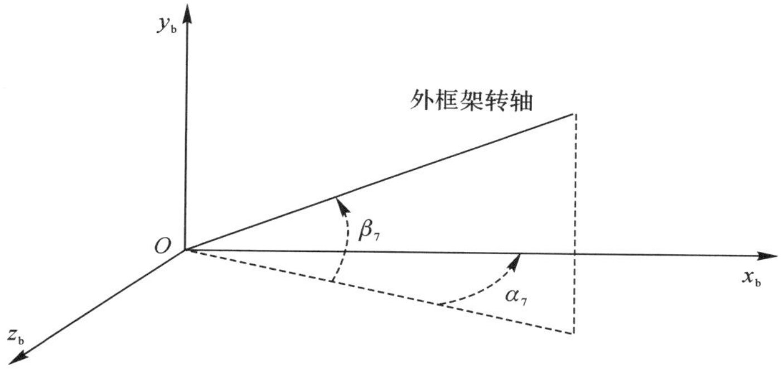

图 3-15 外框架安装误差示意图

3.5.2 物像位置分析

根据光线反射定律和等距变换理论，对引入装调误差后光学滑环所成的物像位置进行分析。将平面镜反射视为等距变换。四次平面镜反射分别记为等距变换 $\boldsymbol{T}_i$，$i=1,2,3,4$。外环框架角为 γ_s，内环框架角为 θ_s。

1. 等距变换 1

前面描述平面镜 1 的安装误差时引入了镜面系 1 和镜像系 1。根据光线反射定律和坐标系的定义，镜面系 1 和镜像系 1 的基矢之间有如下映射关系，且该映射关系和平面镜 1 的空间位置无关：

$$[\boldsymbol{i}_{12},\boldsymbol{j}_{12},\boldsymbol{k}_{12}]=[\boldsymbol{T}_1(\boldsymbol{i}_{11}),\boldsymbol{T}_1(\boldsymbol{j}_{11}),\boldsymbol{T}_1(\boldsymbol{k}_{11})]=[\boldsymbol{i}_{11},\boldsymbol{j}_{11},\boldsymbol{k}_{11}]\boldsymbol{P}_1 \quad (3-12)$$

式中：$\boldsymbol{P}_1=\begin{bmatrix}0&0&-1\\0&1&0\\-1&0&0\end{bmatrix}$。

由于平面镜 1 存在如图 3-9 所示的安装误差，平台系绕 z 轴转 α_1 角，然后绕 x 轴转 β_1 角，最后绕 y 轴转 γ_1 角就和镜面系 1 重合，故平台系和镜面系 1 的基矢之间有如下变换关系：

$$[\boldsymbol{i}_{11},\boldsymbol{j}_{11},\boldsymbol{k}_{11}]=[\boldsymbol{i},\boldsymbol{j},\boldsymbol{k}]\boldsymbol{C}_1 \quad (3-13)$$

式中：$\boldsymbol{C}_1=\boldsymbol{T}_z(\alpha_1)\boldsymbol{T}_x(\beta_1)\boldsymbol{T}_y(\gamma_1)$。

由式(3-13)得$[\boldsymbol{T}_1(\boldsymbol{i}),\boldsymbol{T}_1(\boldsymbol{j}),\boldsymbol{T}_1(\boldsymbol{k})]=[\boldsymbol{T}_1(\boldsymbol{i}_{11}),\boldsymbol{T}_1(\boldsymbol{j}_{11}),\boldsymbol{T}_1(\boldsymbol{k}_{11})]\boldsymbol{C}_1^{-1}$，即

$$[\boldsymbol{i}_1,\boldsymbol{j}_1,\boldsymbol{k}_1]=[\boldsymbol{i}_{12},\boldsymbol{j}_{12},\boldsymbol{k}_{12}]\boldsymbol{C}_1^{-1} \quad (3-14)$$

式中：$\boldsymbol{i}_1,\boldsymbol{j}_1,\boldsymbol{k}_1$ 是平台系基矢 $\boldsymbol{i},\boldsymbol{j},\boldsymbol{k}$ 在等距变换 $\boldsymbol{T}_1$ 作用下的像。

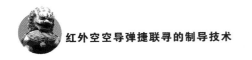

将式(3-12)代入式(3-14)，再由式(3-13)得

$$[\boldsymbol{i}_1,\boldsymbol{j}_1,\boldsymbol{k}_1]=[\boldsymbol{i},\boldsymbol{j},\boldsymbol{k}]\boldsymbol{A}_1 \tag{3-15}$$

式中：$\boldsymbol{A}_1=\boldsymbol{C}_1\boldsymbol{P}_1\boldsymbol{C}_1^{-1}$。

以上分析和内环框架角无关。由于平面镜 2,3,4 作为一个整体和外环系固连，为了得到平台系基矢和其经过平面镜 2,3,4 反射后所成像之间的变换关系，这里再做一些准备工作。为区别起见，内环框架没有偏转时，平面镜 1′对应等距变换 T'_1，记镜面系 1′：$[O;\boldsymbol{i}'_{11},\boldsymbol{j}'_{11},\boldsymbol{k}'_{11}]$；镜像系 1′：$[O;\boldsymbol{i}'_{12},\boldsymbol{j}'_{12},\boldsymbol{k}'_{12}]$；平台系′：$[O;\boldsymbol{i}',\boldsymbol{j}',\boldsymbol{k}']$。且有

$$[\boldsymbol{i}'_{12},\boldsymbol{j}'_{12},\boldsymbol{k}'_{12}]=[\boldsymbol{T}_1(\boldsymbol{i}'_{11}),\boldsymbol{T}_1(\boldsymbol{j}'_{11}),\boldsymbol{T}_1(\boldsymbol{k}'_{11})]=[\boldsymbol{i}'_{11},\boldsymbol{j}'_{11},\boldsymbol{k}'_{11}]\boldsymbol{P}_1 \tag{3-16}$$

记外环系为$[O;\boldsymbol{i}_o,\boldsymbol{j}_o,\boldsymbol{k}_o]$。因为内框架存在如图 3-14 所示的安装误差，外环系绕 y 轴转$-\alpha_6$ 角即和平台系′重合，平台系′绕 x 轴转 α_1 角，再绕 y 轴转 β_1 角即和镜面系 1′重合，故外环系和镜面系 1′的基矢之间有如下变换关系：

$$[\boldsymbol{i}'_{11},\boldsymbol{j}'_{11},\boldsymbol{k}'_{11}]=[\boldsymbol{i}_o,\boldsymbol{j}_o,\boldsymbol{k}_o]\boldsymbol{C}_0 \tag{3-17}$$

式中：$\boldsymbol{C}_0=\boldsymbol{T}_y(-\alpha_6)\boldsymbol{T}_z(\alpha_1)\boldsymbol{T}_x(\beta_1)\boldsymbol{T}_y(\gamma_1)$。

由式(3-17)得

$$[\boldsymbol{T}'_1(\boldsymbol{i}_o),\boldsymbol{T}'_1(\boldsymbol{j}_o),\boldsymbol{T}'_1(\boldsymbol{k}_o)]=[\boldsymbol{T}'_1(\boldsymbol{i}'_{11}),\boldsymbol{T}'_1(\boldsymbol{j}'_{11}),\boldsymbol{T}'_1(\boldsymbol{k}'_{11})]\boldsymbol{C}_0^{-1}$$

即

$$[\boldsymbol{i}_{o1},\boldsymbol{j}_{o1},\boldsymbol{k}_{o1}]=[\boldsymbol{i}'_{12},\boldsymbol{j}'_{12},\boldsymbol{k}'_{12}]\boldsymbol{C}_0^{-1} \tag{3-18}$$

式中：$\boldsymbol{i}_{o1},\boldsymbol{j}_{o1},\boldsymbol{k}_{o1}$是外环系基矢 $\boldsymbol{i}_o,\boldsymbol{j}_o,\boldsymbol{k}_o$在等距变换 $\boldsymbol{T}'_1$作用下的像。

将式(3-16)代入式(3-18)，再由式(3-17)得

$$[\boldsymbol{i}_{o1},\boldsymbol{j}_{o1},\boldsymbol{k}_{o1}]=[\boldsymbol{i}_o,\boldsymbol{j}_o,\boldsymbol{k}_o]\boldsymbol{A}_0 \tag{3-19}$$

式中：$\boldsymbol{A}_0=\boldsymbol{C}_0 P_1\boldsymbol{C}_0^{-1}$。

内框架偏转 θ_s 角时，外环系绕 y 轴转$-\alpha_6$ 角，再绕 z 轴转 θ_s 角即和平台系重合，故外环系和平台系的基矢之间有如下变换关系：

$$[\boldsymbol{i},\boldsymbol{j},\boldsymbol{k}]=[\boldsymbol{i}_o,\boldsymbol{j}_o,\boldsymbol{k}_o]\boldsymbol{C} \tag{3-20}$$

式中：$\boldsymbol{C}=\boldsymbol{T}_y(-\alpha_6)\boldsymbol{T}_z(\theta_s)$。

将式(3-15)和式(3-19)代入式(3-20)，整理得

$$[\boldsymbol{i}_1,\boldsymbol{j}_1,\boldsymbol{k}_1]=[\boldsymbol{i}_{o1},\boldsymbol{j}_{o1},\boldsymbol{k}_{o1}]\boldsymbol{P} \tag{3-21}$$

式中：$\boldsymbol{P}=\boldsymbol{A}_0^{-1}\boldsymbol{C}\boldsymbol{A}_1$。

2. 等距变换 2

前面描述平面镜 2 的安装误差时引入了镜面系 2 和镜像系 2。根据光线反射定律和坐标系的定义，镜面系 2 和镜像系 2 的基矢之间有如下映射关系：

$$[\boldsymbol{i}_{22},\boldsymbol{j}_{22},\boldsymbol{k}_{22}]=[\boldsymbol{T}_2(\boldsymbol{i}_{21}),\boldsymbol{T}_2(\boldsymbol{j}_{21}),\boldsymbol{T}_2(\boldsymbol{k}_{21})]=[\boldsymbol{i}_{21},\boldsymbol{j}_{21},\boldsymbol{k}_{21}]\boldsymbol{P}_2 \quad (3-22)$$

式中：$\boldsymbol{P}_2=\begin{bmatrix}0 & 0 & -1\\0 & 1 & 0\\-1 & 0 & 0\end{bmatrix}$。

由于平面镜 2 存在如图 3-10 所示的安装误差，镜像系 1′绕 z 轴转 α_2 角，然后绕 x 轴转 β_2 角，最后绕 y 轴转 γ_2 角就和镜面系 2 重合，故镜像系 1′和镜面系 2 的基矢之间有如下变换关系：

$$[\boldsymbol{i}_{21},\boldsymbol{j}_{21},\boldsymbol{k}_{21}]=[\boldsymbol{i}'_{12},\boldsymbol{J}'_{12},\boldsymbol{k}'_{12}]\boldsymbol{C}_2 \quad (3-23)$$

式中：$\boldsymbol{C}_2=\boldsymbol{T}_z(\alpha_2)\boldsymbol{T}_x(\beta_2)\boldsymbol{T}_y(\gamma_2)$。

由式(3-21)得$[\boldsymbol{T}_2(\boldsymbol{i}_1),\boldsymbol{T}_2(\boldsymbol{j}_1),\boldsymbol{T}_2(\boldsymbol{k}_1)]=[\boldsymbol{T}_2(\boldsymbol{i}_{o1})\boldsymbol{T}_2(\boldsymbol{j}_{o1}),\boldsymbol{T}_2(\boldsymbol{k}_{o1})]\boldsymbol{P}$，即

$$[\boldsymbol{i}_2,\boldsymbol{j}_2,\boldsymbol{k}_2]=[\boldsymbol{i}_{o2},\boldsymbol{j}_{o2},\boldsymbol{k}_{o2}]\boldsymbol{P} \quad (3-24)$$

式中：$\boldsymbol{i}_2,\boldsymbol{j}_2,\boldsymbol{k}_2$是基矢 $\boldsymbol{i}_1,\boldsymbol{j}_1,\boldsymbol{k}_1$在等距变换 $\boldsymbol{T}_2$ 作用下的像，$\boldsymbol{i}_{o2},\boldsymbol{j}_{o2},\boldsymbol{k}_{o2}$是基矢 $\boldsymbol{i}_{o1}$，$\boldsymbol{j}_{o1},\boldsymbol{k}_{o1}$在等距变换 $\boldsymbol{T}_2$ 作用下的像。

由式(3-18)得

$$[\boldsymbol{T}_2(\boldsymbol{i}_{o1}),\boldsymbol{T}_2(\boldsymbol{j}_{o1}),\boldsymbol{T}_2(\boldsymbol{k}_{o1})]=[\boldsymbol{T}_2(\boldsymbol{i}'_{12}),\boldsymbol{T}_2(\boldsymbol{j}'_{12}),\boldsymbol{T}_2(\boldsymbol{k}'_{12})]\boldsymbol{C}_0^{-1}$$

式(3-23)代入上式得

$$[\boldsymbol{T}_2(\boldsymbol{i}_{o1}),\boldsymbol{T}_2(\boldsymbol{j}_{o1}),\boldsymbol{T}_2(\boldsymbol{k}_{o1})]=[\boldsymbol{T}_2(\boldsymbol{i}_{21}),\boldsymbol{T}_2(\boldsymbol{j}_{21}),\boldsymbol{T}_2(\boldsymbol{k}_{21})](\boldsymbol{C}_0\boldsymbol{C}_2)^{-1}$$

也即

$$[\boldsymbol{i}_{o2},\boldsymbol{j}_{o2},\boldsymbol{k}_{o2}]=[\boldsymbol{i}_{22},\boldsymbol{j}_{22},\boldsymbol{k}_{22}] \quad (3-25)$$

式(3-22)代入式(3-25)得

$$[\boldsymbol{i}_{o2},\boldsymbol{j}_{o2},\boldsymbol{k}_{o2}]=[\boldsymbol{i}_{21},\boldsymbol{j}_{21},\boldsymbol{k}_{21}]\boldsymbol{P}_2(\boldsymbol{C}_0\boldsymbol{C}_2)^{-1}$$

式(3-23)代入式(3-26)，再由式(3-18)得

$$[\boldsymbol{i}_{o2},\boldsymbol{j}_{o2},\boldsymbol{k}_{o2}]=[\boldsymbol{i}_{o1},\boldsymbol{j}_{o1},\boldsymbol{k}_{o1}]\boldsymbol{B}_2 \quad (3-26)$$

式中 $\boldsymbol{B}_2=(\boldsymbol{C}_0\boldsymbol{C}_2)\boldsymbol{P}_2$。

将式(3-21)代入式(3-26)，再由式(3-24)得

$$[\boldsymbol{i}_2,\boldsymbol{j}_2,\boldsymbol{k}_2]=[\boldsymbol{i}_1,\boldsymbol{j}_1,\boldsymbol{k}_1]\boldsymbol{A}_2 \quad (3-27)$$

式中 $\boldsymbol{A}_2=\boldsymbol{P}^{-1}\boldsymbol{B}_2\boldsymbol{P}$。

3. 等距变换 3

前面描述平面镜 3 的安装误差时引入了镜面系 3 和镜像系 3。根据光线反射定律和坐标系的定义，镜面系 3 和镜像系 3 的基矢之间有如下映射关系：

$$[\boldsymbol{i}_{32},\boldsymbol{j}_{32},\boldsymbol{k}_{32}]=[\boldsymbol{T}_3(\boldsymbol{i}_{31}),\boldsymbol{T}_3(\boldsymbol{j}_{31}),\boldsymbol{T}_3(\boldsymbol{k}_{31})]=[\boldsymbol{i}_{31},\boldsymbol{j}_{31},\boldsymbol{k}_{31}]\boldsymbol{P}_3 \quad (3-28)$$

式中：$\boldsymbol{P}_3=\begin{bmatrix}0 & 0 & 1\\0 & 1 & 0\\1 & 0 & 0\end{bmatrix}$。

由于平面镜3存在如图3-11所示的安装误差，镜像系2绕z轴转α_3角，然后绕x轴转β_3角，最后绕y轴转γ_3角就和镜面系3重合，故镜像系2和镜面系3的基矢之间有如下变换关系：

$$[\boldsymbol{i}_{31},\boldsymbol{j}_{31},\boldsymbol{k}_{31}]=[\boldsymbol{i}_{22},\boldsymbol{j}_{22},\boldsymbol{k}_{22}]\boldsymbol{C}_3 \tag{3-29}$$

式中：$\boldsymbol{C}_3=\boldsymbol{T}_z(\alpha_3)\boldsymbol{T}_x(\beta_3)\boldsymbol{T}_y(\gamma_3)$。

由式(3-24)得$[\boldsymbol{T}_3(\boldsymbol{i}_2),\boldsymbol{T}_3(\boldsymbol{j}_2),\boldsymbol{T}_3(\boldsymbol{k}_2),]=[\boldsymbol{T}_3(\boldsymbol{i}_{o2}),\boldsymbol{T}_3(\boldsymbol{j}_{o2}),\boldsymbol{T}_3(\boldsymbol{k}_{o2})]\boldsymbol{P}$，即

$$[\boldsymbol{i}_3,\boldsymbol{j}_3,\boldsymbol{k}_3]=[\boldsymbol{i}_{o3},\boldsymbol{j}_{o3},\boldsymbol{k}_{o3}]\boldsymbol{P} \tag{3-30}$$

式中：$\boldsymbol{i}_3,\boldsymbol{j}_3,\boldsymbol{k}_3$是基矢$\boldsymbol{i}_2,\boldsymbol{j}_2,\boldsymbol{k}_2$在等距变换$\boldsymbol{T}_3$作用下的像；$\boldsymbol{i}_{o3},\boldsymbol{j}_{o3},\boldsymbol{k}_{o3}$是基矢$\boldsymbol{i}_{o2},\boldsymbol{j}_{o2},\boldsymbol{k}_{o2}$在等距变换$\boldsymbol{T}_3$作用下的像。

由式(3-25)得

$$[\boldsymbol{T}_3(\boldsymbol{i}_{o2}),\boldsymbol{T}_3(\boldsymbol{j}_{o2})\boldsymbol{T}_3(\boldsymbol{k}_{o2})]=[\boldsymbol{T}_3(\boldsymbol{i}_{22}),\boldsymbol{T}_3(\boldsymbol{j}_{22}),\boldsymbol{T}_3(\boldsymbol{k}_{22})](\boldsymbol{C}_0\boldsymbol{C}_2)^{-1}$$

式(3-29)代入式(3-31)得

$$[\boldsymbol{T}_3(\boldsymbol{i}_{o2}),\boldsymbol{T}_3(\boldsymbol{j}_{o2})\boldsymbol{T}_3(\boldsymbol{k}_{o2})]=[\boldsymbol{T}_3(\boldsymbol{i}_{31}),\boldsymbol{T}_3(\boldsymbol{j}_{31}),\boldsymbol{T}_3(\boldsymbol{k}_{31})](\boldsymbol{C}_0\boldsymbol{C}_2\boldsymbol{C}_3)^{-1}$$

也即

$$[\boldsymbol{i}_{o3},\boldsymbol{j}_{o3},\boldsymbol{k}_{o3}]=[\boldsymbol{i}_{32},\boldsymbol{j}_{32},\boldsymbol{k}_{32}](\boldsymbol{C}_0\boldsymbol{C}_2\boldsymbol{C}_3)^{-1} \tag{3-31}$$

式(3-28)代入式(3-31)得

$$[\boldsymbol{i}_{o3},\boldsymbol{j}_{o3},\boldsymbol{k}_{o3}]=[\boldsymbol{i}_{31},\boldsymbol{j}_{31},\boldsymbol{k}_{31}]\boldsymbol{P}_3(\boldsymbol{C}_0\boldsymbol{C}_2\boldsymbol{C}_3)^{-1}$$

式(3-29)代入上式，再由式(3-25)得

$$[\boldsymbol{i}_{o3},\boldsymbol{j}_{o3},\boldsymbol{k}_{o3}]=[\boldsymbol{i}_{o2},\boldsymbol{j}_{o2},\boldsymbol{k}_{o2}]\boldsymbol{B}_3 \tag{3-32}$$

式中：$\boldsymbol{B}_3=(\boldsymbol{C}_0\boldsymbol{C}_2\boldsymbol{C}_3)\boldsymbol{P}_3(\boldsymbol{C}_0\boldsymbol{C}_2\boldsymbol{C}_3)^{-1}$。

式(3-24)代入式(3-32)，再由式(3-30)得

$$[\boldsymbol{i}_3,\boldsymbol{j}_3\boldsymbol{k}_3]=[\boldsymbol{i}_2,\boldsymbol{j}_2\boldsymbol{k}_2]\boldsymbol{A}_3 \tag{3-33}$$

式中：$\boldsymbol{A}_3=\boldsymbol{P}^{-1}\boldsymbol{B}_3\boldsymbol{P}$。

4. 等距变换4

前面描述平面镜4的安装误差时引入了镜面系4和镜像系4。根据光线反射定律和坐标系的定义，镜面系4和镜像系4的基矢之间有如下映射关系：

$$[\boldsymbol{i}_{42},\boldsymbol{j}_{42},\boldsymbol{k}_{42}]=[\boldsymbol{T}_4(\boldsymbol{i}_{41}),\boldsymbol{T}_4(\boldsymbol{j}_{41}),\boldsymbol{T}_4(\boldsymbol{k}_{41})]=[\boldsymbol{i}_{41},\boldsymbol{j}_{41},\boldsymbol{k}_{41},]\boldsymbol{P}_4 \tag{3-34}$$

式中：$\boldsymbol{P}_4=\begin{bmatrix}0&0&1\\0&1&0\\1&0&0\end{bmatrix}$。

由于平面镜4存在如图3-12所示的安装误差，镜像系3绕z轴转α_4角，然

后绕 x 轴转 β_4 角，最后绕 y 轴转 γ_4 角就和镜面系 4 重合，故镜像系 3 和镜面系 4 的基矢之间有如下变换关系：

$$[\boldsymbol{i}_{41},\boldsymbol{j}_{41},\boldsymbol{k}_{41}]=[\boldsymbol{i}_{32},\boldsymbol{j}_{32},\boldsymbol{k}_{32}]\boldsymbol{C}_4 \tag{3-35}$$

式中：$\boldsymbol{C}_4=\boldsymbol{T}_z(\alpha_4)\boldsymbol{T}_x(\beta_4)\boldsymbol{T}_y(\gamma_4)$。

由式(3-30)得

$$[\boldsymbol{T}_4(\boldsymbol{i}_3),\boldsymbol{T}_4(\boldsymbol{j}_3),\boldsymbol{T}_4(\boldsymbol{k}_3),]=[\boldsymbol{T}_4(\boldsymbol{i}_{o3}),\boldsymbol{T}_4(\boldsymbol{j}_{o3}),\boldsymbol{T}_4(\boldsymbol{k}_{o3})]\boldsymbol{P}$$

即

$$[\boldsymbol{i}_4,\boldsymbol{j}_4,\boldsymbol{k}_4]=[\boldsymbol{i}_{o4},\boldsymbol{j}_{o4}\boldsymbol{k}_{o4}]\boldsymbol{P} \tag{3-36}$$

式中：$\boldsymbol{i}_4,\boldsymbol{j}_4,\boldsymbol{k}_4$ 是基矢 $\boldsymbol{i}_3,\boldsymbol{j}_3,\boldsymbol{k}_3$ 在等距变换 $\boldsymbol{T}_4$ 作用下的像；$\boldsymbol{i}_{o4},\boldsymbol{j}_{o4},\boldsymbol{k}_{o4}$ 是基矢 $\boldsymbol{i}_{o3},\boldsymbol{j}_{o3},\boldsymbol{k}_{o3}$ 在等距变换 $\boldsymbol{T}_4$ 作用下的像。

由式(3-31)得

$$[\boldsymbol{T}_4(\boldsymbol{i}_{o3}),\boldsymbol{T}_4(\boldsymbol{j}_{o3}),\boldsymbol{T}_4(\boldsymbol{k}_{o3}),]=[\boldsymbol{T}_4(\boldsymbol{i}_{32}),\boldsymbol{T}_4(\boldsymbol{k}_{32}),\boldsymbol{T}_4(\boldsymbol{i}_{32})](\boldsymbol{C}_0\boldsymbol{C}_2\boldsymbol{C}_3)^{-1}$$

式(3-35)代入上式得

$$[\boldsymbol{T}_4(\boldsymbol{i}_{o3}),\boldsymbol{T}_4(\boldsymbol{j}_{o3}),\boldsymbol{T}_4(\boldsymbol{k}_{o3}),]=[\boldsymbol{T}_4(\boldsymbol{i}_{41}),\boldsymbol{T}_4(\boldsymbol{k}_{41}),\boldsymbol{T}_4(\boldsymbol{i}_{41})](\boldsymbol{C}_0\boldsymbol{C}_2\boldsymbol{C}_3\boldsymbol{C}_4)^{-1}$$

也即

$$[\boldsymbol{i}_{o4},\boldsymbol{j}_{o4}\boldsymbol{k}_{o4}]=[\boldsymbol{i}_{42},\boldsymbol{j}_{42},\boldsymbol{k}_{42}](\boldsymbol{C}_0\boldsymbol{C}_2\boldsymbol{C}_3\boldsymbol{C}_4)^{-1}$$

式(3-34)代入上式得

$$[\boldsymbol{i}_{o4},\boldsymbol{j}_{o4}\boldsymbol{k}_{o4}]=[\boldsymbol{i}_{41},\boldsymbol{j}_{41},\boldsymbol{k}_{41}]\boldsymbol{P}_4(\boldsymbol{C}_0\boldsymbol{C}_2\boldsymbol{C}_3\boldsymbol{C}_4)^{-1}$$

式(3-35)代入上式，再由式(3-31)得

$$[\boldsymbol{i}_{o4},\boldsymbol{j}_{o4}\boldsymbol{k}_{o4}]=[\boldsymbol{i}_{o3},\boldsymbol{j}_{o3}\boldsymbol{k}_{o3}]\boldsymbol{B}_4 \tag{3-37}$$

式中：$\boldsymbol{B}_4=(\boldsymbol{C}_0\boldsymbol{C}_2\boldsymbol{C}_3\boldsymbol{C}_4)\boldsymbol{P}_4(\boldsymbol{C}_0\boldsymbol{C}_2\boldsymbol{C}_3\boldsymbol{C}_4)^{-1}$。

式(3-30)代入式(3-37)，再由式(3-36)得

$$[\boldsymbol{i}_4,\boldsymbol{j}_4,\boldsymbol{k}_4]=[\boldsymbol{i}_3,\boldsymbol{j}_3,\boldsymbol{k}_3]\boldsymbol{A}_4 \tag{3-38}$$

式中：$\boldsymbol{A}_4=\boldsymbol{P}^{-1}\boldsymbol{B}_4\boldsymbol{P}$。

5. 变换的合成

目标 P 进入导引头视场中时，目标的红外辐射经过平面镜 1 反射到平面镜 2 上。根据光线反射定律，入射到平面镜 2 上的红外辐射等效于来自 P 关于平面镜 1 对称位置处的像 P_1 所发出的红外辐射。同理，入射到平面镜 3 上的红外辐射等效于来自像 P_1 关于平面镜 2 对称位置处的像 P_2 所发出的红外辐射；入射到平面镜 4 上的红外辐射等效于来自像 P_2 关于平面镜 3 对称位置处的像 P_3 所发出的红外辐射；入射到探测器焦平面上的红外辐射等效于来自像 P_3 关于

平面镜 4 对称位置处的像 P_4 所发出的红外辐射，如图 3-16 所示。

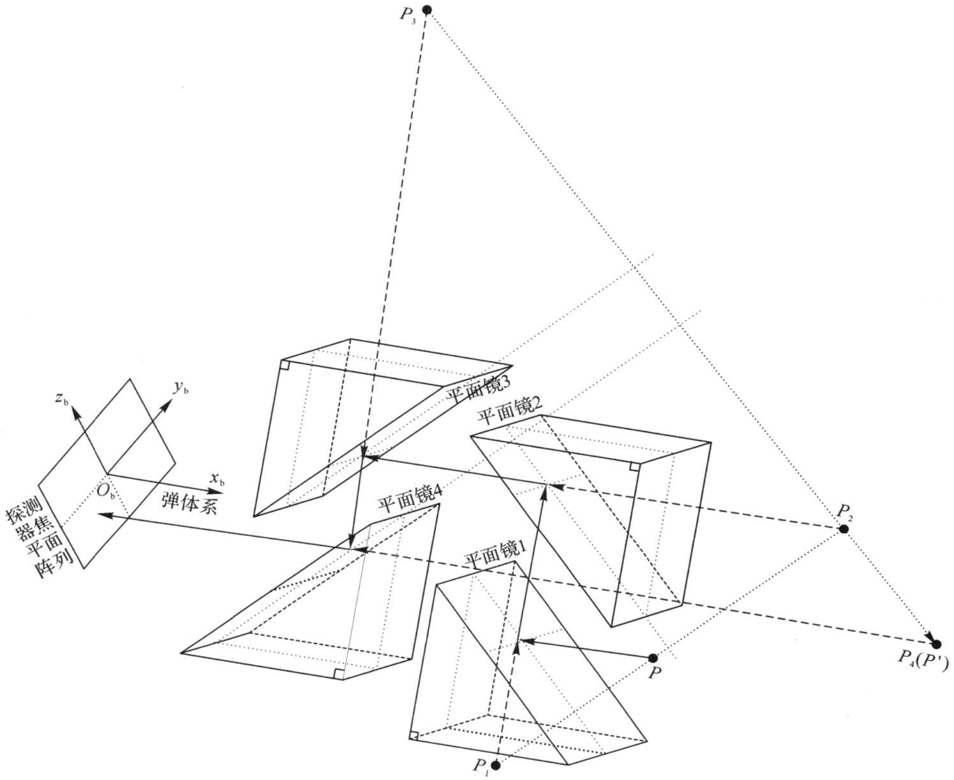

图 3-16 光学滑环光路折转示意图

将光学滑环的这种成像作用视为以上四个等距变换的合成，即 $\boldsymbol{T}=\boldsymbol{T}_1\boldsymbol{T}_2\boldsymbol{T}_3\boldsymbol{T}_4$。由式(3-15)、式(3-27)、式(3-33)、和式(3-38)可得光学滑环对平台系基矢的变换关系式为

$$[\boldsymbol{i}_4,\boldsymbol{j}_4,\boldsymbol{k}_4]=[\boldsymbol{T}(\boldsymbol{i}),\boldsymbol{T}(\boldsymbol{j}),\boldsymbol{T}(\boldsymbol{k})]=[\boldsymbol{i},\boldsymbol{j},\boldsymbol{k}]\boldsymbol{A} \tag{3-39}$$

式中：$\boldsymbol{A}=\boldsymbol{A}_1\boldsymbol{A}_2\boldsymbol{A}_3\boldsymbol{A}_4$。

记目标 P 在光学滑环作用下所成的像为 P'，即 $P'=\boldsymbol{T}(P)$。设在平台系中，$\boldsymbol{P}=[x,y,z]^{\mathrm{T}}$，$\boldsymbol{P}'=[x',y',z']$。由式(3-39)可得

$$\begin{bmatrix}x'\\y'\\z'\end{bmatrix}=\boldsymbol{A}\begin{bmatrix}x\\y\\z\end{bmatrix}+\boldsymbol{T}(O) \tag{3-40}$$

式中：$\boldsymbol{T}(O)$是 O 的像在平台系中的坐标。

记视线OP在平台坐标系中的方位角和高低角分别为 ε_y 和 ε_z，则视线上的单位矢量 $\boldsymbol{r}$ 在平台系中的坐标为

$$\boldsymbol{r}=\boldsymbol{T}_y(\varepsilon_y)\boldsymbol{T}_z(\varepsilon_z)\begin{bmatrix}1\\0\\0\end{bmatrix}$$

由式(3-40)，$\boldsymbol{r}$ 在光学滑环作用下所成的像 $\hat{\boldsymbol{r}}$ 在平台系中的坐标为

$$\hat{\boldsymbol{r}}=\boldsymbol{A}\boldsymbol{T}_y(\varepsilon_y)\boldsymbol{T}_z(\varepsilon_z)\begin{bmatrix}1\\0\\0\end{bmatrix}$$

另外探测器可以直接测量出 $\hat{\boldsymbol{r}}$ 在弹体系中的方位角 $\hat{\varepsilon}_y$ 和高低角 $\hat{\varepsilon}_z$，再考虑到探测器的安装误差，可以得到 $\hat{\boldsymbol{r}}$ 在弹体系中的坐标为

$$\hat{\boldsymbol{r}}=\boldsymbol{T}_y(-\alpha_5)\boldsymbol{T}_z(\beta_5)\boldsymbol{T}_y(\hat{\varepsilon}_y)\boldsymbol{T}_z(\hat{\varepsilon}_z)\begin{bmatrix}1\\0\\0\end{bmatrix}$$

最后考虑到内、外框架的安装误差，可以得到

$$\boldsymbol{T}_y(-\alpha_5)\boldsymbol{T}_z(\beta_5)\boldsymbol{T}_y(\hat{\varepsilon}_y)\boldsymbol{T}_z(\hat{\varepsilon}_z)\begin{bmatrix}1\\0\\0\end{bmatrix}$$

$$=\boldsymbol{T}_y(-\alpha_7)\boldsymbol{T}_z(\beta_7)\boldsymbol{T}_x(\gamma_s)\boldsymbol{T}_y(-\alpha_6)\boldsymbol{T}_z(\theta_s)\boldsymbol{A}\boldsymbol{T}_y(\varepsilon_y)\boldsymbol{T}_z(\varepsilon_z)\begin{bmatrix}1\\0\\0\end{bmatrix}$$

进一步整理得

$$\begin{bmatrix}\cos\varepsilon_y\cos\varepsilon_z\\ \sin\varepsilon_z\\ -\sin\varepsilon_y\cos\varepsilon_z\end{bmatrix}=\boldsymbol{A}^{-1}\boldsymbol{G}(\alpha_5,\beta_5,\alpha_6,\alpha_7,\beta_7,\theta_s,\gamma_s)\begin{bmatrix}\cos\hat{\varepsilon}_y\cos\hat{\varepsilon}_z\\ \sin\hat{\varepsilon}_z\\ -\sin\hat{\varepsilon}_y\cos\hat{\varepsilon}_z\end{bmatrix}\quad(3-41)$$

其中，$\boldsymbol{G}(\alpha_5,\beta_5,\alpha_6,\alpha_7,\beta_7,\theta_s,\gamma_s)=\boldsymbol{T}_z(-\theta_s)\boldsymbol{T}_y(\alpha_6)\boldsymbol{T}_x(-\gamma_s)\boldsymbol{T}_z(-\beta_7)\boldsymbol{T}_y(\alpha_7-\alpha_5)\times\boldsymbol{T}_z(\beta_5)$。

3.5.3 装调误差的影响分析

假定安装误差 $\alpha_1=0.07''$，$\beta_1=0.08°$，$\gamma_1=0.05°$，$\alpha_2=0.09°$，$\beta_2=-0.08°$，

$\gamma_2=0.06°$；$\alpha_3=-0.07°$，$\beta_3=0.08°$，$\gamma_3=0.04°$；$\alpha_4=0.07°$，$\beta_4=0.08°$，$\gamma_4=0.05°$；$\alpha_5=-0.1°$，$\beta_5=0.1°$；$\alpha_6=0.1°$；$\alpha_7=-0.1°$，$\beta_7=0.1°$，并给定滚转角和俯仰角的偏转规律 $\gamma_s=360°\sin(1.2t)$，$\theta_s=90°\sin(1.6t)$，则根据式(3-41)可以解算出在装调误差影响下探测器焦平面中心($\hat{\varepsilon}_y=0$，$\hat{\varepsilon}_z=0$)对应的视线相对平台内框的方位角 ε_y 和高低角 ε_z，如图 3-17～图 3-19 所示。

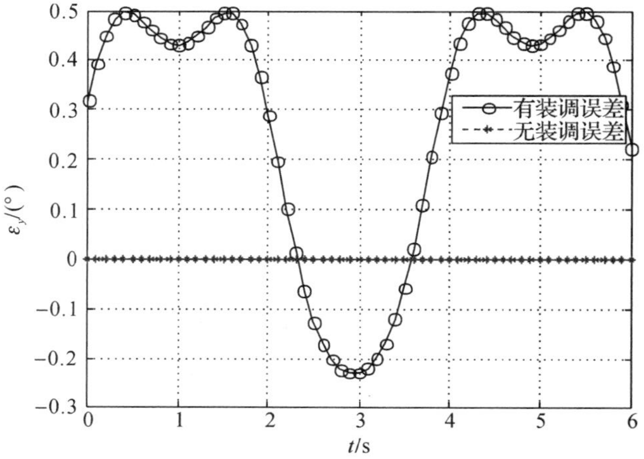

图 3-17　装调影响下视线方位角 ε_y 的变化情况

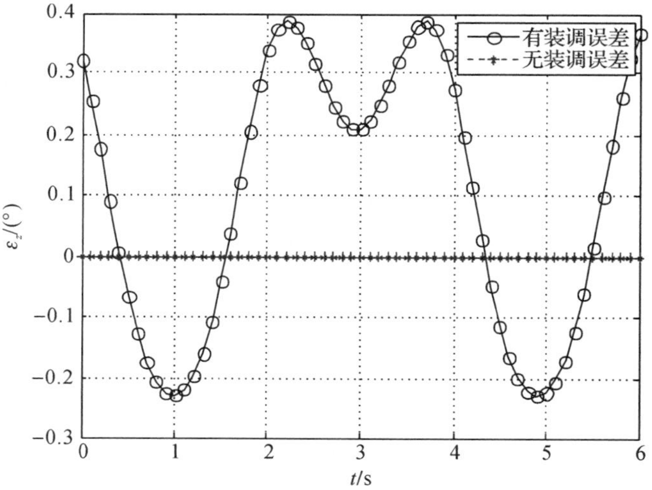

图 3-18　装调影响下视线高低角 ε_z 的变化情况

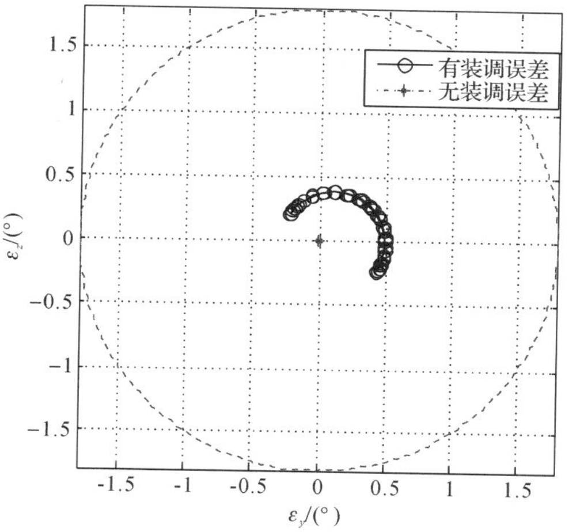

图 3-19 装调影响下像点在视场中的轨迹变化情况

通过对式(3-30)的理论分析以及数值仿真可以看出:在没有装调误差的理想情况下,当目标成像在探测器焦平面中心时,弹目视线和稳定平台的视轴重合,并且这种重合关系不受稳定平台框架位置的影响;而系统中存在装调误差时,目标成像于探测器焦平面的中心位置并不意味着视线和导引头平台系的 x 轴重合,并且视线相对于稳定平台的角位置和稳定平台框架的空间位置是有关的。

参考文献

[1]RUDIN R T. Strapdown stabilization for imaging seekers[C]//2nd Annual Interceptor Technology Conference. Albuquerque:AIAA SDIO,1993:1-10.

[2]尚超,王军平,吴军彪. 滚仰式光滑环物像变换关系仿真研究[J]. 红外与激光工程,2011,40(9):1768-1773.

[3]张平,董小萌,付奎生,等. 机载/弹载视觉导引稳定平台的建模与控制[M]. 北京:国防工业出版社,2011.

[4]孙高. 半捷联光电稳定平台控制系统研究[D]. 长春:中国科学院长春光学精密机械与物理研究所,2013.

[5] 李岩,范大鹏. 视轴稳定平台的装配误差机理分析与仿真[J]. 中国惯性技术学报,2007,15(1):35-38.

[6] 李英,王绍彬,葛文奇. 影响光电平台稳定精度的因素分析[J]. 长春理工大学学报(自然科学版),2009,32(1):4-7.

第4章

滚仰半捷联导引头控制系统设计

稳定光轴和跟踪视线是稳定平台最基本的两种功能。本章首先介绍滚仰半捷联导引头的稳定和跟踪原理，以及其控制系统的指标要求。随后分析滚仰半捷联导引头的控制回路设计，包括稳定控制回路的设计、搜索控制回路的设计和跟踪回路的设计；在此基础上，给出半捷联控制器一些典型校正设计原则和方法。针对滚仰半捷联导引头特有的跟踪奇异问题——过顶跟踪，详细介绍过顶跟踪的机理和影响，并重点介绍过顶控制两种典型策略的设计与思路。随着弹载计算机的性能提高，新型控制器的设计也逐渐得到应用，本章最后介绍基于模糊和神经网络的控制器设计方法。

4.1　滚仰半捷联导引头控制原理及设计指标

在红外导引头中，稳定平台的主要任务是隔离弹体运动的扰动，使安装在平台上的光学系统的光轴相对惯性空间保持稳定，以满足探测成像系统感知目标的需要。由于红外导引头的视场相对有限，为了使目标能始终在视场中，需要伺服系统利用信息处理得到的视线偏差角信息，控制框架运动，使光轴始终指向弹目视线所在的方位，完成对目标的跟踪。

4.1.1　滚仰半捷联导引头稳定原理

稳定平台的光轴稳定技术有两种方式：直接稳定方式和间接稳定方式。传统框架导引头一般采用直接稳定的控制方案。所谓直接稳定是指利用安装在稳定平台框架上的速率陀螺，感知框架在惯性空间的运动角速度，为速度稳定回路提供反馈信息，在此基础上进行闭环控制，实现平台惯性稳定。滚仰半捷联导引头由于取消了平台框架上的速率陀螺，无法为直接稳定方案提供反馈信息，只能采用间接稳定的控制方案。间接稳定是指利用安装在弹体上的惯导陀螺敏感弹体的角运动信息，结合框架相对运动信息，通过数学解算的方法得到平台的惯性运动信息，在此基础上构成闭环控制，实现平台的稳定，间接稳定即为半捷联稳定。

记外环框架角为 γ_s，外框相对弹体的角速度为 $\dot{\gamma}_s$；内环框架角为 θ_s，内框相对外框的角速度为 $\dot{\theta}_s$；在弹体系中，弹体相对惯性系转动的角速度为 $\boldsymbol{\omega}_m=[\omega_{mx},\omega_{my},\omega_{mz}]^T$。则在平台系中，光轴相对惯性系转动的角速度

$$\boldsymbol{\omega}_a=\begin{bmatrix}\omega_{ax}\\ \omega_{ay}\\ \omega_{az}\end{bmatrix}=\begin{bmatrix}\dot{\gamma}_s\cos\theta_s+\omega_{mx}\cos\theta_s+(\omega_{my}\cos\gamma_s+\omega_{mz}\sin\gamma_s)\sin\theta_s\\ -\dot{\gamma}_s\sin\theta_s-\omega_{mx}\sin\theta_s+(\omega_{my}\cos\gamma_s+\omega_{mz}\sin\gamma_s)\cos\theta_s\\ \dot{\theta}_s-\omega_{my}\sin\gamma_s+\omega_{mz}\cos\gamma_s\end{bmatrix} \tag{4-1}$$

为了隔离弹体运动保证光轴稳定，需要满足 $\omega_{ay}=0$ 且 $\omega_{az}=0$。进而解算出 $\dot{\gamma}_s$ 和 $\dot{\theta}_s$ 如下：

$$\left.\begin{aligned}\dot{\gamma}_s&=\frac{(\omega_{my}\cos\gamma_s+\omega_{mz}\sin\gamma_s)\cos\theta_s-\omega_{mx}\sin\theta_s}{\sin\theta_s}\\ \dot{\theta}_s&=\omega_{my}\sin\gamma_s-\omega_{mz}\cos\gamma_s\end{aligned}\right\} \tag{4-2}$$

通过式(4－2)解算出隔离弹体扰动角速度所需的内、外框架角速度控制指令，通过控制算法调节伺服机构动作可以达到光轴稳定的目的。

滚仰半捷联导引头利用安装在弹体上的惯导陀螺信息，通过捷联算法式[式(4－1)]计算出平台系的惯性速度，以此作为反馈信息进行稳定控制。滚仰半捷联导引头稳定原理框图如图 4－1 所示。

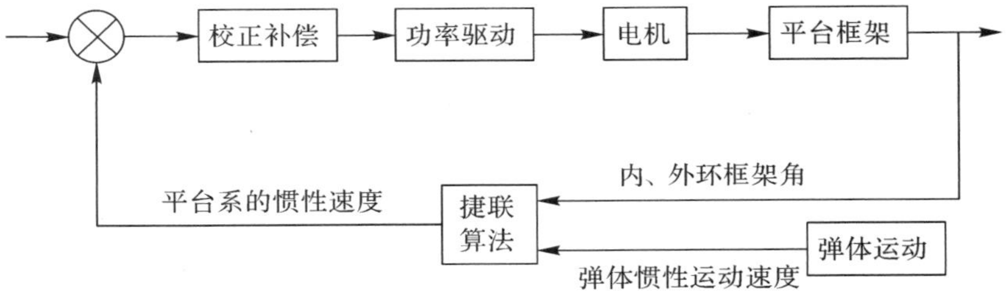

图 4－1　滚仰半捷联导引头稳定原理框图

4.1.2　滚仰半捷联导引头跟踪原理

传统框架导引头将探测器和光学系统作为整体直接安装在稳定平台上，目标红外辐射沿着直线光路入射到探测器焦平面上，红外图像中目标和视场中心的位置偏差直接反映了弹目视线相对于光轴指向的角偏差。当导引头的光轴指向与弹目视线在惯性空间中不一致时，红外探测成像系统测得光轴与视线角偏差信息，导引头控制系统根据角偏差信息计算得到控制量驱动各框架运动，减小光轴与视线之间的偏差，力图使平台的光轴与弹目视线重合，以实现对目标的跟踪。

滚仰半捷联导引头将探测器安置在弹体上，采用光学滑环结构实现导引头视轴对前半球空间的任意指向。目标红外辐射沿着折转光路入射到探测器焦平面上，红外图像中目标和视场中心的位置偏差并不能直接反映弹目视线相对于光轴指向的角偏差。视线相对于光轴的角偏差可以用视线在平台坐标系中的方位角 ε_y 和高低角 ε_z 来描述，若记红外图像中目标和视场中心的位置偏差为 $\hat{\varepsilon}_y$ 和 $\hat{\varepsilon}_z$，那么将式(3－41)中的各装调误差忽略，并考虑到 $\varepsilon_y \approx 0$，$\varepsilon_z \approx 0$，$\hat{\varepsilon}_y \approx 0$，$\hat{\varepsilon}_z \approx 0$，可以得到滚仰半捷联导引头的测角公式：[1]

$$\left.\begin{aligned}\varepsilon_y &= \hat{\varepsilon}_y \cos(\gamma_s + \theta_s) + \hat{\varepsilon}_z \sin(\gamma_s + \theta_s)\\ \varepsilon_y &= \hat{\varepsilon}_y \sin(\gamma_s + \theta_s) + \hat{\varepsilon}_z \cos(\gamma_s + \theta_s)\end{aligned}\right\} \tag{4-3}$$

可以认为半捷联导引头内框架上固连了一个“等效的探测器”，等效探测器量测的视线-光轴角偏差信息和固连在弹体上的真实探测器量测的角偏差满足式(4－3)。有了 ε_y 和 ε_z，就可以按照框架导引头那样完成导引头对目标的精确跟踪。当然滚仰半捷联导引头的跟踪是建立在捷联稳定基础上的。跟踪原理框图如图 4－2 所示。

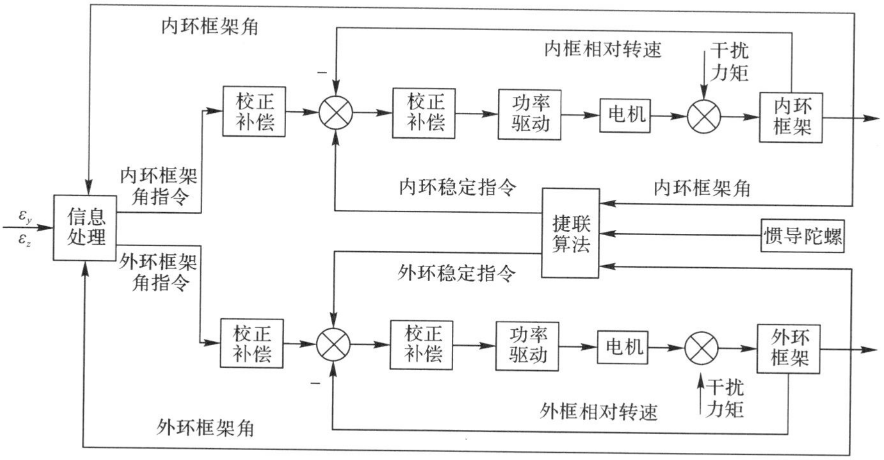

图 4－2　滚仰半捷联导引头跟踪原理框图

4.1.3　滚仰式捷联导引头控制系统指标要求

滚仰式捷联导引头控制系统要完成搜索、随动、稳定和跟踪四大控制功能，相应的设计指标要求主要包括以下几项。

1. 搜索指标

由于导引头瞬时视场有限,为了增加导引头探测到目标的概率,需要控制导引头光轴以一定频率按规定的轨迹运动。主要的指标是搜索场大小、搜索周期和重叠率。

1)搜索场大小指一个周期内导引头的瞬时视场扫过的区域大小;

2)搜索周期指将整个搜索场覆盖区域遍历一遍的时间;

3)重叠率是指搜索过程中,在一个搜索周期内瞬时视场重复扫过的区域和搜索场大小之比。

2. 随动指标

如果知道了目标的方位,为了快速搜索到目标,需要控制光轴直接指向该方位。主要的指标是随动范围和随动精度。

1)随动范围是指随动过程中导引头光轴要求达到的最大偏转角;

2)随动精度是指随动到达位置稳定后导引头光轴指向与指令要求的空间指向之间的偏差角。

3. 稳定指标

为了确保导引头成像清晰,需要控制稳定平台隔离弹体姿态扰动,使光轴稳定在惯性空间某一方位,主要的指标是隔离度。

滚仰式捷联导引头隔离度一般用特定频率下平台的惯性响应速度与弹体的摆动速度之比表示。

4. 跟踪指标

根据目标方位误差控制光轴指向目标。主要的指标是跟踪回路时间常数、视线跟踪角速度和视线跟踪角加速度能力大小。

1)跟踪回路时间常数一般用跟踪回路的阶跃响应的上升时间来衡量;

2)视线跟踪角速度能力是指导引头不丢目标的情况下所能适应的视线角运动速度;

3)视线跟踪角加速度能力是指导引头不丢目标的情况下所能适应的视线角加速度运动的能力。

4.2 滚仰半捷联导引头控制回路设计

4.2.1 稳定控制回路设计

从图 4－1 的滚仰半捷联导引头稳定原理框图知道，稳定回路的控制系统设计主要要解决捷联算法的工程实现问题和补偿校正设计问题。本节讨论捷联算法的实现问题。补偿校正设计问题将在 4.3 节介绍。

理论推导的捷联算法式[式(4－1)]涉及内、外框架角，内、外框架相对转速和弹体惯性转速。在实际的工程中，这些信号来自于不同的传感器和调理电路，并且各传感器的采样时间也不同。由于不同的传感器和采样、调理电路其动态传递特性是不同的，因此实际进行捷联计算时不能将各传感器信号直接运算。现对原因分析如下：

图 4－3 给出了滚仰半捷联导引头稳定平台单轴的传递关系图[2]，图中 ω_o 为平台的角速度指令，ω_p 为平台相对惯性空间的角速度，ω_b 为弹体相对惯性空间的角速度。$G_1(s)$为稳定回路控制器的传递函数，$G_2(s)$为平台特性传递函数，$G_r(s)$为平台相对转速测速环节的传递函数，$G_g(s)$为弹体惯性角速度测速环节的传递函数。

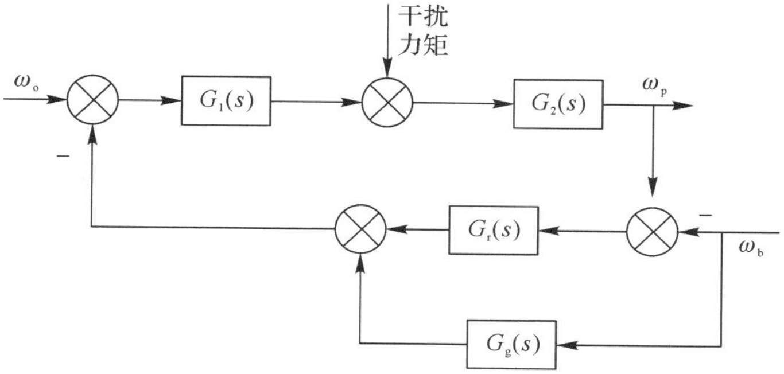

图 4－3 滚仰半捷联导引头稳定平台单轴传递关系

根据线性系统的叠加原理，不考虑干扰力矩的作用，经过简单推导可以得到平台惯性角速度和平台的角速度指令之间的关系为

$$\omega_p = \frac{G_1(s)G_2(s)}{1+G_1(s)G_2(s)G_r(s)}\omega_o + \frac{G_1(s)G_2(s)}{1+G_1(s)G_2(s)G_r(s)}[G_r(s)-G_g(s)]\omega_b \tag{4-4}$$

根据式(4-4)，平台的角速度指令为0时，为了保证平台的惯性空间稳定(即 $\omega_p=0$)，必须满足 $G_r(s)=G_g(s)$，也就是要求平台相对转速测速环节的传递函数和弹体惯性角速度测速环节的传递函数一致。

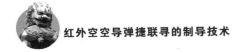

一般情况下，平台相对转速测速环节的传递函数和弹体惯性角速度测速环节的传递函数是不一致的，工程实践中常选择合适的滤波器对平台相对转速测速环节进行匹配滤波来解决不一致问题。实际上就是根据不变性原理，对平台相对转速测速环节与弹体陀螺的测速环节的传递函数进行匹配，匹配滤波器的一般形式如下：

$$G(s)=\frac{\tau_1 s+1}{\tau_2 s+1}$$

工程设计时，首先根据测速环节与陀螺环节的理论传递函数确定其理想范围，再根据匹配选择的关系进行细微调节，迭代几次即可找到满足要求的参数，使得 $G_g(s)=G_r(s)G(s)$。

采用匹配滤波后的单轴稳定系统的传递关系如图4-4所示。

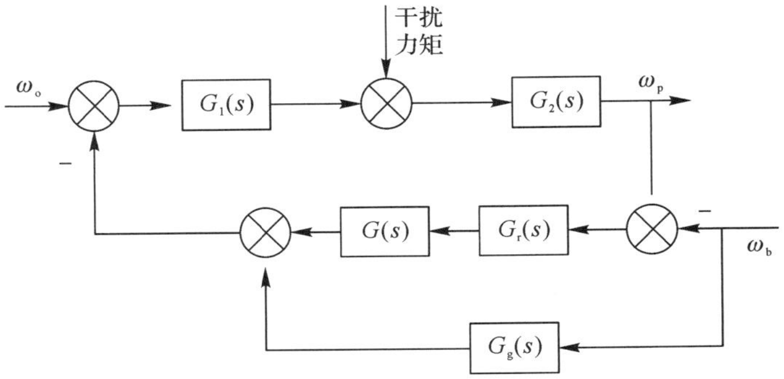

图4-4 含匹配滤波的滚仰半捷联导引头稳定平台单轴稳定系统的传递关系

采用匹配滤波以后，平台惯性角速度和平台输入角速度指令之间的关系变为

$$\omega_p=\frac{G_1(s)G_2(s)}{1+G_1(s)G_2(s)G(s)}\omega_o$$

显然，采用匹配滤波后，平台的稳定性能将不受弹体的运动影响，稳定性能得以提升。

4.2.2 随动搜索控制回路设计

滚仰半捷联导引头的随动搜索功能是通过对内、外框架的角位置控制来实现的。

一般，载机雷达或头盔瞄准具探测到目标后，给出目标的方位信息。导引头根据目标方位信息控制框架运动，使光轴和弹目视线重合，从而完成随动功能。

在导弹武器系统中，发射前的随动控制以飞机坐标系为准，因导弹、发射架和飞机固连在一起，不妨假设飞机坐标系和弹体坐标系 $O-x_b y_b z_b$ 重合，不考虑弹性效应的影响。这样，机载雷达或头盔瞄准具探测到目标的方位信息可以用目标方位角 α 和俯仰角 β 表示，如图 4－5 所示。图中直角坐标系为弹体系，P 为目标，P_0 为目标在弹体系 $x_b O z_b$ 面上的投影。角度的正负符合右手规则。

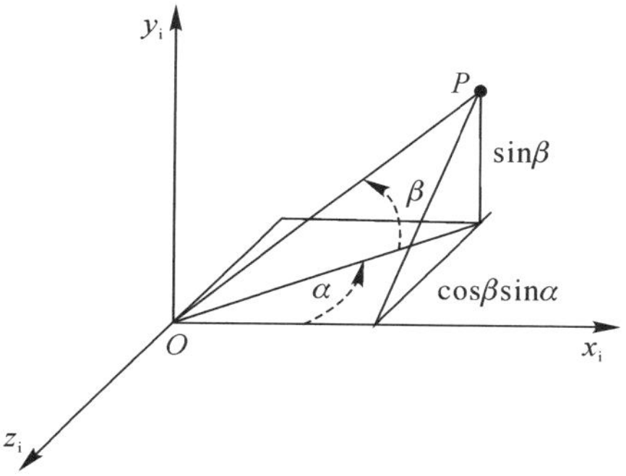

图 4－5　目标的方位信息示意图

由几何关系可得视线$\overrightarrow{OP}$上的单位矢量在弹体系中的坐标为

$$\begin{bmatrix} x_p \\ y_p \\ z_p \end{bmatrix} = \begin{bmatrix} \cos\beta\cos\alpha \\ \sin\beta \\ -\cos\beta\sin\alpha \end{bmatrix} \tag{4-5}$$

对于滚仰半捷联导引头，将视线上单位矢量在弹体系中的坐标转换为对应的平台的框架角，由下式给出：

$$\left.\begin{aligned} \theta_{s0} &= \arcsin\sqrt{y_p^2 + z_p^2} \\ \gamma_{s0} &= \arcsin\sqrt{y_p / z_p} \end{aligned}\right\} \tag{4-6}$$

其中，θ_{s0} 为内环框架角，γ_{s0} 为外环框架角。

根据式(4－5)和式(4－6)，可以将给定的目标方位信息转换为对应的框架角位置指令，通过对框架的角位置控制实现随动功能。

在导引头框架位置随动到位后，由于各种误差因素的存在，有时需要通过搜索运动才能使导引头截获目标。常见的搜索轨迹为圆形搜索，如图 4－6 所示。图中直角坐标系为弹体系。

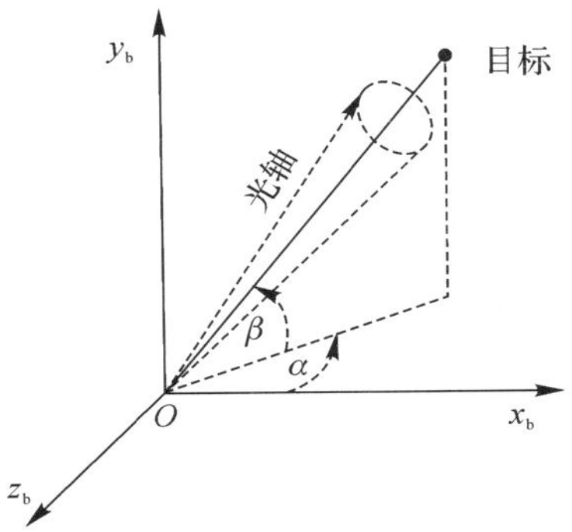

图 4-6　搜索时的光轴轨迹

按照图 4-6 所示的搜索示意图，搜索是光轴绕视线小范围角度运动。搜索时运动光轴单位矢量在弹体系中的投影关系很复杂，但是在视线坐标系 $O-x_s y_s z_s$ 中，光轴围绕视线坐标系 x 轴(视线指向)运动，在这里光轴单位矢量的投影很简单，即为视线垂面上的一个圆，如图 4-7 所示。

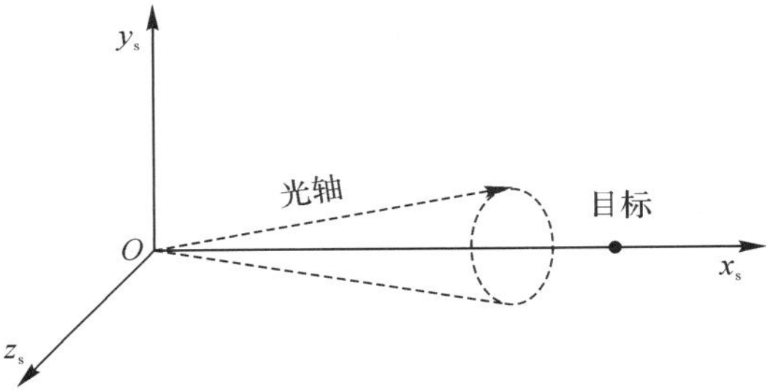

图 4-7　视线坐标系下光轴的扫描运动

因此，可以先规划出搜索光轴单位矢量在视线坐标系中的投影向量，然后由视线坐标系与弹体系的坐标变换关系，求出投影向量在弹体系中的坐标，最后由式(4-6)求出搜索运动时的框架角指令。

搜索时光轴上的单位矢量在视线坐标系中的坐标 $[x_s, y_s, z_s]^T$ 如下式所示：

$$\begin{bmatrix} x_s \\ y_s \\ z_s \end{bmatrix} = \begin{bmatrix} \cos\varphi \\ \sin\varphi\sin\omega t \\ \sin\varphi\cos\omega t \end{bmatrix} \tag{4-7}$$

其中，φ 为搜索幅值；ω 为搜索速度；t 为时间。

解决了随动指令指向和框架角的解算关系以后，导引头的随动搜索控制就转换为框架的角位置伺服控制。

多环控制的结构形式是解决位置伺服控制问题非常有效的、常见的控制方案[3]。多环控制就是在位置环内嵌套速度控制环，必要的话，在转速控制环中嵌套电流控制环或加速度控制环，如图 4-8 所示。这种多环控制方法在工程实践中得到了大量的应用，导引头的随动搜索控制系统多采用这种多环路方法开展系统设计。

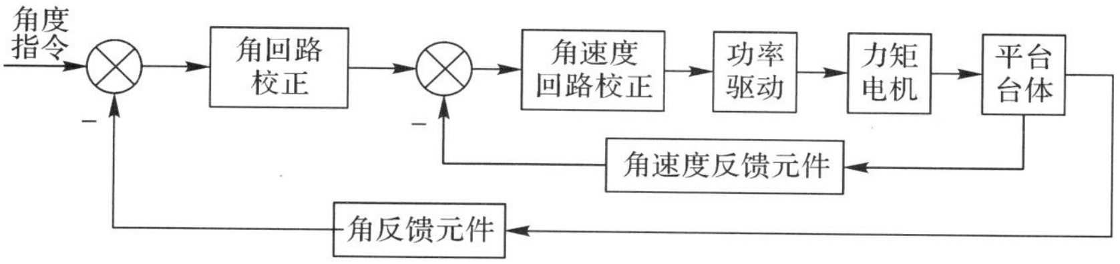

图 4-8　多环路位置控制系统结构示例

多环控制的结构清楚，为了便于设计并保证系统的稳定性，多环结构要求内环的带宽要比外环的带宽大得多。此外，出于反馈闭环需要，每增加一环路，就要在硬件上配置相应的传感器。环路越多，结构越复杂，需要的反馈传感器越多，而导引头设计中结构尺寸严格受限，因此需要综合考虑，决定最终需要采用的环路数量。

多环路设计方法从最内环开始设计，一般要事先分配好内环和外环的带宽关系，带宽确定是多环路系统工程设计的关键所在。完成了内环的设计后，在进行外环设计时，把内环作为一个整体环节来对待，当内环带宽是外环带宽的 5 倍以上时，通常将内环等效为一阶惯性环节，当内环带宽远大于外环带宽时，甚至可以将内环简化为比例环节。内环简化后，外环的设计就变得非常容易了。

总的来说，在确定采用多环路的控制结构形式后，首先要根据系统的性能要求确定主环路的带宽，再根据项目的具体应用环境、各种干扰的特性、负载特点和结构尺寸要求等因素确定环路数，然后对各环路进行带宽分配，在此基础上由内而外开展设计。

4.2.3　跟踪回路设计

根据图 4-2 的滚仰半捷联导引头跟踪原理框图，目标像在红外图像中的位置偏差经过式(4-3)转换成视线相对于光轴的角偏差 ε_y 和 ε_z，结合此时导引头的框架角信息 γ_s 和 θ_s，通过指令解算，得到跟踪指令信息 $\Delta\gamma_s$ 和 $\Delta\theta_s$，再经过各自通道校正环节计算，结合捷联稳定速度指令信号，与反馈的框架相对速度叠加，通过速度环校正计算，得到控制量，输入功放电路驱动力矩电机，完成导引头的跟踪闭环控制。

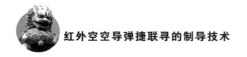

由坐标变换可得视线上的单位矢量 $\boldsymbol{r}$ 在弹体系中的坐标为

$$\boldsymbol{r}=\boldsymbol{T}_x(\gamma_s)\boldsymbol{T}_z(\theta_s)\boldsymbol{T}_y(\varepsilon_y)\boldsymbol{T}_z(\varepsilon_z)\begin{bmatrix}1\\0\\0\end{bmatrix} \tag{4-8}$$

假设内环框架再旋转 $\Delta\theta_s$，外环框架再旋转 $\Delta\gamma_s$ 就可以消除光轴和视线的角偏差使光轴与视线轴重合，则 $\boldsymbol{r}$ 在弹体系中的坐标还可以表示为

$$\boldsymbol{r}=\boldsymbol{T}_x(\gamma_s+\Delta\gamma_s)\boldsymbol{T}_z(\theta_s+\Delta\theta_s)\begin{bmatrix}1\\0\\0\end{bmatrix} \tag{4-9}$$

将式(4-8)和式(4-9)联立，可以解得[4]

$$\Delta\theta_s=\pm\arccos(\cos\varepsilon_z\cos\varepsilon_y\cos\theta_s-\sin\varepsilon_y\sin\theta_s)-\theta_s \tag{4-10}$$

其中，当 $\varepsilon_z<0,\theta_s>-\varepsilon_z$ 或 $\varepsilon_z\geqslant0,\theta_s\geqslant-\varepsilon_z$ 时，式(4-10)取正号，反之取负号。

$$\Delta\gamma_s=\begin{cases}0, & \varepsilon_y=0\\ -90^\circ, & \varepsilon_y>0 \qquad\qquad \theta_s=0,\varepsilon_z=0\text{ 或 }\theta_s+\varepsilon_z=0\\ 90^\circ, & \varepsilon_y<0\\ \arctan\left(-\dfrac{\cos\varepsilon_z\sin\varepsilon_y}{\cos\varepsilon_z\cos\varepsilon_y\sin\theta_s+\sin\varepsilon_z\cos\theta_s}\right), & \text{其他}\end{cases} \tag{4-11}$$

导引头跟踪系统按照式(4-10)和式(4-11)计算框架角位置指令，据此控制导引头框架位置，即可完成对目标的跟踪。考虑到 $\varepsilon_y\approx0,\varepsilon_z\approx0$，式(4-10)和式(4-11)可以进一步简化为如下表达式，其 $\Delta\theta_s$ 正负号取值与式(4-10)一致：

$$\Delta\theta_s=\pm\arccos[\cos\varepsilon_y\cos(\varepsilon_z+\theta_s)]-\theta_s \tag{4-12}$$

$$\Delta\gamma_s=\begin{cases}0, & \varepsilon_y=0\\ -90^\circ, & \varepsilon_y>0 \qquad\qquad \theta_s=0,\varepsilon_z=0\text{ 或 }\theta_s+\varepsilon_z=0\\ 90^\circ, & \varepsilon_y<0\\ \arctan\left[-\dfrac{\sin\varepsilon_y}{\cos\varepsilon_y\sin(\theta_s+\varepsilon_z)}\right], & \text{其他}\end{cases} \tag{4-13}$$

4.3 滚仰半捷联控制器校正设计

前述章节中已经对滚仰半捷联导引头的稳定、随动和跟踪等控制回路结构和构成进行了分析，从控制校正设计来看，主要可分为角度控制回路设计和目标跟踪回路设计。对于目标跟踪回路来说，探测器和图像信息处理部分可以等价为纯时延环节，也可以看做是一个具有大时延的角位置跟踪回路。下面将对导引头传感器、执行器（电机）等的传递函数进行介绍，并对相应的回路设计准则进行介绍，提供常见校正设计方法。

4.3.1 半捷联平台传感器与执行器模型

半捷联稳定平台有两个角速度测量环节：弹体惯性角速度测量环节和框架相对转速测量环节。弹体陀螺可采用光纤陀螺（Fiber Optic Gyroscope），包括开环和闭环系列；框架角测速回路通常采用旋转变压器作为测量器件，利用旋转变压器数字转换（R/D）来硬件解调角度和角速度信号。驱动导引头平台转动的一般采用直流力矩电机。

1. 光纤陀螺

光纤陀螺属于惯性测量器件。根据解调原理，光纤陀螺分为开环和闭环两种形式。开环光纤陀螺带宽较高，属于中、低精度陀螺，但能够满足平台稳定等使用要求。根据其工作原理，其传递函数可等效为一阶惯性环节，即

$$G_g(s)=\frac{1}{Ts+1}$$

闭环光纤陀螺相比于开环光纤，其解调方式复杂，体积较大且成本较高。从性能上来说，带宽相对较低，但精度较高；从闭环解调原理上来分析，其传递函数可等效为一个带延迟环节的一阶惯性环节，即

$$G_g(s)=e^{-\tau s}\frac{1}{Ts+1}$$

2. 旋转变压器

旋转变压器是一种常见的测量旋转运动的器件，它通过解调和信息处理可以获得平台框架旋转的角度和角速度。旋转变压器的测量解调有两种方式：一是软件解调方式，在软件中实现，且实现速度快，额外引入相位滞后小，但工程实现需要占用单独AD和运算资源，其解算是开环方式，精度易受测量噪声影响；另一种是硬件解调方式，使用旋转变压器/数字转换器（RDC）配合旋转变压器直接获得数字解调信号，相比软件解调方式，其解算精度高，但最大测速能力受芯片限制，且旋转变压器/数字转换器引入的相位滞后加大，限制了系统带宽。

在硬件解调模式中，传递函数由两部分决定，即旋转变压器和数字转换器解

调。旋转变压器本身的带宽与其激磁频率和极对数相关,数字转换器的带宽则与具体型号和周边硬件配置相关。在实际使用中为了使旋转变压器和数字转换器能够匹配,前者的带宽一般要远大于后者能够达到的带宽。

理想化的 R/D 转换结构如图 4-9 所示[5],该框图忽略了一些中间环节,基本合理、精确地表述了旋转变压器/数字转换器的动态特性。

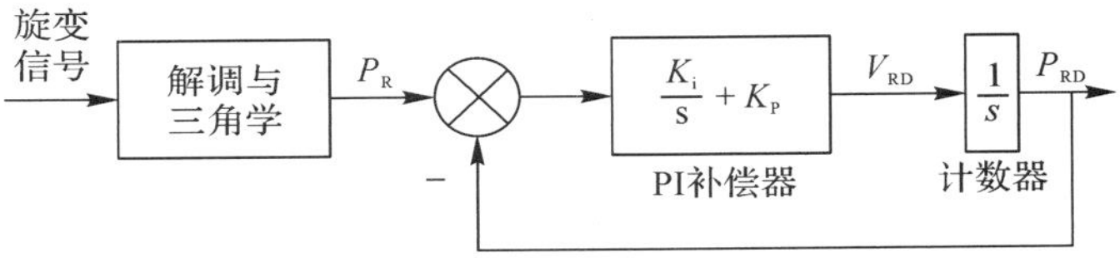

图 4-9　理想化的 R/D 转换结构框图

假定解调与三角函数的动态特性不明显,则旋转变压器实际测量的角位置与 RDC 的输出传递函数关系为

$$G_{RDC}(s)=\frac{P_{RD}(s)}{P_R(s)}=\frac{K_p s+K_i}{s^2+K_p s+K_i}$$

上述传递函数描述了典型旋转变压器/数字转换器的动态特性,其解调实际上是一个闭环Ⅱ型跟踪系统,其特性与二阶低通滤波器类似,具体的增益参数与 RDC 周围硬件设置相关,所能达到的带宽受稳定裕度设定和器件噪声限制。更为详细的传递函数可查看相应的器件说明手册。

软件 RDC 是指通过对旋转变压器输出直接采样,然后采样处理软件编程来实现旋转变压器的解调,其使用方法与硬件 RDC 方法类似。软件解调方式的带宽主要由旋转变压器本身决定,可以将其看做一个具有较大带宽的低通环节,在一定带宽范围内可以看做 1 的比例环节。表 4-1 给出了这两种解调方式的对比。

表 4-1　软、硬 RDC 解调比较

	硬件 RDC	软件 RDC
带宽更改	范围小,选择有限	可大范围更改
相位滞后	较大	小
最大速度	受计数率限制	较高
噪声(同带宽条件)	小	大(依赖算法)
成本	高	低

对于滚仰半捷联导引头，滚转通道的动态范围大，因此在框架运动控制中，应尽可能减小测量器件的相位延迟，提高稳定平台的动态性能。

3. 执行器电机

滚仰半捷联导引头的框架采用直流力矩电机进行驱动，电气方程为

$$\left.\begin{aligned}&u_a = L_a\frac{\mathrm{d}i_a}{\mathrm{d}t} + i_a R_a + e_a\\&e_a = k_e\dot{\theta}\\&T_{em} = k_T i_a\end{aligned}\right\}\tag{4-14}$$

其中，u_a 为励磁电压；i_a 为电机电流；$\dot{\theta}$ 为电机转速；R_a 为电枢电阻；L_a 为电枢电感；k_e 为电机反电动势系数；k_T 为电机力矩系数；T_{em}为电机输出力矩。

将框架静不平衡力矩、框架间耦合力矩等视作平台运动的干扰力矩，则电机和平台负载的力矩平衡方程为

$$T_{em} = K_f\dot{\theta} + T_d + J\ddot{\theta}\tag{4-15}$$

式中：K_f 为黏滞摩擦因数；T_d 为干扰力矩；J 为电机和负载的转动惯量。

记 $\dot{\theta}$ 的拉氏变换为 $\Omega(s)$，u_a 的拉氏变换为 $U_a(s)$，则联立式(4－14)和式(4－15)可得电机驱动平台的传递函数为

$$\frac{\Omega(s)}{U_a(s)} = \frac{k_T}{(L_a s + R_a)(Js + K_f) + k_T k_e}$$

4.3.2 半捷联平台回路设计校正方法

滚仰半捷联导引头稳定平台的控制，本质上是力矩电机的转动控制，与伺服电机控制类似，跟随的指令信号是角度或角速度信号，被控对象属于自平衡系统且存在纯积分环节。对于角度控制回路和跟踪回路的校正设计，一般将其设计为多环路控制系统，根据内模控制设计原理，先将角速度回路(速度稳定回路)作为内回路进行校正设计，满足相关设计指标要求后，再对外回路即角度回路(跟踪回路)进行校正设计。

对回路进行校正设计时，常采用经典控制理论常用的方法，如 PID 校正设计、超前滞后校正，以及上述设计叠加等方法。

1. 角控制回路设计

导引头角控制回路的设计就是让导引头稳定平台框架跟随角度指令。一般可使用的反馈信号包括角速度和角度信息。从控制系统设计的角度来说，为提

高角控制回路的动态响应能力，需要将该回路校正设计为多环路控制系统。首先设计角速度回路校正网络 $C_1(s)$，形成角速度闭环回路，提高系统角速度响应能力，在此基础上设计角控制滞后校正网络 $C_2(s)$，最终完成整个回路设计。如图 4－10 所示，其中，$G_1(s)$由功率放大器、伺服电机和负载组成；$H(s)$为框架角度和角速度测量传递函数；$D_1(s)$是由摩擦等干扰力矩的等效干扰传递函数。

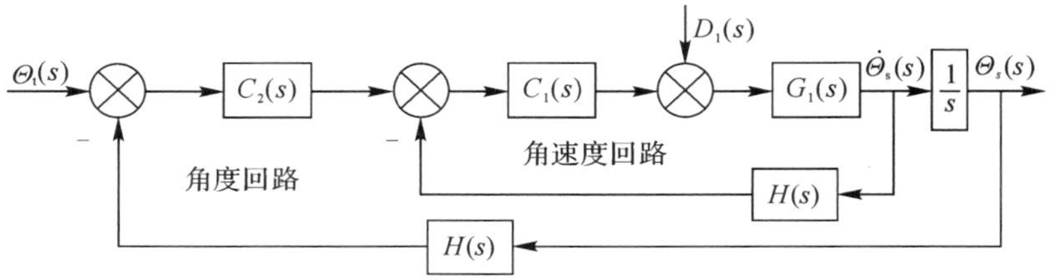

图 4－10　角控制回路结构图

根据导引头平台系统对跟随角度信号的需求，将控制系统设计成Ⅰ型或Ⅱ型系统。在角控制回路中，因为已经存在积分环节，一般校正网络 $C_1(s)$和 $C_2(s)$都采用 PI 或滞后校正，提升系统的低频增益，提高系统动态响应快速性和精度。同时为了避免系统动态响应的超调过大，可加入微分或超前环节来补偿相位滞后。

在各环路的确定校正网络参数过程中，也需要考虑系统的稳定裕度，稳定裕度的大小根据工程经验和系统参数在不同工作环境下的变化幅度来确定。一般根据伺服系统的工程经验，相位裕度建议不小于30°。

2. 目标跟踪回路设计

对于目标跟踪回路来说，由于导引头需要稳定光轴，其内环路的构成是稳定回路，外环路即角跟踪回路的前向通道中包含了探测成像系统和图像信息处理系统。目标跟踪控制回路的结构框图如图 4－11 所示。

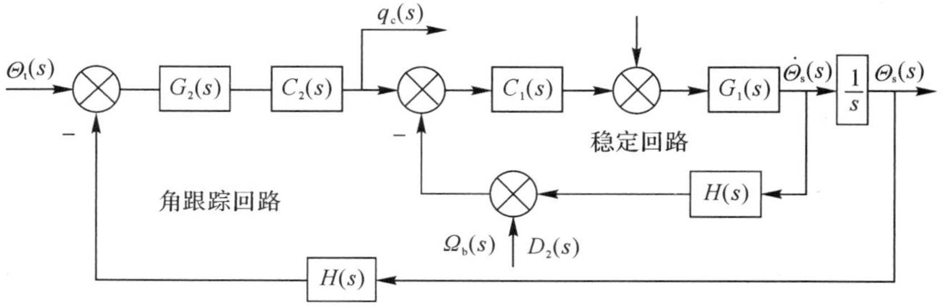

图 4－11　目标跟踪回路结构图

图 4－11 中，$C_1(s)$为稳定回路校正网络；$C_2(s)$为跟踪回路滞后校正设计；$G_2(s)$为探测成像系统和图像信息处理系统等效的传递函数；$D_2(s)$为弹体惯测陀螺的传递函数。

对于滚仰半捷联稳定平台来说，根据前述章节分析和控制框图，稳定回路的反馈构成与角速度回路一致，但稳定平台不仅要快速响应角速度信号，还需要考虑对摩擦等干扰信号的抑制，即要满足导引头平台的隔离度要求。导引头平台干扰力矩作用下的内回路的传递函数为

$$\frac{\Omega(s)}{D_1(s)}=\frac{1}{C_1(s)}\frac{C_1(s)G_1(s)}{1+C_1(s)G_1(s)H(s)}=\frac{1}{C_1(s)}\Phi_{\text{inner}}(s)$$

在内回路频带以内，$\Phi_{\text{inner}}(s)$的幅值近似为 1。由上面的分析可知，在稳定回路中，尽量提高校正网络 $C_1(s)$的低频段增益，既可以提高角速度快速响应，又可以降低干扰影响，即提高平台隔离度，二者的设计需求是一致的。因此在稳定回路中使用合理的校正网络可以在尽量不影响导引头快速性的情况下，提高导引头的抗干扰能力，改善导引头的隔离度水平。

设计校正 $C_1(s)$时，通常采用 PI 或滞后校正网络。为了进一步提高导引头隔离度，参考已有文献方法，可采用双 PI 等校正网络，进一步提高角速度回路的低频段增益，或者采用干扰观测器(DOB)补偿等干扰抑制方法。

对于角跟踪回路，前向通道中包含了探测成像系统和图像信息处理系统。一般将探测成像系统和图像信息处理系统的传递函数 $G_2(s)$等效为一个纯时延环节，其校正网络 $C_2(s)$的设计需要补偿纯时延带来的相位滞后，因此常此采用 PID 或者超前滞后网络。其作用主要是减小视线角速度输入时的跟踪静差，同时校正网络可以在目标作大机动时(产生视线角加速度指令)保持光轴和视线的角偏差不发散，避免了跟踪时目标出视场而丢失目标。

3. 基于制导信息的角跟踪回路

前述的角跟踪回路设计中，系统闭合主要基于光轴和视线的角偏差。如果通过目标状态估计(TSE)方法获得视线角速度信息(在本书后面章节有相应描述)，则可基于此设计类似前馈的角跟踪回路。

将估计的视线角速度信息引入速度环，与前馈类似，作为速度回路的输入，其通道增益比例系数为 1。同时将滤波估计的视线角偏差作为跟踪回路偏差信号，并设计相应的控制器。采用 TSE 时，控制系统跟踪框图如图 4－12 所示。

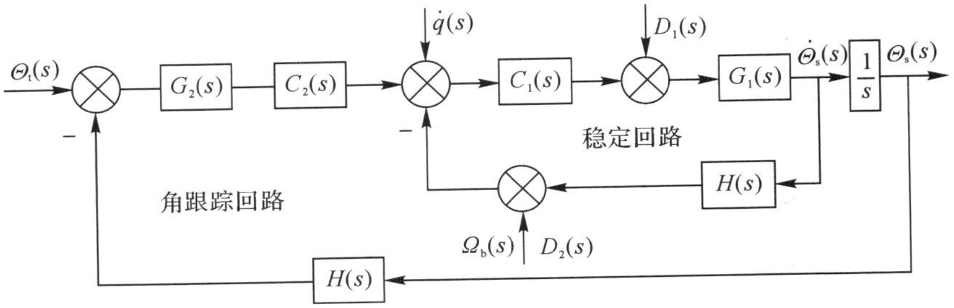

图 4 - 12　基于目标状态估计的目标跟踪回路框图

该类型回路的校正设计原则与之前类似，主要变化在于对角跟踪回路校正网络 $C_2(s)$的设计，其设计在此具有一定灵活性。由于类前馈的存在，对于角速度和角加速度的响应速度大大提高，同时角跟踪回路校正网络 $C_2(s)$的增益降低，这使得系统对于视线偏差角的敏感度降低，有利于导引头在干扰状态下的目标跟踪稳定性。

4.4　滚仰半捷联导引头过顶控制

4.4.1　过顶问题与影响

对于滚仰半捷联导引头来说，稳定平台采用极坐标的结构形式。

从式(4 - 11)可以看出，当离轴角接近 0 时，外环通道跟踪指令 $\Delta\gamma_s$ 的值较大，外环框架难在短时间内响应指令需求，造成较大跟踪误差，目标远离导引头视场中心甚至可能移出视场。另外，从式(4 - 13)可以看出，当 $\sin(\theta_s+\varepsilon_z)$的值在 0 附近波动时($\varepsilon_y\neq0$)，外环通道跟踪指令的值出现奇异性，在90°和－90°之间跳变。这二者都属于跟踪过程中的“过顶”控制问题。

由式(4 - 2)，当离轴角逐渐接近 0 时，为了保持光轴稳定要求外环框架相对转速 $\dot{\gamma}_s$ 急剧增加，趋向无穷大，所需的外环框架角增量也接近90°。实际电机驱动能力是有限的，不能满足稳定跟踪的需要是过顶问题产生的根源。

无论从滚仰半捷联导引头的稳定指令还是跟踪指令来看，在小离轴角区域，即内环框架角 θ_s 接近 0 时，稳定平台对外环框架的转速要求极高，而电机能提供的最大转速有限，因此在该区域会形成过顶稳定跟踪“盲区”。从本质上来说，稳定与跟踪的需求是一致的。通常可以将 0 离轴角区域定义为过顶区域，可将其分为稳定过顶区域和跟踪过顶区域。

1)稳定过顶区域:光轴稳定对外环电机要求无穷大的转速,因此稳定平台成像的过顶稳定盲区一定存在,不可消除。从稳定的需求来说,该区域是平台成像盲区。其盲区大小与电机能力、成像系统的积分时间、系统探测器分辨率和平台外扰等因素相关,其中电机能力和成像系统参数是决定稳定平台稳定能力的因素。一般来说,由于探测成像系统的积分时间较小,稳定过顶盲区较小,对导引头的影响相对较小。

2)跟踪过顶区域:尽管目标的跟踪对外环电机的需求有限,但要求短时间内外框架角度增量较大,电机转速需求也极高,实际上外环电机也难以满足要求。在该区域可能出现,目标在跟踪过程中,由于框架不能及时响应指令需求,从而造成目标脱离导引头视场,形成跟踪盲区。

跟踪盲区意味着导引头光轴不能实时跟踪目标,存在一定误差。如果在盲区内形成的角偏差大于导引头的瞬时视场,则会造成目标丢失。由于红外导引头的瞬时视场相对较小,因此必须有一定的控制策略缩小过顶跟踪盲区,使得导引头能够在过顶盲区内保持目标在视场内,从而提高导引头目标跟踪能力。

4.4.2 过顶控制策略

对滚仰式两轴平台来说,过顶问题是不可避免的。主要有两大解决方向:一类是结构倾斜过顶,即采用不同的结构将平台预偏一定角度,避开过顶盲区。另一类是程序过顶,即根据目标运动轨迹,引导平台在过顶区域内按照预定轨迹进行跟踪。

结构倾斜主要有两种方法,即轴倾斜法和增加框架轴法。轴倾斜方法是倾斜其中一根轴(俯仰或偏航轴),可采用固定倾斜轴或可调整倾斜轴。其基本思路是当目标经过过顶区域时,倾斜的角度使得平台避开过顶盲区,以保证目标的平稳跟踪。这种方法本质上是将过顶盲区移位,不能从根本上解决过顶问题。对用于跟踪机动目标的导引头而言,目标可能随机地出现在导引头的任意框架角位置,因此采取倾斜安装导引头的方案并不可行。

增加框架轴法是增加一个自由度框架。在过顶区域,使用增加的框架采用常规方法跟踪目标,这样将增大导引头的直径和结构复杂度,对空空导弹小型化低成本的发展趋势来说,也不可行。

上述方法需要更改增加硬件,而采用算法等软件技术来辅助过顶,即程序过顶方法。其基本思路就是,在跟踪盲区之外,导引头平台正常跟踪,在进入过顶盲区时,根据目标轨迹预先设定平台跟踪轨迹,快速穿越过顶盲区,之后重新进行目标捕获跟踪,最大限度减小目标丢失的时间。使用该方法时,一般目标运动轨迹已知,或者能够进行实时预测,不适合跟踪大机动目标,同时在盲区内仍然有丢失目标的可能性。

综合上述分析，在有限的结构空间内，无法增加相应硬件结构，同时由于跟踪目标存在很大机动性，因此滚仰半捷联导引头解决过顶问题仍依靠算法实现，其要求是保证导引头在工作过程中，目标始终处于视场内。由于滚仰半捷联稳定平台在过顶区域时，外环框架的转动速度非常大，需要采用逻辑控制策略来减小过顶盲区，降低对导引头稳定和跟踪的影响。本章介绍两种有效的过顶策略。

1. 区域划分过顶策略[6-8]

在滚仰半捷联导引头跟踪目标过程中，根据导引头及目标运动状态所处阶段的不同，将导引头跟踪区域划分为非过顶区域、过顶到非过顶的过渡区，以及过顶区域。而导引头在不同的区域则采取不同的控制策略来完成导引头的控制。

控制策略是根据对导引头外环通道最大滚转能力的限制来进行划分的，外环通道的最大滚转速度仅受到机电系统自身滚转能力的限制，在此假设滚转通道执行机构的最大滚转角速度为 ω_{m_max}。即在非过顶区域采取正常控制，在过顶到非过顶的过渡区采取控制策略Ⅰ，在过顶区域采取控制策略Ⅱ，如图 4 - 13 所示。

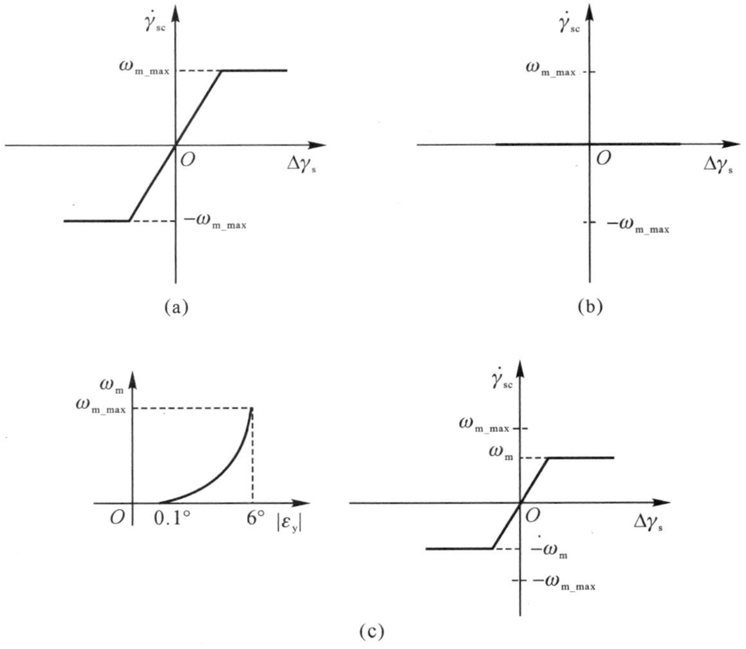

图 4 - 13　导引头过顶控制策略

(a)正常控制；(b)控制策略Ⅰ；(c)控制策略Ⅱ

1)正常控制：此时的控制系统与传统的稳定平台控制一样；

2)控制策略Ⅰ：导引头在此控制策略约束下外环框架不产生运动，此时限制外环通道框架的转速为0；

3)控制策略Ⅱ：导引头外环通道最大滚转能力 $\dot{\gamma}_s$ 受到限制，即 $0 \leqslant \dot{\gamma}_s \leqslant \omega_{m\_max}$，且 $\dot{\gamma}_s$ 是关于视线角偏差 $|\varepsilon_y|$ 的单调递增函数。

根据测量或解算得到的内框转角信息(离轴角)、目标运动速度信息以及视线偏差角的大小就可以构造出过顶控制所需的各种分段条件，设计外环通道的过顶控制器，实施不同的控制策略，实现小离轴条件下对目标的有效跟踪。图4-14给出采用该策略的过顶控制器结构示意图。

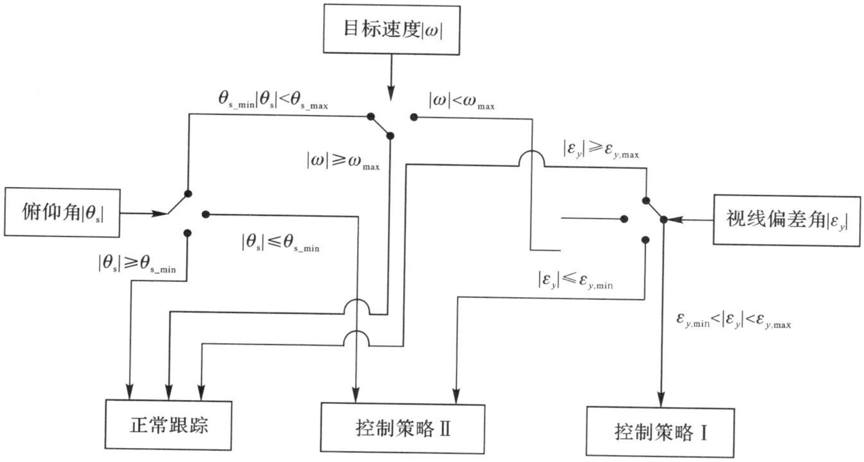

图4-14　过顶控制器结构示意图

图4-14中，用于逻辑判断的内框角位置信号(离轴角)θ_s 由内环框架的角度传感器测量；视线偏差信号 ε_y 由探测器量测并经式(4-3)转换得到；目标运动速度信号 $\boldsymbol{\omega}$(视线相对于弹体的角速度在弹体系中的投影)由下式进行计算：

$$\boldsymbol{\omega} = \boldsymbol{C}_g^m \dot{\boldsymbol{q}}_{gs} - \boldsymbol{\omega}_m$$

其中，$\boldsymbol{C}_g^m$ 为惯性系到弹体系之间的坐标旋转矩阵；$\dot{\boldsymbol{q}}_{gs}$ 为惯性系下的弹目视线角速度；$\boldsymbol{\omega}_m$ 为惯导陀螺测量的弹体角速度信息。

根据以上分析，则有在非过顶区域采取正常控制，在过顶到非过顶的过渡区采取控制策略Ⅰ，在过顶区域采取控制策略Ⅱ，整个控制器的具体决策条件如下：

1)正常控制：该策略下，外环位置指令将受到伺服机构能提供的最大跟踪角速度限幅。当内环框架角大于规定的内环角度上限时，目标离弹轴足够远，即远离过顶盲区，此时微小视线角偏差产生的外环框架跟踪误差能够被接受，导引头外环通道采取正常控制的状态，即外环通道此时只受其机电系统本身约束。

当内环框架角介于规定的上下限之间且目标相对于导弹的运动速度大于规定的上限值，或者目标运动速度小于规定的上限值，但是视线角偏差大于规定的上限值时，导引头外环通道采取正常控制的状态，依靠系统最大的转速运动来抑制目标的丢失。

2)控制策略Ⅰ：当俯仰框架角介于规定的俯仰角度上下限之间，目标相对于导弹的运动速度小于规定的上限值，并且视线偏差角介于规定的上下限之间时，随着偏航视线偏差角的增加，需要放宽滚转通道最大滚转能力的限制(即最大滚转角速度 ω_{m_max} 是偏航视线偏差角的增函数)，通过对角速度限幅来减小目标丢失的概率。

3)控制策略Ⅱ：当内环框架角小于规定的内环角度下限值，同时目标相对于导弹的运动速度小于规定的上限值，且视线角偏差小于规定的下限时，视线角偏差的一个微小变化都会引起外环框架的快速旋转。此时导引头外环通道即使不响应也不会对目标的跟踪产生较大影响，因此可以强制外环框架不产生滚转运动。

表 4－2 给出了一组典型的控制策略条件。

表 4－2　采用奇异性控制策略所需的逻辑判断条件

	逻辑判断条件
正常控制	$\lvert\theta_s\rvert>6°$
	$\lvert\theta_s\rvert\geqslant6°$，$\lvert\omega\rvert>45°/s$
	$\lvert\theta_s\rvert\leqslant6°$，$\lvert\omega\rvert\leqslant45°/s$，$\lvert\varepsilon_y\rvert>1°$
控制策略Ⅰ	$\lvert\theta_s\rvert\leqslant6°$，$\lvert\omega\rvert\leqslant45°/s$，$\lvert\varepsilon_y\rvert\leqslant1°$
控制策略Ⅱ	$\lvert\theta_s\rvert\leqslant6°$，$\lvert\omega\rvert\leqslant45°/s$，$0.1°<\lvert\varepsilon_y\rvert\leqslant1°$

2. 程序规划过顶策略[9]

从策略来看，过顶区域中所面临的主要问题是外环框架指令的变化。理想条件下，目标经过过顶区域时，假定弹目相对运动平缓，则满足稳定跟踪需要的理想外环框区域划分过顶框架角的变化如图 4－15(a)所示，越接零离轴角区域(内环框架角在 0°附近)，外环框架角度的变化越剧烈。图中虚线代表了导引头外环电机的实际转速，其有最大上限值。图中描述了在实时稳定跟踪策略下的滚转需求与电机能力。外环框架角速度指令随内环框架角的减小而迅速增大，超出外环电机最大速度时，后续外环框架角误差将持续扩大，此时视线角偏差也随之增大。

类似区域划分过顶跟踪控制方法，将导引头按照程序规划的路径运动，即在进入过顶盲区前某一时刻，外环框架按照设定运动，脱离过顶盲区后，恢复正常跟踪，如图 4-15(b)所示。提前在某一时刻预置外环电机最大转速，此时产生超前的视线角偏差，随后经过某个时刻，会形成滞后的视线角偏差。冲过过顶盲区后，外环电机能力与指令相符，恢复正常跟踪。在这个过程中，视线偏差角会大大减小，从而平台能够获得良好的跟踪性能。

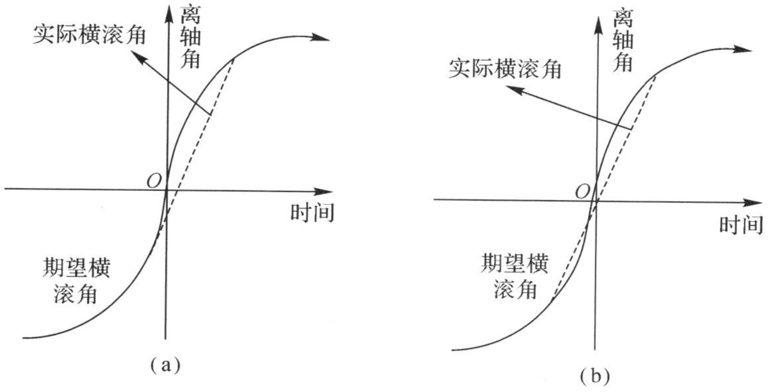

图 4-15 过顶跟踪策略示意图

(a)正常实时跟踪策略；(b)程序预置速度跟踪

上述策略结合目标运动趋势，通过提前增大外环电机转速、减小过顶区域视线角偏差，尽可能保证目标停留在视场中，可提高滚仰半捷联导引头的过顶跟踪适应能力。

4.5 半捷联导引头新型控制器设计

空空导弹在对高速机动目标进行跟踪攻击时，除了受到弹体姿态运动之外，还受到自身发动机的振动、外部高速气流的冲击和气动力的扰动作用，使弹体处于复杂的振动和摆动状态。这种剧烈的弹体姿态变化会对滚仰半捷联导引头的稳定控制产生严重影响，使得常规的 PID 控制方法难以满足精度要求。针对滚仰式捷联稳定平台工作环境恶劣、常规控制方法难以满足要求的问题，近年来将模糊控制、神经网络控制或者将智能控制与经典控制相结合的智能控制方法运用于导引头的稳定和跟踪控制，这能够有效解决滚仰式捷联导引头对高速机动目标的稳定跟踪问题。

4.5.1 模糊 PID 控制器设计

导引头位置回路校正环节采用二维自适应模糊 PID 控制器，以受控变量和输入给定值的误差 e 和误差变化 $\dot{e}$ 作为输入，设计模糊控制规则，运用模糊推理实现对 PID 参数的最佳调整。自适应模糊 PID 控制器结构如图 4-16 所示。

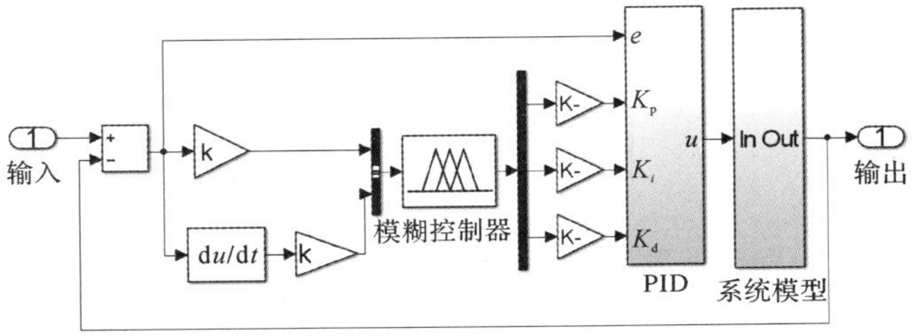

图 4-16　自适应模糊 PID 控制器仿真模型

模糊控制器有 2 个输入，其中输入 e 为导引头稳定平台框架角误差，论域范围为[−6,6]；输入 $\dot{e}$ 为框架角误差的微分，论域范围为[−10,10]。3 个输出分别为 ΔK_p，ΔK_i 及 ΔK_d，其中 ΔK_p 的论域为[−6,6]，ΔK_i 的论域范围为[−0.06,0.06]，ΔK_d 的论域范围为[−0.3,0.3]。将输入及输出分为 7 个模糊集：负大(NB)，负中(NM)，负小(NS)，零(ZO)，正小(PS)，正中(PM)，正大(PB)。将输入和输出的变化划分为 7 个等级，即{0,±1,±2,±3}。输入和输出均采用三角形隶属度函数曲线，反模糊化方法采用重心法。

模糊控制规则是自适应模糊 PID 控制器的关键，设计模糊控制规则需要考虑框架角误差和框架角误差的变化趋势。其控制原则是误差较大时需尽快消除误差，误差较小时以保证系统稳定性为主。据此得模糊控制理论的整定规则如下：

1)当 e 与 $\dot{e}$ 符号相同时，误差 e 在向绝对值增大的方向变化。若 $|e|$ 较大，应提高系统的相应速度，取较大 K_p，为防止系统响应出现较大超调、避免积分饱和，应取较小 K_i，为减少干扰及避免微分过饱和应取较小 K_d。若 $|e|$ 较小，可采用一般控制，取中等 K_p、较大 K_i 和较小 K_d，以提高系统的稳态性能。

2)当 e 与 $\dot{e}$ 符号相反时，误差 e 在向绝对值减小的方向变化。若 $|e|$ 较大，应迅速减小误差 e，取中等 K_p、较小 K_i 和中等 K_d。若 $|e|$ 较小，取较小 K_p、较大

K_i 和较小 K_d，以提高系统的稳态性能，避免震荡。

据此可得 ΔK_p，ΔK_i 及 ΔK_d 的模糊控制规则，如表 4－3～表 4－5 所示。

表 4－3　ΔK_p 模糊控制规则表

$\dot{e}$	NB	NM	NS	ZO	PS	PM	PB
NB	PB	PB	PM	PM	PS	ZO	ZO
NM	PB	PB	PM	PS	PS	ZO	NS
NS	PM	PM	PS	PS	ZO	NS	NS
ZO	PM	PS	PS	ZO	NS	NS	NM
PS	PS	PS	ZO	NS	NS	NM	NM
PM	PS	ZO	NS	NS	NM	NB	NB
PB	ZO	ZO	NM	NM	NM	NB	NB

表 4－4　ΔK_i 模糊控制规则表

$\dot{e}$	NB	NM	NS	ZO	PS	PM	PB
NB	NB	NB	NM	NM	NS	ZO	ZO
NM	NB	NB	NM	NS	NS	ZO	ZO
NS	NM	NM	NS	NS	ZO	PS	PS
ZO	NM	NS	NS	ZO	PS	PS	PM
PS	ZO	NS	ZO	ZO	PS	PM	PB
PM	ZO	ZO	ZO	PS	PM	PB	PB
PB	ZO	ZO	PS	PS	PM	PB	PB

表 4－5　ΔK_d 模糊控制规则表

$\dot{e}$	NB	NM	NS	ZO	PS	PM	PB
NB	PS	NS	NB	NB	NB	NM	PS
NM	PS	NS	NB	NM	NM	NS	ZO
NS	ZO	NS	NM	NM	NS	NS	ZO
ZO	ZO	ZO	NS	NS	NS	ZO	ZO
PS	PM	ZO	ZO	ZO	ZO	ZO	PM
PM	PB	NS	PS	PS	PS	PS	PB
PB	PB	PM	PM	PM	PS	PS	PB

根据滚仰半捷联导引头的稳定与跟踪原理，建立具体模型进行仿真，对滚仰半捷联导引头的稳定与跟踪性能分别进行验证。所建模型如图 4－17 所示。

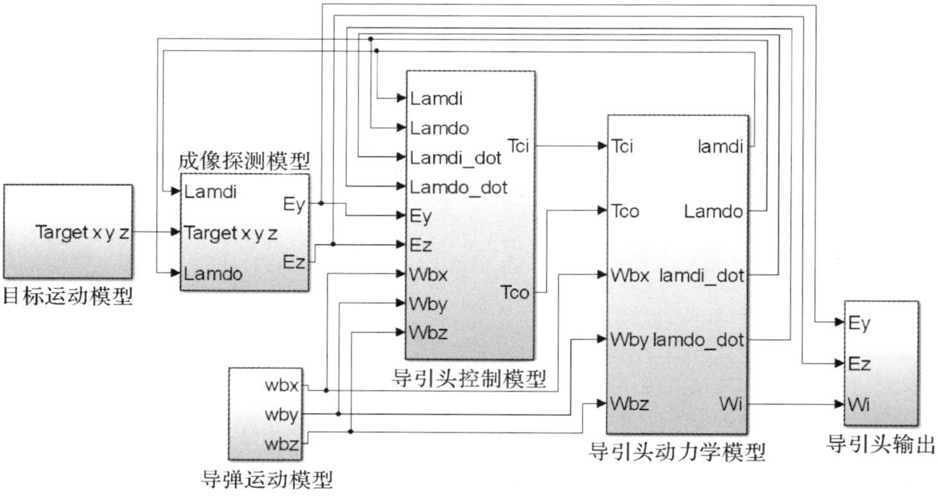

图 4－17　滚转半捷联导引头仿真模型

仿真条件 1：滚仰半捷联导引头稳定平台框架角误差分别给定 1°和 5°的阶跃信号，导引头跟踪系统的阶跃响应曲线如图 4－18 和图 4－19 所示。作为比较，图中同时给出了采用 PID 控制器的导引头跟踪系统响应。从图中可以看出 PID 和模糊自适应 PID 控制器的动态特性，如超调量 $\sigma(\%)$、调解时间 t_s、上升时间 t_r，具体见表 4－6。由表 4－6 可以看出，模糊自适应 PID 控制器与传统 PID 控制器相比，其响应调节时间和上升时间较短，阶跃响应的超调量小，动态性能好。

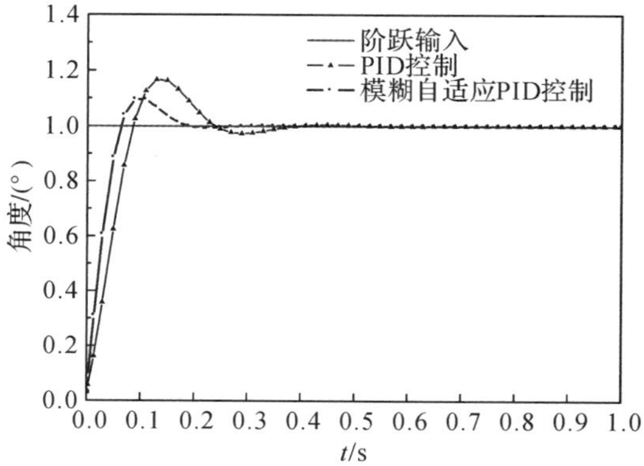

图 4－18　导引头跟踪系统的阶跃响应曲线(1°)

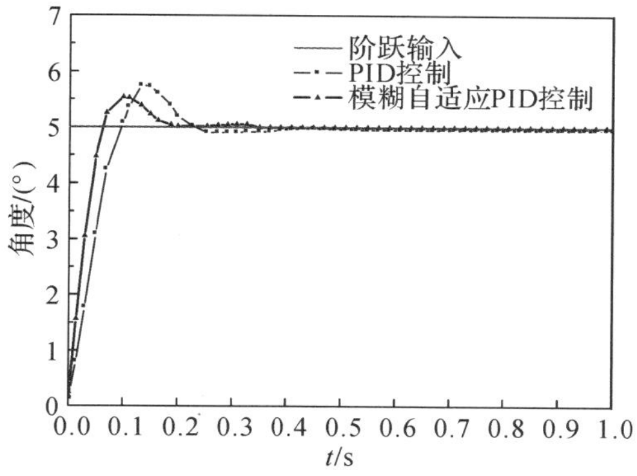

图 4-19 导引头跟踪系统的阶跃响应曲线(5°)

表 4-6 PID 和模糊自适应 PID 控制器动态性能比较

控制系统	输入误差信号/(°)					
	1			5		
	$\sigma(\%)$	t_s/s	t_r/s	$\sigma(\%)$	t_r/s	t_r/s
PID	19	0.27	0.09	18	0.31	0.10
模糊自适应 PID	15	0.13	0.05	14	0.13	0.06

4.5.2 基于 BP 神经网络的捷联导引头控制系统设计

神经网络在控制系统中的应用,提高了控制系统的智能水平和适应能力,且神经网络可以逼近任意的非线性映射关系,能够为非线性系统及不确定系统的控制提供一种有效方法。基于 BP 神经网络的 PID 控制策略,结合了神经网络控制的优点,可以使稳定平台伺服控制系统具有更高的精度和更好的鲁棒性。

PID 控制是模拟控制系统中控制器最常用的控制规律,它根据参考输入 $r_{in}(t)$ 与实际输出 $y_{out}(t)$ 的偏差 $e(t)=r_{in}(t)-y_{out}(t)$ 来构造控制量,即

$$u(t)=k_p\left[e(t)+\frac{1}{T_i}\int_0^t e(t)\mathrm{d}t+T_d\dot{e}(t)\right]$$

其中,k_p 为比例系数;T_i 为积分时间常数;T_d 为微分时间常数。经典增量式数字 PID 的控制算法为

$$\left.\begin{aligned}\Delta u(k)&=u(k-1)+k_p[e(k)-e(k-1)]+k_i e(k)+k_d[e(k)-2e(k-1)+e(k-2)]\\u(k)&=u(k-1)+\Delta u(k)\end{aligned}\right\}\tag{4-16}$$

式中：k_p、k_i、k_d 分别为比例、积分、微分系数，是 PID 控制器的可调参数。

PID 控制通过调整输入-输出误差量的比例、积分和微分三种控制作用，形成既相互配合又相互制约的控制关系，目的是找出其中最佳的控制效果。采用 BP 神经网络可以通过对系统性能的学习，建立比例、积分、微分系数自学习的 PID 控制器，实现具有最佳组合的 PID 控制。基于 BP 神经网络的 PID 控制系统结构如图 4－20 所示。

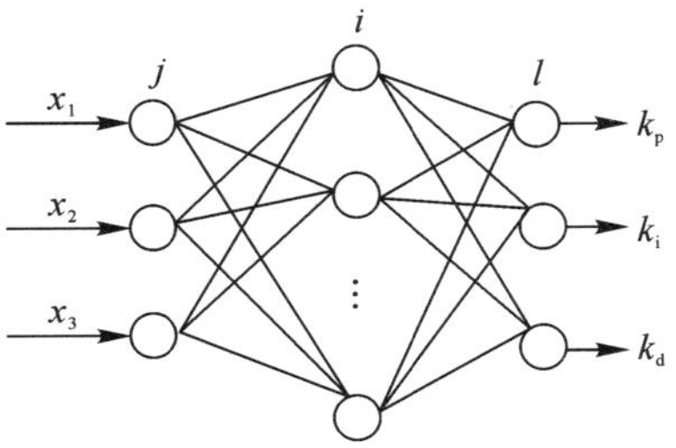

图 4－20　BP 神经网络结构

控制器由以下两部分构成：

1）PID 控制器。直接对被控对象进行闭环控制，在线调整 k_p、k_i、k_d 三个参数。

2）神经网络。根据控制系统的运行状态调节 PID 控制器的参数，通过加权系数的调整、神经网络的自学习，使控制系统达到某种性能指标的最优化，并且使输出层神经元的输出状态对应于 PID 控制器的三个可调参数。

采用三层 BP 神经网络，其结构形式如图 4－20 所示，约定上角标（1）和（2）和（3）分别表示输入层、隐含层和输出层。

设 BP 网络输入层有 M 个神经元，每个节点的输入 $O_j^{(1)}$ 为

$$O_j^{(1)} = x_j(k) j = 1,2,\cdots,M \tag{4-17}$$

设 BP 网络隐含层有 Q 个神经元，每个节点的输入 $\mathrm{net}_i^{(2)}(k)$ 和输出 $O_i^{(2)}(k)$ 为

$$\left.\begin{aligned} \mathrm{net}_i^{(2)}(k) &= \sum_{j=0}^{M} w_{ij}^{(2)} O_j^{(1)} \\ O_i^{(2)} &= f[\mathrm{net}_i^{(2)}(k)] \quad i = 1,2,\cdots,Q \end{aligned}\right\} \tag{4-18}$$

其中，$w_{ij}^{(2)}$ 为隐含层的加权系数。隐含层神经元的活化函数 $f(x)$ 取为对称的 Sigmoid 函数：

$$f(x) = \frac{\mathrm{e}^x - \mathrm{e}^{-x}}{\mathrm{e}^x + \mathrm{e}^{-x}} \tag{4-19}$$

BP 网络输出层有三个神经元，每个节点的输入 $\mathrm{net}_l^{(3)}(k)$ 和输出 $O_l^{(3)}(k)$ 为

$$\left.\begin{aligned} \mathrm{net}_l^{(3)}(k) &= \sum_{i=1}^{Q} w_{li}^{(3)} O_i^{(2)} \\ O_l^{(3)}(k) &= g[\mathrm{net}_l^{(3)}(k)], l=1,2,3 \end{aligned}\right\} \tag{4-20}$$

其中，$w_{li}^{(3)}$为输出层的加权系数。输出层神经元的活化函数 $g(x)$ 取为非负的 Sigmoid 函数：

$$g(x)=\frac{\mathrm{e}^{x}}{\mathrm{e}^{x}+\mathrm{e}^{-x}}$$

控制器的三个可调参数分别对应 BP 网络输出层的输出节点，即

$$\left.\begin{aligned} k_\mathrm{p} &= O_1^{(3)}(k) \\ k_i &= O_2^{(3)}(k) \\ k_d &= O_3^{(3)}(k) \end{aligned}\right\} \tag{4-21}$$

取神经网络的性能指标函数为

$$E(k)=0.5\,[r_\mathrm{in}(k)-y_\mathrm{out}(k)]^2 \tag{4-22}$$

采用梯度下降法来修正神经网络的加权系数，即按照 $E(k)$ 对网络加权系数的负梯度方向搜索调整，同时附加一个使搜索快速收敛全局极小的惯性项，如下：

$$\Delta w_{li}^{(3)}(k)=-\eta\frac{\partial E(k)}{\partial w_{li}^{(3)}(k)}+\alpha\Delta\, w_{li}^{(3)}(k-1) \tag{4-23}$$

式中：$i=1,2,\cdots;Q,l=1,2,3$；η 为学习速率；α 为惯性系数；$\frac{\partial E(k)}{\partial w_{li}^{(3)}(k)}$由下式计算：

$$\frac{\partial E(k)}{\partial w_{li}^{(3)}(k)}=\frac{\partial E(k)}{\partial y(k)}\cdot\frac{\partial y(k)}{\partial \Delta u(k)}\cdot\frac{\partial \Delta u(k)}{\partial O_l^{(3)}(k)}\cdot\frac{\partial O_l^{(3)}(k)}{\partial \mathrm{net}_l^{(3)}(k)}\cdot\frac{\partial \mathrm{net}_l^{(3)}(k)}{\partial w_{li}^{(3)}(k)} \tag{4-24}$$

由式(4－20)可得

$$\frac{\partial \mathrm{net}_l^{(3)}(k)}{\partial w_{li}^{(3)}(k)}=O_i^{(2)}(k) \tag{4-25}$$

式(4－24)中$\frac{\partial y(k)}{\partial \Delta u(k)}$未知，可以用符号函数 $\mathrm{sgn}\left[\frac{\partial y(k)}{\partial \Delta u(k)}\right]$近似，通过调整学习速率 η 来补偿计算不精确的影响。由式(4－16)和式(4－21)，可以求得

$$\left.\begin{aligned} \frac{\partial \Delta u(k)}{\partial O_1^{(3)}(k)} &= e(k)-e(k-1) \\ \frac{\partial \Delta u(k)}{\partial O_2^{(3)}(k)} &= e(k) \\ \frac{\partial \Delta u(k)}{\partial O_3^{(3)}(k)} &= e(k)-2e(k-1)+e(k-2) \end{aligned}\right\} \tag{4-26}$$

综合式(4-23)~式(4-26)可得网络输出层加权系数 $\Delta w_{li}^{(3)}(k)$ 的学习算法：

$$\left.\begin{aligned}\Delta w_{li}^{(3)}(k) &= \alpha \Delta w_{li}^{(3)}(k-1) + \eta \delta_l^{(3)} O_i^{(2)}(k) \\ \delta_l^{(3)} &= e(k) \cdot \operatorname{sgn}\left[\frac{\partial y(k)}{\partial \Delta u(k)}\right] \cdot \frac{\partial u(k)}{\partial O_l^{(3)}(k)} \cdot \dot{g}[\mathrm{net}_l^{(3)}(k)]\end{aligned}\right\} \tag{4-27}$$

式中：$i=1,2,\cdots;Q,l=1,2,3$。

同理可得隐含层加权系数的 $\Delta w_{ij}^{(2)}(k)$ 学习算法：

$$\left.\begin{aligned}\Delta w_{ij}^{(2)}(k) &= \alpha \Delta w_{ij}^{(2)}(k-1) + \eta \delta_i^{(2)} O_j^{(1)}(k) \\ \delta_i^{(2)} &= \dot{f}[\mathrm{net}_i^{(2)}(k)] \sum_{l=1}^{3} \delta_i^{(3)} \Delta w_{li}^{(3)}(k)\end{aligned}\right\} \tag{4-28}$$

式中：$i=1,2,\cdots;Q,j=1,2,\cdots,M$。

基于 BP 神经网络的 PID 控制器结构如图 4-21 所示。

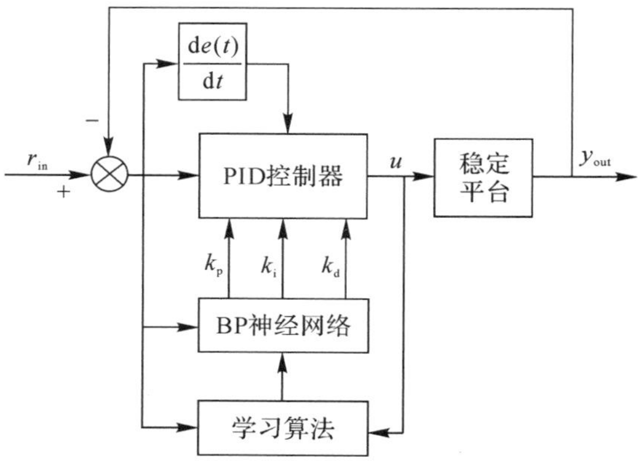

图 4-21　基于 BP 神经网络的 PID 控制器

基于 BP 神经网络的 PID 控制器的控制算法实现步骤如下：

1)确定 BP 神经网络的结构形式、输入层节点数和隐含层节点数，给出各层加权系数的初值，选定学习速率和惯性系数；

2)计算该时刻误差 $e(k)$；

3)计算神经网络各层神经元的输入、输出，输出层的输出即为 PID 控制器的三个可调参数；

4)计算控制器的输出 $u(k)$；

5)进行神经网络学习，在线调整加权系数，实现 PID 控制参数的自适应调整。

为了验证设计的神经网络控制器，当导引头稳定平台框架角误差给定 1°的阶跃信号时，导引头跟踪系统的阶跃响应曲线如图 4－22 所示。从图中可以看出基于 BP 神经网络的 PID 控制器与传统 PID 控制器相比，其响应调节时间由 0.23s 减小到 0.11s，上升时间由 0.08s 减小到 0.06s，阶跃响应的超调量由 20% 减小到 17%，由此可知基于 BP 神经网络的 PID 控制器的动态性能比常规 PID 控制器的动态性能优异。

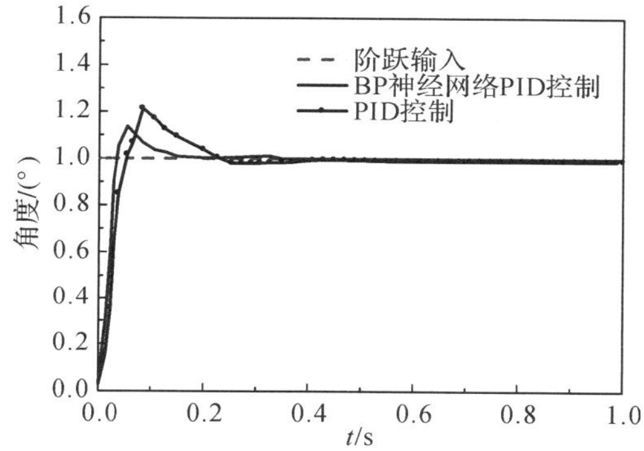

图 4－22　导引头跟踪系统的阶跃响应

在常规 PID 控制和基于 BP 神经网络 PID 控制作用下，输入信号为 $y_d = \sin 2\pi t$ 的输出响应如图 4－23 所示。由图可以看出基于 BP 神经网络的 PID 控制器的稳态跟踪误差为 0.03 rad，常规 PID 控制器的稳态跟踪误差为 0.1 rad。采用基于 BP 神经网络 PID 控制方法可以提高系统的跟踪精度。PID 控制器三个参数 k_p、k_i、k_d 在线整定示意图如图 4－24 所示。

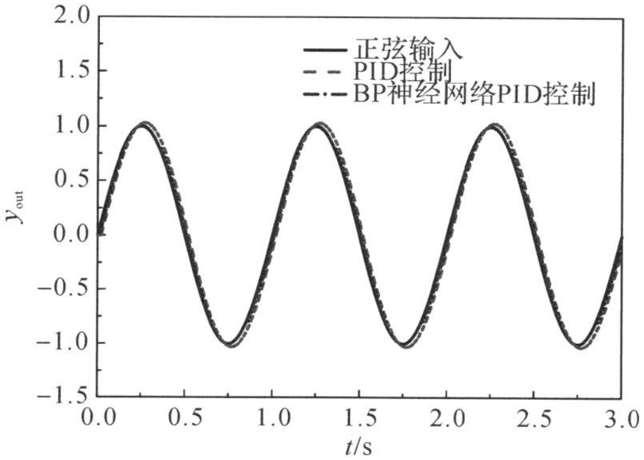

图 4－23　导引头跟踪系统的正弦输出响应

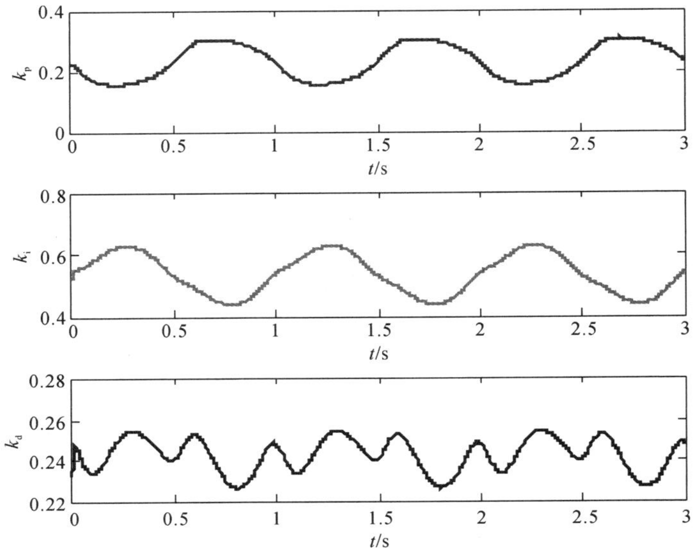

图 4-24　PID 控制参数在线整定示意图

导引头位置回路校正环节采用基于 BP 神经网络 PID 控制器，在导引头稳定与跟踪一体化仿真模型中，取目标运动方程为

$$\begin{cases} x_t = 6\ 000 \\ y_t = 500\sin 0.5t \\ z_t = 500\cos 0.5t \end{cases}$$

考察导引头对运动目标的跟踪性能。由图 4-25 和图 4-26 可知，在 0.1s 内导引头可完成对目标的稳定跟踪。可以看出目标始终在导引头视场内，导引头能稳定地跟踪目标。

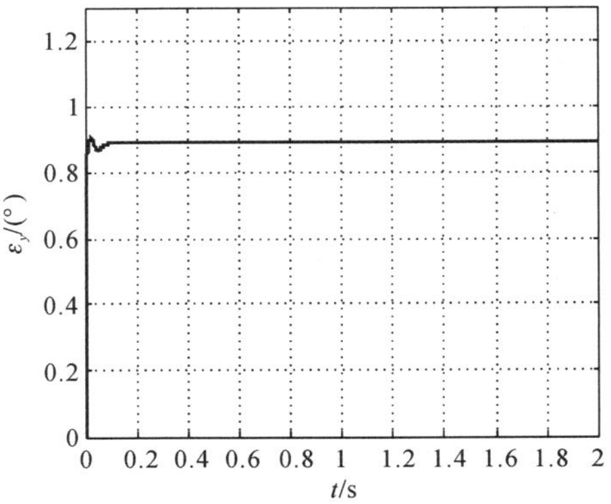

图 4-25　目标运动情况下视线角偏差 ε_y

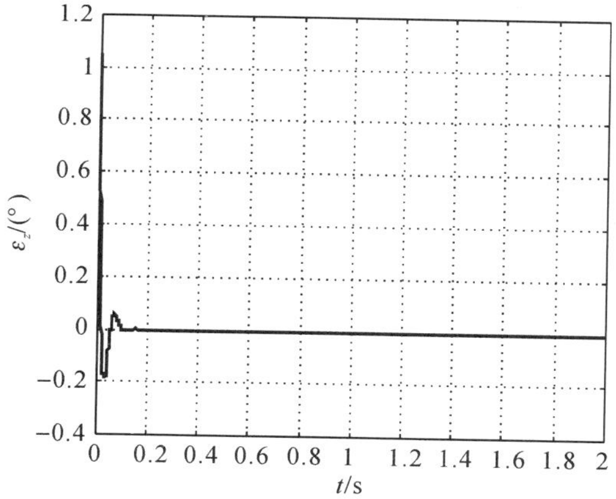

图 4-26 目标运动情况下视线角偏差 ε_z

参 考 文 献

[1]胡恒松，丁海山，花文涛，等. 滚仰式光学滑环的测角分析[J]. 红外技术，2015，37(10)：883-889.

[2]RUDIN R T. Strapdown stabilization for imaging seekers[C]//2nd Annual Interceptor Technology Conference. Albuquerque：AIAA SDIO，1993：1-10.

[3]秦继荣，沈安俊. 现代直流伺服控制技术及其系统设计[M]. 北京：机械工业出版社，2000.

[4]王志伟，祁载康，王江. 滚-仰式导引头跟踪原理[J]. 红外与激光工程，2008，37(2)：274-277.

[5]ELLIS G. 控制系统设计指南[M]. 北京：机械工业出版社，2016.

[6]ULRICH H，JUERGEN S，HARTMUT G. Seeker for target-tracking missiles：US6978965[P]. 2005-12-27.

[7]林德福，王志伟，王江. 滚-仰式导引头奇异性分析与控制[J]. 北京理工大学学报，2010，30(11)：1265-1269.

[8]姜湖海. 滚摆式导引头过顶跟踪策略控制研究[D]. 长春：中国科学院长春光机所. 2012.

[9]蒋力，苏秋萍. 目标过顶的程序跟踪控制技术[J]. 现代电子技术，2005，8：42-44.

第5章

滚仰半捷联导引头制导信息提取

在导弹攻击目标的过程中，导引头通过测量弹目的相对运动信息来产生惯性视线角速度，导弹控制系统利用视线角速度等导引信息对导弹进行精确制导，直至命中目标。因此，对于采用惯性视线角速度作为制导信息的制导方法而言，如何精确估计视线角速度是导引头的一个研究重点。

传统的速率陀螺稳定平台可以直接提取用于比例导引的视线角速度。而滚仰半捷联导引头保留了稳定平台的万向支架，但在平台框架上没有安装惯性器件，因此失去了直接测定视线角速度的能力，需要通过安装在飞控组件内的惯性测量单元输出的角速度信息以及导引头输出的平台框架信息，采用数学的方法提取视线角速度[1-4]。对于滚仰半捷联导引头来说，可采用视线角微分方法、视线角速度重构方法和卡尔曼滤波方法提取视线角速度。

5.1 视线角微分方法

视线角微分方法是根据滚仰半捷联导引头的运动学关系，得到视线角与弹体姿态角、框架角和视线偏差角之间的变换关系，进而求解得到视线角，再通过微分计算求解得到视线角速度信息。为了便于描述滚仰半捷联稳定平台在空间中的运动学关系，除了可采用前面章节里定义的惯性坐标系（地面坐标系）、弹体坐标系、外环坐标系、平台坐标系外，这里再定义如下视线坐标系：

视线坐标系 $O-x_s y_s z_s$：原点 O 取为位标器回转中心；Ox_s 轴与弹目视线重合，方向指向目标；Oy_s 位于 Ox_s 的垂面内；Oz_s 轴和 Ox_s 轴与 Oy_s 轴成右手系。

记视线在平台坐标系中的方位角为 ε_y，高低角为 ε_z。因为平台坐标系的 x 轴就是导引头光轴，所以根据空间几何关系，平台系绕 y 轴转 ε_y 角，再绕 z 轴转 ε_z 角，光轴即和视线重合。

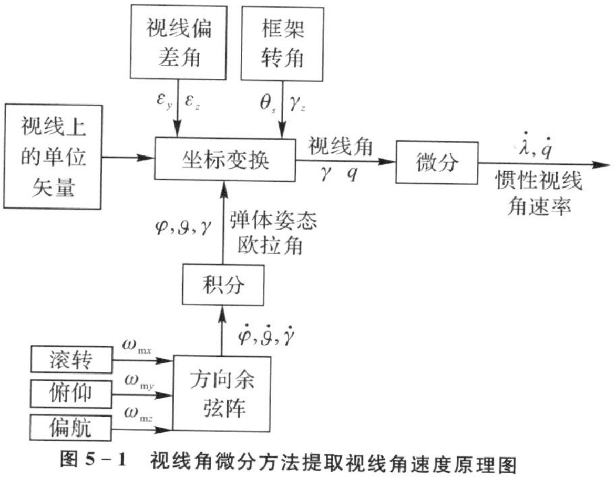

图 5－1　视线角微分方法提取视线角速度原理图

记视线在惯性坐标系中的方位角为 q，高低角为 λ。如果已知弹体姿态角、导引头稳定平台框架角和视线偏差角，就可以利用运动学关系求解得到视线角 (q,λ)，然后通过微分计算求解得到视线角速度信息。图 5－1 为半捷联导引头采用视线角微分方法提取视线角速率的原理图。

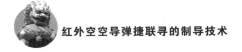

在弹体系中，弹体相对惯性系转动的角速度为 $\boldsymbol{\omega}_{\mathrm{m}}=[\omega_{\mathrm{m}_x},\omega_{\mathrm{m}_y},\omega_{\mathrm{m}_z}]^{\mathrm{T}}$，可以由惯导陀螺测量得到。弹体角速度和弹体姿态角满足下面关系：

$$\begin{bmatrix}\dot{\vartheta}\\ \dot{\varphi}\\ \dot{\gamma}\end{bmatrix}=\frac{1}{\cos\vartheta}\begin{bmatrix}0 & \cos\vartheta\sin\gamma & \cos\vartheta\cos\gamma\\ 0 & \cos\gamma & -\sin\gamma\\ \cos\vartheta & -\sin\vartheta\cos\gamma & \sin\vartheta\sin\gamma\end{bmatrix}\begin{bmatrix}\omega_{\mathrm{m}x}\\ \omega_{\mathrm{m}y}\\ \omega_{\mathrm{m}z}\end{bmatrix} \tag{5-1}$$

积分式(5-1)可以得到弹体姿态角 $(\varphi,\vartheta,\gamma)$，加上导引头稳定平台框架角 $(\gamma_{\mathrm{s}},\theta_{\mathrm{s}})$ 和视线偏差角 $(\varepsilon_y,\varepsilon_z)$，通过坐标变换可以求得视线上的单位矢量 $\boldsymbol{r}_{\mathrm{s}}$ 在惯性系中的投影为

$$\begin{bmatrix}r_{\mathrm{s}x}\\ r_{\mathrm{s}y}\\ r_{\mathrm{s}z}\end{bmatrix}=\boldsymbol{T}_y(\varphi)\boldsymbol{T}_z(\vartheta)\boldsymbol{T}_x(\gamma)\boldsymbol{T}_x(\gamma_{\mathrm{s}})\boldsymbol{T}_z(\theta_{\mathrm{s}})\boldsymbol{T}_y(\varepsilon_y)\boldsymbol{T}_z(\varepsilon_z)\begin{bmatrix}1\\ 0\\ 0\end{bmatrix} \tag{5-2}$$

另外，视线上的单位矢量在惯性系中的投影还可以用视线角 (q,λ) 表示，即

$$\boldsymbol{r}_{\mathrm{s}}=\boldsymbol{T}_y(q)\boldsymbol{T}_z(\lambda)\begin{bmatrix}1\\ 0\\ 0\end{bmatrix}=\begin{bmatrix}\cos q\cos\lambda\\ \sin\lambda\\ -\sin q\cos\lambda\end{bmatrix} \tag{5-3}$$

联立式(5-2)和式(5-3)可以解得视线角为

$$\left.\begin{aligned}q&=\arctan(-r_{\mathrm{s}z}/r_{\mathrm{s}x})\\ \lambda&=\arctan\left(r_{\mathrm{s}y}/\sqrt{r_{\mathrm{s}x}^2+r_{\mathrm{s}z}^2}\right)\end{aligned}\right\} \tag{5-4}$$

对式(5-4)求导，即可得到视线角的微分 $(\dot{q},\dot{\lambda})$ 为

$$\begin{bmatrix}\dot{q}\\ \dot{\lambda}\end{bmatrix}=\boldsymbol{M}_{\mathrm{s}}\frac{\mathrm{d}\boldsymbol{r}_{\mathrm{s}}}{\mathrm{d}t} \tag{5-5}$$

其中，$\boldsymbol{M}_{\mathrm{s}}=\begin{bmatrix}\dfrac{-\sin q}{\cos\lambda} & 0 & \dfrac{-\cos q}{\cos\lambda}\\ -\sin\lambda\cos q & \cos\lambda & \sin\lambda\sin q\end{bmatrix}$。

根据角速度合成原理，可以求得惯性视线角速度 $\boldsymbol{\omega}_{\mathrm{s}}$ 在惯性系中的投影为

$$\omega_{\mathrm{s}}=\boldsymbol{M}\begin{bmatrix}\dot{q}\\ \dot{\lambda}\end{bmatrix} \tag{5-6}$$

其中，$\boldsymbol{M}=\begin{bmatrix}-\sin\lambda\cos\lambda\cos q & \sin q\\ \cos^2\lambda & 0\\ \sin\lambda\cos\lambda\sin q & \cos q\end{bmatrix}$。

设系统中由于微分运算带来的误差为 $\Delta\left(\dfrac{\mathrm{d}\boldsymbol{r}_{\mathrm{s}}}{\mathrm{d}t}\right)$，则由式(5-5)和式(5-6)可以得到惯性视线角速度的提取误差为

$$\Delta(\boldsymbol{\omega}_{\mathrm{s}})=\boldsymbol{M}\cdot\Delta\left(\frac{\mathrm{d}\boldsymbol{r}_{\mathrm{s}}}{\mathrm{d}t}\right) \tag{5-7}$$

采用 H_2 范数理论来分析误差 $\Delta\left(\frac{\mathrm{d}\boldsymbol{r}_{\mathrm{s}}}{\mathrm{d}t}\right)$ 对视线角速度精度的影响。由式(5-7),得惯性视线角速度提取误差的 H_2 范数为

$$\|\Delta(\boldsymbol{\omega}_s)\|_2=\left\|\boldsymbol{M}\cdot\Delta\left(\frac{\mathrm{d}\boldsymbol{r}_{\mathrm{s}}}{\mathrm{d}t}\right)\right\|_2\leqslant\|\boldsymbol{M}\|_2\cdot\left\|\Delta\left(\frac{\mathrm{d}\boldsymbol{r}_s}{\mathrm{d}t}\right)\right\|_2$$

由于 $\|\boldsymbol{M}\|_2=1$,所以算法对误差 $\Delta\left(\frac{\mathrm{d}\boldsymbol{r}_{\mathrm{s}}}{\mathrm{d}t}\right)$ 没有放大作用,即惯性视线角速度提取误差就是视线角微分带来的误差。

视线角速率微分提取算法是通过对视线角进行微分运算,得到视线角速率的方法,但是工程中由于存在测量噪声,而微分运算具有噪声放大效应,所以对视线角速率微分提取的惯性视线角速度中的噪声需要另外采取措施进行抑制。

5.2 视线角速度重构方法

视线角速度重构方法是将弹体角速度进行坐标变换,与平台的框架角速度组合计算得到光轴角速度。而目标跟踪过程中,视线偏差角一般很小,可以近似将光轴相对惯性空间的角速率近似为惯性视线角速率。

根据框架结构约束以及相对运动的原理,内环框架的运动是内框自身转动与外环框架耦合运动的合成,而外环框架的运动是由外框自身转动和基座运动共同引起的。因此,光轴相对惯性空间的运动可以通过内环框架、外环框架和弹体运动的合成得到[5]。

假设在弹体系中,弹体相对惯性系转动的角速度为 $\boldsymbol{\omega}_{\mathrm{m}}=[\omega_{\mathrm{m}x},\omega_{\mathrm{m}y},\omega_{\mathrm{m}z}]^{\mathrm{T}}$。外环框架角为 γ_{s},外框相对弹体的角速度为 $\dot{\gamma}_{\mathrm{s}}$;内环框架角为 θ_{s},内框相对外框的角速度为 $\dot{\theta}_{\mathrm{s}}$。由前面章节中对导引头的运动学分析,外环框架相对惯性系转动的角速度 $\boldsymbol{\omega}_{\mathrm{o}}$ 在外环系中的投影为

$$\begin{bmatrix}\omega_{\mathrm{o}x}\\\omega_{\mathrm{o}y}\\\omega_{\mathrm{o}z}\end{bmatrix}=\begin{bmatrix}\dot{\gamma}_{\mathrm{s}}\\0\\0\end{bmatrix}+\boldsymbol{T}_x(-\gamma_{\mathrm{s}})\boldsymbol{\omega}_{\mathrm{m}}=\begin{bmatrix}\dot{\gamma}_{\mathrm{s}}+\omega_{\mathrm{m}x}\\\omega_{\mathrm{m}y}\cos\gamma_{\mathrm{s}}+\omega_{\mathrm{m}z}\sin\gamma_{\mathrm{s}}\\-\omega_{\mathrm{m}y}\sin\gamma_{\mathrm{s}}+\omega_{\mathrm{m}z}\cos\gamma_{\mathrm{s}}\end{bmatrix}$$

内框架相对惯性系转动的角速度 $\boldsymbol{\omega}_{\mathrm{i}}$ 在平台系中的投影为

$$\begin{bmatrix}\omega_{\mathrm{i}x}\\\omega_{\mathrm{i}y}\\\omega_{\mathrm{i}z}\end{bmatrix}=\begin{bmatrix}0\\0\\\dot{\theta}_{\mathrm{s}}\end{bmatrix}+\boldsymbol{T}_z(-\theta_{\mathrm{s}})\omega_{\mathrm{o}}=\begin{bmatrix}(\dot{\gamma}_{\mathrm{s}}+\omega_{\mathrm{m}x})\cos\theta_{\mathrm{s}}+(\omega_{\mathrm{m}y}\cos\gamma_{\mathrm{s}}+\omega_{\mathrm{m}z}\sin\gamma_{\mathrm{s}})\sin\theta_{\mathrm{s}}\\-(\dot{\gamma}_{\mathrm{s}}+\omega_{\mathrm{m}x})\sin\theta_{\mathrm{s}}+(\omega_{\mathrm{m}y}\cos\gamma_{\mathrm{s}}+\omega_{\mathrm{m}z}\sin\gamma_{\mathrm{s}})\cos\theta_{\mathrm{s}}\\\dot{\theta}_{\mathrm{s}}-(\omega_{\mathrm{m}y}\sin\gamma_{\mathrm{s}}-\omega_{\mathrm{m}z}\cos\gamma_{\mathrm{s}})\end{bmatrix} \tag{5-8}$$

由式(5－8)可知，平台系中描述内框架相对惯性系转动的角速度包含两部分：一是由弹体角速度经两次坐标变换投影到平台系的角速度分量；二是框架角速度变换投影到平台系的分量。简而言之，平台系下光轴的角速度由弹体角速度和框架角速度构成，即光轴在惯性空间的运动除了受伺服机构转动指令控制外，还受到弹体运动的影响。因此，重构的视线角速率由两部分组成，即弹体运动引起的光轴角速率和框架运动引起的光轴角速率。

5.3 卡尔曼滤波方法

理论上，可通过视线角数字微分或视线角速度重构的方法提取视线角速度。然而工程中，测量信息中不可避免地包含有噪声，直接微分测量信号会将噪声进一步放大。另外，滚仰半捷联导引头在小离轴角情况下存在“过顶问题”，外环框架高速旋转，导致视线角速度重构的视线角速度抖动较大，且耦合有弹体角速度。因此，需要考虑采用现代滤波技术来提取视线角速度[6-9]。其中卡尔曼滤波方法是采用滤波算法对目标运动状态进行估计，通过估计出来的弹目相对运动状态求解得到视线角速率的方法。

5.3.1 卡尔曼滤波原理

卡尔曼滤波本质上是递推无偏线性最小方差估计。卡尔曼滤波基于状态空间法，在时域内设计滤波器，采用状态方程描述被估计量的动态变化特性，滤波器设计简单易行，适用于白噪声激励的随机向量过程的估计。卡尔曼滤波估计算法中利用了系统状态方程、量测方程、测量误差的统计特性和白噪声激励的统计特性等，其估计结果在线性估计中精度最佳。下面简单介绍卡尔曼滤波原理。

设线性系统的离散状态方程为

$$\boldsymbol{X}_k=\boldsymbol{\Phi}_{k,k-1}\boldsymbol{X}_{k-1}+\boldsymbol{\Gamma}_{k,k-1}\boldsymbol{W}_{k-1} \tag{5-9}$$

量测方程为

$$\boldsymbol{Z}_k=\boldsymbol{H}_k\boldsymbol{X}_k+\boldsymbol{V}_k \tag{5-10}$$

其中，$\boldsymbol{X}_k$ 为状态向量；$\boldsymbol{\Phi}_{k,k-1}$ 为状态转移矩阵；$\boldsymbol{\Gamma}_{k,k-1}$ 为过程噪声输入矩阵；$\boldsymbol{W}_{k-1}$ 为过程噪声序列；$\boldsymbol{Z}_k$ 为量测值；$\boldsymbol{H}_k$ 为量测矩阵；$\boldsymbol{V}_k$ 为测量噪声序列。

若满足式(5－9)和式(5－10)的线性随机系统的过程噪声和量测噪声为高斯白噪声，且它们不相关，则可得到如下的卡尔曼滤波方程：

状态一步预测方程：

$$\hat{\boldsymbol{X}}_{k,k-1}=\boldsymbol{\Phi}_{k,k-1}\hat{\boldsymbol{X}}_{k-1} \tag{5-11}$$

其中，$\hat{\boldsymbol{X}}_{k,k-1}$ 为基于 $k-1$ 时刻对 k 时刻的状态预测值；$\hat{\boldsymbol{X}}_{k-1}$ 为 $k-1$ 时刻的状态估计值。

一步预测均方误差方程：

$$\boldsymbol{P}_{k,k-1}=\boldsymbol{\Phi}_{k,k-1}\boldsymbol{P}_{k-1}\boldsymbol{\Phi}_{k,k-1}^{\mathrm{T}}+\boldsymbol{\Gamma}_{k,k-1}\boldsymbol{Q}_{k-1}\boldsymbol{\Gamma}_{k,k-1}^{\mathrm{T}} \tag{5-12}$$

其中，$\boldsymbol{P}_{k,k-1}$ 为状态预测的均方误差矩阵；$\boldsymbol{Q}_{k-1}$ 为过程噪声协方差阵。

滤波增益方程：

$$\boldsymbol{K}_k=\boldsymbol{P}_{k,k-1}\boldsymbol{H}_k^{\mathrm{T}}(\boldsymbol{H}_k\boldsymbol{P}_{k,k-1}\boldsymbol{H}_k^{\mathrm{T}}+\boldsymbol{R}_k)^{-1} \tag{5-13}$$

其中，$\boldsymbol{K}_k$ 为滤波增益矩阵；$\boldsymbol{R}_k$ 为量测噪声方差阵。

状态估计方程：

$$\hat{\boldsymbol{X}}_k=\hat{\boldsymbol{X}}_{k,k-1}+\boldsymbol{K}_k(\boldsymbol{Z}_k-\boldsymbol{H}_k\hat{\boldsymbol{X}}_{k,k-1}) \tag{5-14}$$

状态估计的均方误差方程：

$$\boldsymbol{P}_k=(\boldsymbol{I}-\boldsymbol{K}_k\boldsymbol{H}_k)\boldsymbol{P}_{k,k-1} \tag{5-15}$$

式(5-11)～式(5-15)即为离散形式的卡尔曼滤波基本方程。该滤波方法能够在线性高斯模型条件下，对目标状态做出最优估计。但是，实际的系统总是存在不同程度的非线性，对于非线性系统的滤波问题，可以利用线性化技巧将其转化为一个近似的线性滤波问题。如采用扩展卡尔曼滤波方法，其核心思想是将非线性函数 Taylor 级数展开，通过略去高阶项得到一个近似的线性化模型，应用卡尔曼滤波完成对目标的状态估计。

5.3.2 扩展卡尔曼滤波

工程中所遇到的物理系统数学模型往往是非线性的，当实际系统的状态方程或量测方程存在非线性时，可以采用扩展卡尔曼滤波方法对状态进行估计。离散形式的非线性系统状态方程和量测方程如下：

$$\left.\begin{aligned}\boldsymbol{X}_k&=\boldsymbol{f}(k-1,\boldsymbol{X}_{k-1})+\boldsymbol{G}_{k,k-1}\boldsymbol{W}_{k-1}\\ \boldsymbol{Z}_k&=\boldsymbol{h}(k,\boldsymbol{X}_k)+\boldsymbol{V}_k\end{aligned}\right\} \tag{5-16}$$

为了便于分析，这里假定系统没有控制量的输入，同时假定过程噪声 $\boldsymbol{W}_{k-1}$ 和观测噪声 $\boldsymbol{V}_{k-1}$ 是均值为零的高斯白噪声，且过程噪声和观测噪声彼此独立。式(5-16)中 $\boldsymbol{G}_{k,k-1}$ 为噪声驱动矩阵，通常是已知量。

首先，扩展卡尔曼滤波将非线性函数展开成 Taylor 级数并略去高阶项，对非线性函数进行局部线性化。针对式(5-16)中的系统状态方程，将非线性函数 $\boldsymbol{f}(*)$ 在估计值 $\hat{\boldsymbol{X}}_{k-1}$ 处做一阶 Taylor 展开，可得

$$f(k-1,\boldsymbol{X}_{k-1}) \approx f(k-1,\hat{\boldsymbol{X}}_{k-1}) + \left.\frac{\partial f(t,\boldsymbol{X})}{\partial \boldsymbol{X}}\right|_{\substack{t=k-1\\ \boldsymbol{X}=\hat{\boldsymbol{X}}_{k-1}}} (\boldsymbol{X}_{k-1} - \hat{\boldsymbol{X}}_{k-1})$$

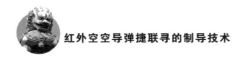

其中，$\frac{\partial f(t,\boldsymbol{X})}{\partial \boldsymbol{X}}$ 表示矩阵函数 $f(t,\boldsymbol{X})$ 的雅克比矩阵。

这样系统状态方程可线性化为

$$\boldsymbol{X}_k = \boldsymbol{\Phi}_{k,k-1}\boldsymbol{X}_{k-1} + \boldsymbol{G}_{k,k-1}\boldsymbol{W}_{k-1} + \boldsymbol{\varphi}_{k-1} \tag{5-17}$$

其中，$\boldsymbol{\Phi}_{k,k-1} = \left.\frac{\partial f(t,\boldsymbol{X})}{\partial \boldsymbol{X}}\right|_{\substack{t=k-1\\ \boldsymbol{X}=\hat{\boldsymbol{X}}_{k-1}}}$；$\boldsymbol{\varphi}_{k-1} = f(k-1,\hat{\boldsymbol{X}}_{k-1}) - \boldsymbol{\Phi}_{k,k-1}\hat{\boldsymbol{X}}_{k-1}$。

同理将非线性函数 $\boldsymbol{h}(*)$ 在估计值 $\hat{\boldsymbol{X}}_{k,k-1}$ 处做一阶 Taylor 展开，有

$$\boldsymbol{h}(k,\boldsymbol{X}_k) \approx \boldsymbol{h}(k,\hat{\boldsymbol{X}}_{k,k-1}) + \left.\frac{\partial \boldsymbol{h}(t,\boldsymbol{X})}{\partial \boldsymbol{X}}\right|_{\substack{t=k\\ \boldsymbol{X}=\hat{\boldsymbol{X}}_{k,k-1}}} (\boldsymbol{X}_k - \hat{\boldsymbol{X}}_{k,k-1})$$

这样量测方程可以线性化为

$$\boldsymbol{Z}_k = \boldsymbol{H}_k\boldsymbol{X}_k + \boldsymbol{y}_k + \boldsymbol{V}_k \tag{5-18}$$

其中，$\boldsymbol{H}_k = \left.\frac{\partial \boldsymbol{h}(t,\boldsymbol{X})}{\partial \boldsymbol{X}}\right|_{\substack{t=k\\ \boldsymbol{X}=\hat{\boldsymbol{X}}_{k,k-1}}}$；$\boldsymbol{y}_k = \boldsymbol{h}(k,\hat{\boldsymbol{X}}_{k,k-1}) - \boldsymbol{H}_k\hat{\boldsymbol{X}}_{k,k-1}$。

对于线性化后的系统状态方程式(5-17)和量测方程式(5-18)，应用卡尔曼滤波基本方程可得如下扩展卡尔曼滤波递推方程：

$$\begin{cases}\hat{\boldsymbol{X}}_{k,k-1} = f(k-1,\hat{\boldsymbol{X}}_{k-1})\\ \boldsymbol{P}_{k,k-1} = \boldsymbol{\Phi}_{k,k-1}\boldsymbol{P}_{k-1}\boldsymbol{\Phi}_{k,k-1}^{\mathrm{T}} + \boldsymbol{G}_{k,k-1}\boldsymbol{Q}_{k-1}\boldsymbol{G}_{k,k-1}^{\mathrm{T}}\\ \boldsymbol{K}_k = \boldsymbol{P}_{k,k-1}\boldsymbol{H}_k^{\mathrm{T}}(\boldsymbol{H}_k\boldsymbol{P}_{k,k-1}\boldsymbol{H}_k^{\mathrm{T}} + \boldsymbol{R}_k)^{-1}\\ \hat{\boldsymbol{X}}_k = \hat{\boldsymbol{X}}_{k,k-1} + \boldsymbol{K}_k(\boldsymbol{Z}_k - \boldsymbol{H}_k\hat{\boldsymbol{X}}_{k,k-1})\\ \boldsymbol{P}_k = (\boldsymbol{I} - \boldsymbol{K}_k\boldsymbol{H}_k)\boldsymbol{R}_{k,k-1}\end{cases}$$

同卡尔曼滤波基本方程相比，在线性化后的系统状态方程和量测方程中，状态转移矩阵 $\boldsymbol{\Phi}_{k,k-1}$ 由非线性系统状态函数 $f(*)$ 的雅克比矩阵表示，观测矩阵 $\boldsymbol{H}_k$ 由非线性观测函数 $\boldsymbol{h}(*)$ 的雅克比矩阵表示。若记 $\boldsymbol{x} = [x_1,\cdots,x_n]^{\mathrm{T}}$，则矩阵函数 $\boldsymbol{F}(\boldsymbol{x}) = [F_1(\boldsymbol{x}),\cdots,F_m(\boldsymbol{x})]^{\mathrm{T}}$ 的雅克比矩阵由下式计算：

$$\frac{\partial \boldsymbol{F}(\boldsymbol{x})}{\partial \boldsymbol{x}} = \begin{bmatrix}\frac{\partial F_1(\boldsymbol{x})}{\partial x_1} & \cdots & \frac{\partial F_1(\boldsymbol{x})}{\partial x_n}\\ \vdots & & \vdots\\ \frac{\partial F_m(\boldsymbol{x})}{\partial x_1} & \cdots & \frac{\partial F_m(\boldsymbol{x})}{\partial x_n}\end{bmatrix}$$

5.3.3 红外导引头滤波算法设计

1. 目标运动模型

目前常用的目标运动模型有匀速模型、匀加速模型、相关噪声模型和当前统计模型等。建立目标运动模型时一般的原则是模型既要符合机动实际，又要便于数学处理。下面针对目前常用的几种目标运动模型作简单的介绍[10]。

(1)常速度模型

首先介绍最简单的匀速运动模型。设目标运动速度为常值，以一维运动为例，常速度模型的目标位置坐标 $\boldsymbol{x}(t)$ 对时间的二阶导数为 0，即

$$\ddot{\boldsymbol{x}}(t)=\mathbf{0} \tag{5-19}$$

式(5-19)表示的目标运动模型为常速度模型。而在实际中把目标的加速度作为随机白噪声处理，即

$$\ddot{\boldsymbol{x}}(t)=\boldsymbol{w}(t)$$

其中，$\boldsymbol{w}(t)$ 满足如下条件：

$$\left.\begin{aligned}&E[w(t)]=0\\&E[w^2(t)]=q(t)\delta(t-\tau)\end{aligned}\right\} \tag{5-20}$$

取状态向量 $\boldsymbol{X}(t)=[x(t),\dot{x}(t)]^{\mathrm{T}}$，则连续时间系统的状态方程为

$$\begin{bmatrix}\dot{x}(t)\\\ddot{x}(t)\end{bmatrix}=\begin{bmatrix}0&1\\0&0\end{bmatrix}\begin{bmatrix}x(t)\\\dot{x}(t)\end{bmatrix}+\begin{bmatrix}0\\1\end{bmatrix}w(t) \tag{5-21}$$

假设目标的位置信息 $\boldsymbol{x}(t)$ 可量测，量测噪声为 $\boldsymbol{v}(t)$，则系统的量测方程为

$$z(t)=\begin{bmatrix}1&0\end{bmatrix}\begin{bmatrix}x(t)\\\dot{x}(t)\end{bmatrix}+v(t) \tag{5-22}$$

假设系统采样时间为 T，则系统的离散状态方程可以表示为

$$\boldsymbol{X}_k=\boldsymbol{\Phi}\boldsymbol{X}_{k-1}+\boldsymbol{\Gamma}\boldsymbol{W}_{k-1}$$

其中
$$\boldsymbol{\Phi}=\exp\left(T\begin{bmatrix}0&1\\0&0\end{bmatrix}\right)\approx\begin{bmatrix}1&0\\0&1\end{bmatrix}+T\begin{bmatrix}0&1\\0&0\end{bmatrix}=\begin{bmatrix}0&T\\0&0\end{bmatrix}$$

$$\boldsymbol{\Gamma}=\int_0^T\exp\left((T-\tau)\begin{bmatrix}0&1\\0&0\end{bmatrix}\right)\begin{bmatrix}0\\1\end{bmatrix}\mathrm{d}\tau=\begin{bmatrix}T^2/2\\T\end{bmatrix}$$

离散状态方程的展开形式可表示为

$$\begin{bmatrix}x_k\\\dot{x}_k\end{bmatrix}=\begin{bmatrix}1&T\\0&1\end{bmatrix}\begin{bmatrix}x_{k-1}\\\dot{x}_{k-1}\end{bmatrix}+\begin{bmatrix}T^2/2\\T\end{bmatrix}w_{k-1} \tag{5-23}$$

当 $\boldsymbol{q}(t)=\boldsymbol{q}$ 为常数时，过程噪声协方差矩阵可表示为

$$\boldsymbol{Q}_k=\int_0^T\begin{bmatrix}T-\tau\\1\end{bmatrix}q(kT+\tau)\begin{bmatrix}T-\tau & 1\end{bmatrix}\mathrm{d}\tau=q\begin{bmatrix}T^3/3 & T^2/2\\T^2/2 & T\end{bmatrix}$$

(2)常加速度模型

假设目标的加速度为常值，以一维运动为例，常加速度模型的目标位置坐标 $\boldsymbol{x}(t)$ 对时间的三阶导数为0，即 $\boldsymbol{x}(t)$ 满足如下条件：

$$\dddot{\boldsymbol{x}}(t)=\boldsymbol{0} \tag{5-24}$$

式(5-24)表示的目标运动模型为常加速度模型，而在实际中仍然把目标的加加速度作为随机白噪声处理，即

$$\dddot{\boldsymbol{x}}(t)=\boldsymbol{w}(t)$$

其中，$\boldsymbol{w}(t)$ 同样满足式(5-20)。

取状态向量 $\boldsymbol{X}(t)=[x(t),\dot{x}(t),\ddot{x}(t)]^{\mathrm{T}}$，目标的位置信息可量测，系统量测噪声为 $\boldsymbol{v}(t)$，则连续时间系统的状态方程和量测方程为

$$\begin{bmatrix}\dot{x}(t)\\\ddot{x}(t)\\\dddot{x}(t)\end{bmatrix}=\begin{bmatrix}0&1&0\\0&0&1\\0&0&0\end{bmatrix}\begin{bmatrix}x(t)\\\dot{x}(t)\\\ddot{x}(t)\end{bmatrix}+\begin{bmatrix}0\\0\\1\end{bmatrix}w(t) \tag{5-25}$$

$$z(t)=\begin{bmatrix}1&0&0\end{bmatrix}\begin{bmatrix}x(t)\\\dot{x}(t)\\\ddot{x}(t)\end{bmatrix}+v(t) \tag{5-26}$$

假设系统采样时间为 T，对模型进行离散化，得到离散形式的状态方程为

$$\begin{bmatrix}\dot{x}_k\\\ddot{x}_k\\\dddot{x}_k\end{bmatrix}=\begin{bmatrix}1&T&T^2/2\\0&1&T\\0&0&1\end{bmatrix}\begin{bmatrix}x_{k-1}\\\dot{x}_{k-1}\\\ddot{x}_{k-1}\end{bmatrix}+\begin{bmatrix}T^2/2\\T\\1\end{bmatrix}w_{k-1} \tag{5-27}$$

当 $\boldsymbol{q}(t)=\boldsymbol{q}$ 为常数时，过程噪声协方差矩阵可表示如下：

$$\boldsymbol{Q}_k=q\begin{bmatrix}T^5/20&T^4/8&T^3/6\\T^4/8&T^3/6&T^2/2\\T^3/6&T^2/2&T\end{bmatrix} \tag{5-28}$$

(3)相关噪声模型

相关噪声模型也被称为Singer模型，是R. A. Singer在1969年提出的。在常速度和常加速度模型中，把目标机动作为白噪声处理，假定其功率谱在任何频率下均保持恒定。而相关噪声模型假定目标机动为时间相关的有色噪声序列，认为其加速度为一阶零均值，平稳时间相关过程。

设 $\boldsymbol{a}(t)$ 为目标的加速度，认为目标的加加速度为有色噪声，其自相关函数

可表示为

$$R_a(\tau)=E[a(t)a(t+\tau)]=\sigma_a^2\exp(-\alpha|\tau|)$$

其中，σ_a^2 为目标加速度的方差；α 为机动时间常数的倒数即机动频率；τ 表示机动时间。

将时间相关函数 $R_a(\tau)$ 白噪声化，可得机动加速度的时域动力学方程为

$$\dot{a}(t)=-\alpha a(t)+w(t) \tag{5-29}$$

其中，$\boldsymbol{w}(t)$ 为白噪声，满足以下条件：

$$\left.\begin{aligned}&E[w(t)]=0\\&E[w^2(t)]=2\alpha\sigma_a^2\delta(t-\tau)\end{aligned}\right\} \tag{5-30}$$

也即 $\boldsymbol{w}(t)$ 的方差为 $\sigma_w=2\alpha\sigma_a^2$ 。

设状态向量 $\boldsymbol{X}(t)=[x(t),\dot{x}(t),\ddot{x}(t)]^{\mathrm{T}}$ ，其中 $\ddot{\boldsymbol{x}}(t)=\boldsymbol{a}(t)$ ，可得连续时间系统的状态方程和量测方程为

$$\begin{bmatrix}\dot{x}(t)\\\ddot{x}(t)\\\dddot{x}(t)\end{bmatrix}=\begin{bmatrix}0&1&0\\0&0&1\\0&0&-\alpha\end{bmatrix}\begin{bmatrix}x(t)\\\dot{x}(t)\\\ddot{x}(t)\end{bmatrix}+\begin{bmatrix}0\\0\\1\end{bmatrix}w(t) \tag{5-31}$$

假设采样周期为 T，则对应的离散时间系统状态方程为

$$\begin{bmatrix}\dot{x}_k\\\ddot{x}_k\\\dddot{x}_k\end{bmatrix}=\begin{bmatrix}1&T&[\alpha T-1+\exp(-\alpha T)]/\alpha^2\\0&1&[1-\exp(-\alpha T)]/\alpha\\0&0&\exp(-\alpha T)\end{bmatrix}\begin{bmatrix}x_{k-1}\\\dot{x}_{k-1}\\\ddot{x}_{k-1}\end{bmatrix}+\begin{bmatrix}T^2/2\\T\\1\end{bmatrix}w_{k-1} \tag{5-32}$$

对机动加速度的时域动力学方程式(5-29)进行离散化，可得过程噪声协方差阵为

$$\boldsymbol{Q}_k=\frac{1}{2\alpha}(1-\mathrm{e}^{-2\alpha T})\sigma_w \tag{5-33}$$

在状态方程中 α 表示机动频率，τ 表示目标机动时间，其大小由目标机动特性决定。当目标为较慢的持续机动时，取 $\tau\approx 60$，当目标为快速的短暂机动时，取 $\tau\approx 10$，目标自身无机动时，取 $\tau\approx 2$。目标机动的方差 σ_a^2 可以由目标机动的概率密度函数来计算。在相关噪声模型中，假定目标加速度的概率近似服从均匀分布，并假设目标加速度满足 $-a_{\max}\leqslant a(t)\leqslant a_{\max}$ 。设目标出现最大加速度的概率为 $P_{\max}$ ，没有加速度的概率为 P_0，且加速度出现的概率服从均匀分布，其分布函数为 $p(x)$ ，根据概率论相关知识可得目标机动的方差为

$$\boldsymbol{\sigma}_a^2=\int_{-\infty}^{+\infty}x^2p(x)\mathrm{d}x=\frac{a_{\max}^2}{3}(1+4P_{\max}-P_0)$$

(4)当前统计模型

机动目标当前统计模型是一种采用非零均值和修正瑞利分布表征目标机动加速度特性的时间相关模型。与相关噪声目标运动模型相比，当前统计模型较好地体现了目标机动范围的变化。其时域动力学方程为

$$\left.\begin{aligned}\ddot{x}(t)&=\bar{a}(t)+a(t)\\ \dot{a}(t)&=-\alpha a_1(t)+\alpha\bar{a}(t)+w(t)\end{aligned}\right\}\tag{5-34}$$

其中，$x(t)$ 为目标位置；$a(t)$ 为目标加速度；$\bar{a}(t)$ 为目标加速度的均值且在每一采样周期内为常数；$a_1(t)$ 为零均值有色加速度噪声；α 为目标机动频率。$w(t)$ 为均值为零、方差为 $\sigma_w=2\alpha\sigma_a^2$ 的白噪声，σ_a^2 为目标加速度方差。因此连续时间系统的状态方程为

$$\begin{bmatrix}\dot{x}(t)\\ \ddot{x}(t)\\ \dddot{x}(t)\end{bmatrix}=\begin{bmatrix}0&1&0\\0&0&1\\0&0&-\alpha\end{bmatrix}\begin{bmatrix}x(t)\\ \dot{x}(t)\\ \ddot{x}(t)\end{bmatrix}+\begin{bmatrix}0\\0\\ \alpha\end{bmatrix}\bar{a}(t)+\begin{bmatrix}0\\0\\1\end{bmatrix}w(t)\tag{5-35}$$

当前统计模型假设目标加速度在任意时刻都服从修正的瑞利分布，其方差由下式计算：

$$\sigma_a^2=\begin{cases}\dfrac{4-\pi}{\pi}\left[a_{\max}-\hat{a}(k-1)\right]^2 & 0<\hat{a}(k-1)<a_{\max}\\ \dfrac{4-\pi}{\pi}\left[-a_{\max}+\hat{a}(k-1)\right]^2 & -a_{\max}<\hat{a}(k-1)<0\end{cases}$$

2. 状态方程与导引头量测模型

图 5-2 给出了惯性坐标系 $O-x_iy_iz_i$ 。和视线坐标系 $O-x_sy_sz_s$ 之间的关系，图中 q_p 表示俯仰方向的弹目视线角，q_y 表示偏航方向的弹目视线角，$\dot{q}_p$ 和 $\dot{q}_{ys}$ 为视线坐标系下的视线旋转角速度，D 表示弹目之间的距离。

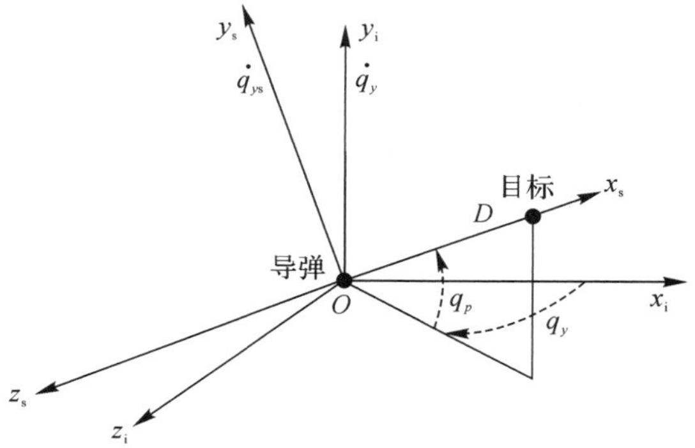

图 5-2　惯性坐标系和视线坐标系的关系

在惯性坐标系中导弹的位置表示为 $[x_{\mathrm{m}}, y_{\mathrm{m}}, z_{\mathrm{m}}]^{\mathrm{T}}$，速度表示为 $[\dot{x}_{\mathrm{m}}, \dot{y}_{\mathrm{m}}, \dot{z}_{\mathrm{m}}]^{\mathrm{T}}$，加速度表示为 $[a_{\mathrm{m}x}, a_{\mathrm{m}y}, a_{\mathrm{m}z}]^{\mathrm{T}}$。同样，惯性坐标系中目标的位置表示为 $[x_{\mathrm{t}}, y_{\mathrm{t}}, z_{\mathrm{t}}]^{\mathrm{T}}$，速度表示为 $[\dot{x}_{\mathrm{t}}, \dot{y}_{\mathrm{t}}, \dot{z}_{\mathrm{t}}]^{\mathrm{T}}$，加速度表示为 $[a_{\mathrm{t}x}, a_{\mathrm{t}y}, a_{\mathrm{t}z}]^{\mathrm{T}}$。惯性坐标系中导弹和目标的相对位置表示为 $[x, y, z]^{\mathrm{T}}$，相对速度表示为 $[\dot{x}, \dot{y}, \dot{z}]^{\mathrm{T}}$，相对加速度表示为 $[a_x, a_y, a_z]^{\mathrm{T}}$。根据相对运动关系可得

$$\begin{cases} x = x_{\mathrm{t}} - x_{\mathrm{m}} \\ y = y_{\mathrm{t}} - y_{\mathrm{m}} \\ z = z_{\mathrm{t}} - z_{\mathrm{m}} \end{cases}, \quad \begin{cases} \dot{x} = \dot{x}_{\mathrm{t}} - \dot{x}_{\mathrm{m}} \\ \dot{y} = \dot{y}_{\mathrm{t}} - \dot{y}_{\mathrm{m}} \\ \dot{z} = \dot{z}_{\mathrm{t}} - \dot{z}_{\mathrm{m}} \end{cases}, \quad \begin{cases} a_x = a_{\mathrm{t}x} - a_{\mathrm{m}x} \\ a_y = a_{\mathrm{t}y} - a_{\mathrm{m}y} \\ a_z = a_{\mathrm{t}z} - a_{\mathrm{m}z} \end{cases}$$

为便于分析，假设目标为常加速度运动模型，即目标加速度在惯性空间内每个轴的投影为常值，把目标的加加速度作为随机白噪声处理，可得

$$\dot{a}_x(t) = w_x(t), \quad \dot{a}_y(t) = w_y(t), \quad \dot{a}_z(t) = w_z(t)$$

其中，$w_x(t)$、$w_y(t)$、$w_z(t)$ 为高斯白噪声。假设它们具有相同的统计特性且互不相关，即有 $E[w_x(t)w_y(t)] = 0$、$E[w_x(t)w_z(t)] = 0$、$E[w_y(t)w_z(t)] = 0$。

建立卡尔曼滤波方程时，可取状态量为惯性坐标系中导弹和目标的相对位置、相对速度和目标加速度，即状态向量为 $\boldsymbol{X}(t) = [x(t), y(t), z(t), \dot{x}(t), \dot{y}(t), \dot{z}(t), a_{tx}(t), a_{ty}(t), a_{tz}(t)]^{\mathrm{T}}$。由于导弹自身的加速度可通过弹载惯导系统量测得到，因此，在惯性坐标系下卡尔曼滤波器的状态方程可以表示为

$$\dot{\boldsymbol{X}}(t) = \boldsymbol{A}\boldsymbol{X}(t) + \boldsymbol{a}_{\mathrm{m}}(t) + \boldsymbol{G}\boldsymbol{w}(t) \tag{5-36}$$

其中

$$\boldsymbol{A} = \begin{bmatrix} 0&0&0&1&0&0&0&0&0 \\ 0&0&0&0&1&0&0&0&0 \\ 0&0&0&0&0&1&0&0&0 \\ 0&0&0&0&0&0&1&0&0 \\ 0&0&0&0&0&0&0&1&0 \\ 0&0&0&0&0&0&0&0&1 \\ 0&0&0&0&0&0&0&0&0 \\ 0&0&0&0&0&0&0&0&0 \\ 0&0&0&0&0&0&0&0&0 \end{bmatrix}; \boldsymbol{a}_{\mathrm{m}}(t) = \begin{bmatrix} 0 \\ 0 \\ 0 \\ -a_{\mathrm{m}x}(t) \\ -a_{\mathrm{m}y}(t) \\ -a_{\mathrm{m}z}(t) \\ 0 \\ 0 \\ 0 \end{bmatrix}; \boldsymbol{G} = \begin{bmatrix} 0&0&0 \\ 0&0&0 \\ 0&0&0 \\ 0&0&0 \\ 0&0&0 \\ 0&0&0 \\ 1&0&0 \\ 0&1&0 \\ 0&0&1 \end{bmatrix}$$

$$\boldsymbol{w}(t) = \begin{bmatrix} w_x(t) \\ w_y(t) \\ w_z(t) \end{bmatrix}$$

根据图 5-2 的惯性坐标系与视线坐标系的空间位置关系，可得弹目视线角为

$$\left.\begin{aligned} q_p &= \arctan(y/\sqrt{x^2+z^2}) \\ q_y &= \arctan(-z/x) \end{aligned}\right\} \tag{5-37}$$

弹目距离为

$$D=\sqrt{x^2+y^2+z^2} \tag{5-38}$$

对式(5-37)和式(5-38)求导，可得弹目视线角变化率为

$$\left.\begin{aligned} \dot{q}_p &= \frac{(x^2+z^2)\dot{y}-(x\dot{x}+z\dot{z})y}{(x^2+y^2+z^2)\sqrt{x^2+z^2}} \\ \dot{q}_y &= \frac{z\dot{x}-x\dot{z}}{x^2+z^2} \end{aligned}\right\}$$

弹目接近速率为

$$\dot{D}=\dot{x}\cos q_p\cos q_y+\dot{y}\sin q_p-\dot{z}\cos q_p\sin q_y$$

据图 5-2 可得偏航方向的惯性视线角速度为

$$\dot{q}_{ys}=\dot{q}_y\cos q_p$$

根据量测的弹体姿态角、导引头稳定平台框架角和视线偏差角可以解算出弹目视线角 (q_p, q_y)，因此认为导引头的弹目视线角是可量测的。故滚仰半捷联导引头量测方程为

$$\left.\begin{aligned} q_p^* &= q_p+v_p \\ q_y^* &= q_y+v_y \end{aligned}\right\} \tag{5-39}$$

显然，滚仰半捷联导引头的状态方程式(5-36)为线性方程，而式(5-37)表明量测方程式(5-39)为非线性方程。因此，可采用离散形式的扩展卡尔曼滤波器进行估计运算，离散化结果如下。

由于 $\boldsymbol{A}^3=\boldsymbol{0}$，故状态转移矩阵为

$$\boldsymbol{\Phi}(t)=\boldsymbol{I}+\boldsymbol{A}t+\boldsymbol{A}^2t^2/2$$

假设时间步长为 T_s，则离散化后的状态转移矩阵用分块矩阵表示为

$$\boldsymbol{\Phi}_k=\begin{bmatrix} \boldsymbol{I}_{3\times3} & T_s\boldsymbol{I}_{3\times3} & T_s^2/2\,\boldsymbol{I}_{3\times3} \\ \boldsymbol{O}_{3\times3} & \boldsymbol{I}_{3\times3} & T_s\boldsymbol{I}_{3\times3} \\ \boldsymbol{O}_{3\times3} & \boldsymbol{O}_{3\times3} & \boldsymbol{I}_{3\times3} \end{bmatrix}$$

系统过程噪声的功率谱矩阵用分块矩阵表示为

$$Q_w = Gw(t)\ [Gw(t)]^{\mathrm{T}} = S_{w_{\mathrm{at}}} \begin{bmatrix} O_{3\times3} & O_{3\times3} & O_{3\times3} \\ O_{3\times3} & O_{3\times3} & O_{3\times3} \\ O_{3\times3} & O_{3\times3} & I_{3\times3} \end{bmatrix}$$

系统过程噪声的协方差阵用分块矩阵表示为

$$Q_k = \int_0^{T_s} \boldsymbol{\Phi}(t)\, Q_w\, \boldsymbol{\Phi}^{\mathrm{T}}(t)\,\mathrm{d}t = S_{w_{\mathrm{at}}} \begin{bmatrix} \frac{1}{20}T_s^5 I_{3\times3} & \frac{1}{8}T_s^4 I_{3\times3} & \frac{1}{6}T_s^3 I_{3\times3} \\ \frac{1}{8}T_s^4 I_{3\times3} & \frac{1}{3}T_s^3 I_{3\times3} & \frac{1}{2}T_s^2 I_{3\times3} \\ \frac{1}{6}T_s^3 I_{3\times3} & \frac{1}{2}T_s^2 I_{3\times3} & T_s I_{3\times3} \end{bmatrix}$$

由式(5－37)和式(5－39)可得线性化后的系统量测方程为

$$\begin{bmatrix} \Delta q_p^* \\ \Delta q_y^* \end{bmatrix} = H(\hat{X})\Delta X + \begin{bmatrix} v_q \\ v_y \end{bmatrix} \tag{5-40}$$

其中

$$H(\hat{X}) = \begin{bmatrix} \frac{-xy}{(x^2+y^2+z^2)\sqrt{x^2+z^2}} & \frac{\sqrt{x^2+z^2}}{(x^2+y^2+z^2)} & \frac{-yz}{(x^2+y^2+z^2)\sqrt{x^2+z^2}} & 0 & 0 & 0 & 0 & 0 & 0 \\ \frac{z}{x^2+z^2} & 0 & \frac{-x}{x^2+z^2} & 0 & 0 & 0 & 0 & 0 & 0 \end{bmatrix}$$

量测噪声离散化后为

$$R_k = \begin{bmatrix} \sigma_q^2 & 0 \\ 0 & \sigma_q^2 \end{bmatrix}$$

5.3.4 滤波初值的装订

根据图 5－2 惯性坐标系与视线坐标系的空间位置关系可得

$$\left.\begin{aligned} x &= D\cos q_p \cos q_y \\ y &= D\sin q_p \\ z &= -D\cos q_p \sin q_y \end{aligned}\right\} \tag{5-41}$$

对式(5－41)求导可得弹目相对速度为

$$\left.\begin{aligned} \dot{x} &= \dot{D}\cos q_p \cos q_y - \dot{q}_p D\sin q_p \cos q_y - \dot{q}_y D\cos q_p \sin q_y \\ \dot{y} &= \dot{D}\sin q_p + \dot{q}_p D\cos q_p \\ \dot{z} &= -\dot{D}\cos q_p \sin q_y + \dot{q}_p D\sin q_p \sin q_y - \dot{q}_y D\cos q_p \cos q_y \end{aligned}\right\} \tag{5-42}$$

对于卡尔曼滤波器的初值装订，应根据载机或导弹可量测的信息尽可能装订准确。设状态向量初值为 $\hat{\boldsymbol{X}}_0=[\hat{x}_0,\hat{y}_0,\hat{z}_0,\hat{\dot{x}}_0,\hat{\dot{y}}_0,\hat{\dot{z}}_0,\hat{a}_{tx0},\hat{a}_{ty0},\hat{a}_{tz0}]^{\mathrm{T}}$，因为目标加速度初值和视线角速度初值未知，所以可令这些量的初值为零。已知测量的视线角初值 $(\hat{q}_{p0},\hat{q}_{y0})$，则其他状态变量的初值由式(5-41)和(5-42)计算得到。

滤波器状态估计中误差协方差阵的初值可取为

$$\boldsymbol{P}_0=\begin{bmatrix}\boldsymbol{P}_{r0} & \boldsymbol{O}_{3\times3} & \boldsymbol{O}_{3\times3}\\ \boldsymbol{O}_{3\times3} & \boldsymbol{P}_{v0} & \boldsymbol{O}_{3\times3}\\ \boldsymbol{O}_{3\times3} & \boldsymbol{O}_{3\times3} & \boldsymbol{P}_{a0}\end{bmatrix}$$

其中，$\boldsymbol{P}_{r0}=\begin{bmatrix}\Delta x^2 & 0 & 0\\ 0 & \Delta y^2 & 0\\ 0 & 0 & \Delta z^2\end{bmatrix}$；$\boldsymbol{P}_{v0}=\begin{bmatrix}\Delta \dot{x}^2 & 0 & 0\\ 0 & \Delta \dot{y}^2 & 0\\ 0 & 0 & \Delta \dot{z}^2\end{bmatrix}$；$\boldsymbol{P}_{a0}=\begin{bmatrix}\Delta a_{tx}^2 & 0 & 0\\ 0 & \Delta a_{ty}^2 & 0\\ 0 & 0 & \Delta a_{tz}^2\end{bmatrix}$。

假设测距误差为 ΔD，测角误差为 Δq_p、Δq_y，式(5-41)在装订初值处进行一阶 Taylor 展开，忽略高阶，项可得初始位置装订误差为

$$\begin{cases}\Delta x=\Delta D\cos\hat{q}_{p0}\cos\hat{q}_{y0}-\Delta q_p\hat{D}_0\sin\hat{q}_{p0}\cos\hat{q}_{y0}-\Delta q_y\hat{D}_0\cos\hat{q}_{p0}\sin\hat{q}_{y0}\\ \Delta y=\Delta D\sin\hat{q}_{p0}+\Delta q_p\hat{D}_0\cos\hat{q}_{p0}\\ \Delta z=-\Delta D\cos\hat{q}_{p0}\sin\hat{q}_{y0}+\Delta q_p\hat{D}_0\sin\hat{q}_{p0}\sin\hat{q}_{y0}-\Delta q_y\hat{D}_0\cos\hat{q}_{p0}\cos\hat{q}_{y0}\end{cases}$$

同样，假设测速误差为 $\Delta\dot{D}$，视线角速度估计误差为 $\Delta\dot{q}_p$、$\Delta\dot{q}_{ys}$，式(5-42)在装订初值处进行一阶 Taylor 展开，忽略高阶项，可得相对速度初始装订误差为

$$\begin{cases}\Delta\dot{x}=\Delta\dot{D}\cos\hat{q}_{p0}\cos\hat{q}_{y0}-\Delta q_p\hat{\dot{D}}_0\sin\hat{q}_{p0}\cos\hat{q}_{y0}-\Delta q_y\hat{\dot{D}}_0\cos\hat{q}_{p0}\sin\hat{q}_{y0}-\\ \qquad\Delta\dot{q}_p\hat{D}_0\sin\hat{q}_{p0}\cos\hat{q}_{y0}-\Delta\dot{q}_{ys}\hat{D}_0\sin\hat{q}_{y0}\\ \dot{y}=\Delta\dot{D}\sin\hat{q}_{p0}+\Delta q_p\hat{\dot{D}}_0\cos\hat{q}_{p0}+\Delta\dot{q}_p\hat{D}_0\cos\hat{q}_{p0}\\ \dot{z}=\Delta\dot{D}\cos\hat{q}_{p0}\sin\hat{q}_{y0}-\Delta q_p\hat{\dot{D}}_0\sin\hat{q}_{p0}\sin\hat{q}_{y0}-\Delta q_y\hat{\dot{D}}_0\cos\hat{q}_{p0}\cos\hat{q}_{y0}+\\ \qquad\Delta\dot{q}_p\hat{D}_0\sin\hat{q}_{p0}\sin\hat{q}_{y0}-\Delta\dot{q}_{ys}\hat{D}_0\cos\hat{q}_{y0}\end{cases}$$

在卡尔曼滤波中系统噪声和量测噪声对滤波器的估计性能影响很大。在卡

尔曼滤波递推算法中，**K** 为滤波增益阵，**P** 为状态估计误差协方差阵，系统噪声用方差形式表示为 **Q**，量测噪声用方差形式表示为 **R**。在卡尔曼滤波算法中通过对传感器的评估，可以对量测噪声 **R** 给出合理的数值，而对系统噪声却很难给出准确合理的数值。系统噪声是表征系统不确定性的量，如果卡尔曼滤波器的状态方程建立得足够准确，此时系统噪声应该等于零。系统噪声 **Q** 越大、量测噪声 **R** 越小，则估计误差协方差阵 **P** 值会越大，对应滤波增益阵 **K** 也越大，卡尔曼滤波器的响应也越快。但当 **K** 值较大时，残差中量测偏差信息会较多地反映在估计值中，从而导致卡尔曼滤波估计值的稳态误差越大。因此，系统噪声 **Q** 应该根据现有量测噪声等级，综合考虑滤波快速性和估计稳态误差获得[11-12]。

5.3.5 仿真验证

1. 仿真条件

为验证卡尔曼滤波输出的视线角及视线角速度精度，构建滚仰半捷联导引头仿真环境，如图5－3所示。其主要模块包括目标运动模块、导弹运动模块、指令生成模块、平台控制模块和滤波模块。

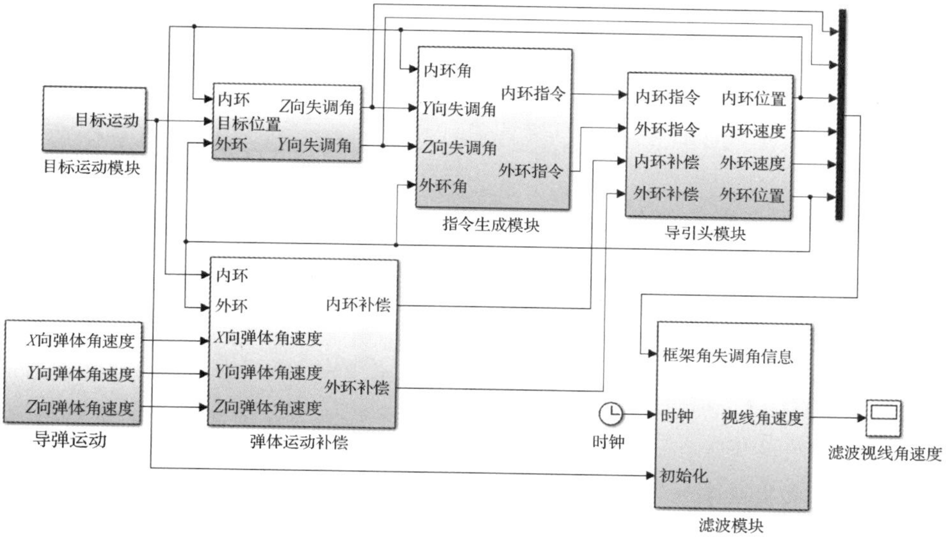

图 5－3　滚仰半捷联导引头仿真示意图

仿真时弹体不动，目标以不同的方式相对导弹运动，如图 5－4 所示。图中直角坐标系为惯性系。

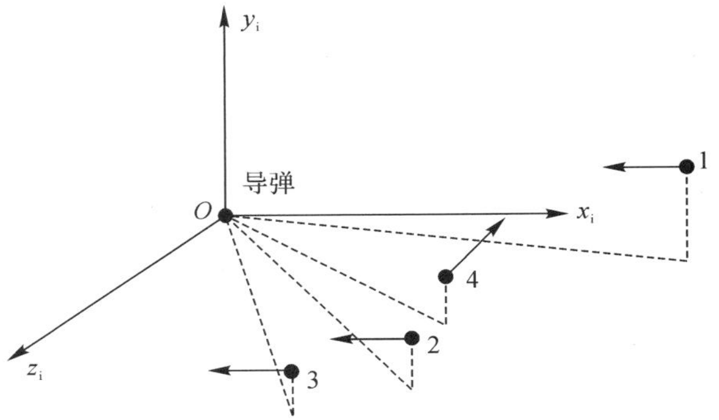

图 5－4　目标运动示意图

表 5－1 给出了具体的四个初值装订条件。表中 $[x,y,z]^T$ 为惯性坐标系中弹目相对位置，$[\dot{x},\dot{y},\dot{z}]^T$ 为惯性坐标系中弹目相对速度，$[a_x,a_y,a_z]^T$ 为惯性坐标系中弹目的相对加速度。

表 5－1　装订的初值条件

序号	$[x,y,z]^T$/m	$[\dot{x},\dot{y},\dot{z}]^T$/(m/s)	$[a_x,a_y,a_z]^T$/(m/s^2)
1	$[5\ 000,1\ 000,1\ 000]^T$	$[300,0,0]^T$	$[0,0,0]^T$
2	$[3\ 000,1\ 000,3\ 000]^T$	$[500,0,0]^T$	$[0,0,0]^T$
3	$[2\ 000,1\ 000,4\ 000]^T$	$[400,0,0]^T$	$[0,0,0]^T$
4	$[3\ 000,1\ 000,2\ 000]^T$	$[0,0,600]^T$	$[0,0,0]^T$

2. 仿真结果

仿真时间设为 5 s。四个弹目运动条件下采用卡尔曼滤波估计出来的视线角和惯性视线角速度分别如图 5－5～图 5－8 所示。图中 DqY 和 DqZ 表示惯性视线角速度在惯性系 Y 轴和 Z 轴上的投影。

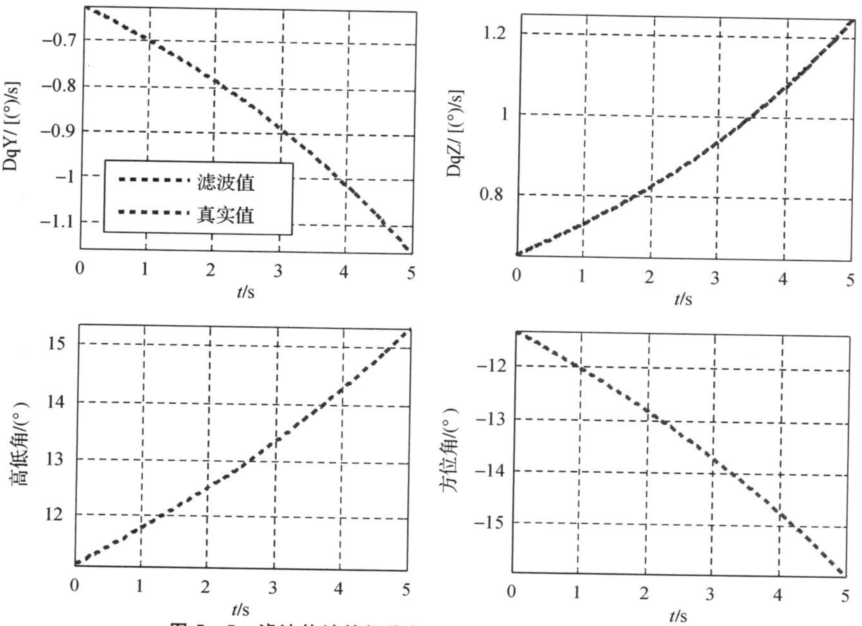

图 5－5　滤波估计的视线角和视线角速度(初始条件 1)

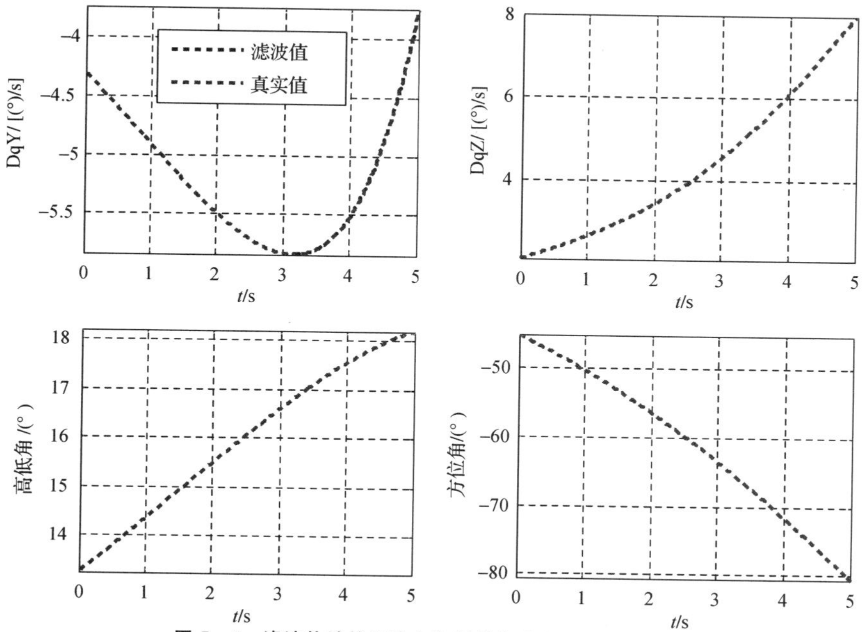

图 5－6　滤波估计的视线角和视线角速度(初始条件 2)

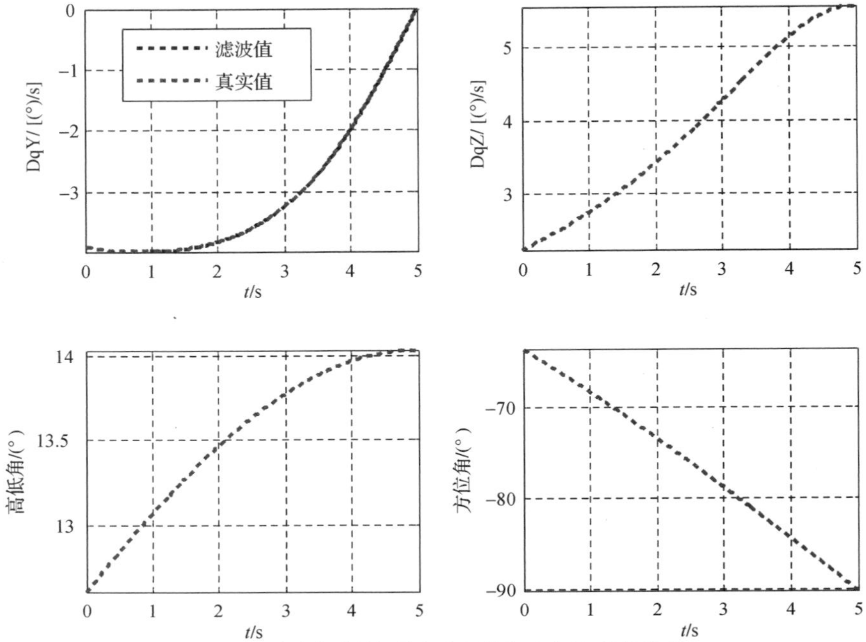

图 5-7　滤波估计的视线角和视线角速度(初始条件 3)

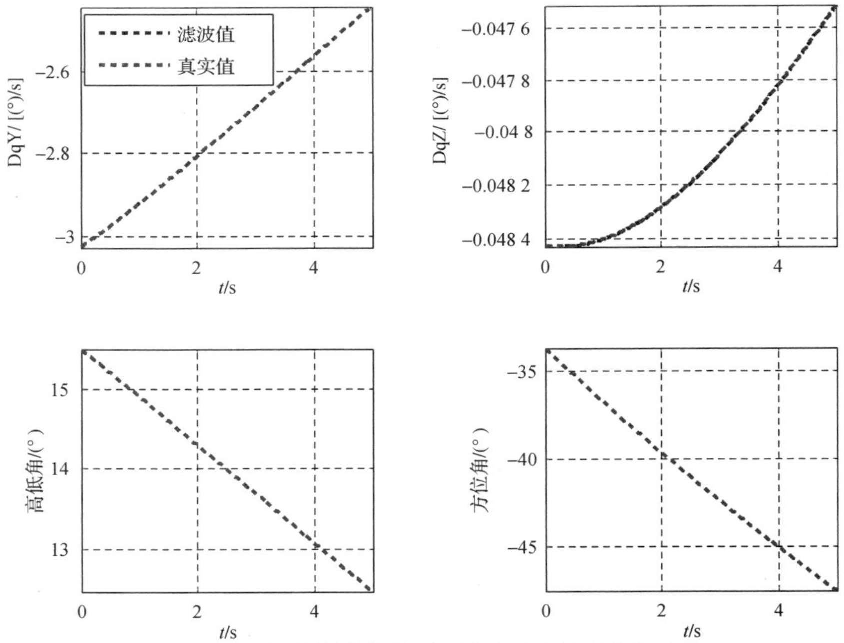

图 5-8　滤波估计的视线角和视线角速度(初始条件 4)

作为比较，视线角速度和视线角的理论值也在图中给出，虚线是滤波的结果，点画线是理论值。由上述仿真结果可以看到，滤波得到的视线角速度和视线角均较好地反映了真实值，验证了卡尔曼滤波方法提取视线角速度的有效性。

参考文献

[1]KHODADADI H，MOTLAGH M R J，GORJI M. Roust control and modeling a 2-DOF inertial stabilized platform[J]. IEEE International Conference on Electrical，Control and Computer Engineering，2011，7：223－228.

[2]KENNEDY P J，KENNEDY R L. Direct versus indirect line of sight stabilization[J]. IEEE Transacions on Control Systems Technology，2003，11(1)：3－15.

[3]JIANG H H，JIA H G，WEI Q. Analysis of zenith pass problem and tracking strategy design for roll K-pitch seeker[J]. Aerospace Science and Technology，2012，23：345－351.

[4]ZAEIM R，NEKOUI M A，ZAEIM A. Integration of Imaging Seeker Control in a Visually Guided Missile [J]. IEEE International Conference on Control and Automation，2010，6：46－51.

[5]张平，董小萌，付奎生，等. 机载/弹载视觉导引稳定平台的建模与控制[M]. 北京：国防工业出版社，2011.

[6] ZARCHAN P. Tactical and Strategic Missile Guidance [M]. Massachusetts： American Institute of Aeronautics and Astronautics，2002.

[7]宋建梅，曹宇. 捷联寻的制导弹药的新型卡尔曼滤波器设计[J]. 北京理工大学学报，2005，25(11)：975－980.

[8]王红亮，李枫，赵义工. 一种机动目标跟踪的自适应 α-β 滤波算法[J]. 雷达科学与技术，2007，5(4)：278－282.

[9]杨宝庆，徐龙，姚郁. 半捷联式导引头视线转率提取算法[J]. 北京航空航天大学学报，2011，37(7)：839－843.

[10]周宏仁. 机动目标“当前”统计模型与自适应跟踪算法[J]. 航空学报，1983，4(1)：73－86.

[11]毛士艺. 应用卡尔曼滤波的机载雷达跟踪系统[J]. 航空学报，1983，4

(1):62 -72.

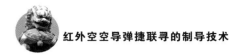

[12]宋建梅,孔丽霞,范健华.半捷联图像寻的制导系统导引信息构造方法[J].兵工学报,2010,31(12):1573 - 1579.

第6章

捷联寻的制导系统设计与分析

寻的制导系统一般由导引回路、稳定回路(也称作自动驾驶仪)及制导大回路组成,其中导引回路负责完成对目标的实时跟踪,输出视线角速度、视线偏差角及导引头框架角等制导信息;稳定回路响应制导指令,并保证导弹飞行过程中的姿态稳定性;制导大回路基于设定的导引律构建制导指令,消除制导偏差,实现对目标的精确制导[1]。

捷联导引头与传统导引头的主要区别在于其取消了用于惯性空间稳定的速率陀螺,捷联稳定跟踪与导弹飞行控制共用惯性传感器信息,无法直接提取惯性的制导信息,因而对导引头稳定跟踪和制导闭合均提出了更高的要求。全捷联制导体制由宽视场导引头保证对目标的实时跟踪,半捷联制导体制利用半捷联导引头的稳定平台实现对目标的跟踪。因此与一般红外制导系统相比,捷联寻的制导技术是一种基于捷联导引头的新型制导技术,其将目标运动信息滤波算法作为制导回路的一部分,提供必要的视线角速度、视线角等估值信息,同时将其用于解决抗干扰、制导回路寄生耦合等技术难题。

6.1 红外制导系统组成及特点

6.1.1 制导系统设计分析

制导系统设计需要考虑诸多设计约束，通常的要求是：制导精度要高、控制力的可用量（舵偏或导弹加速度）要大、导弹在宽范围飞行条件（高度、马赫数）和拦截条件（目标速度、目标机动性）内要能稳定工作、系统响应时间尽量短以及抗干扰能力强。约束条件通常需要考虑气动力控制导弹的能力、导弹与目标及干扰等外部环境相适应等因素的影响。

制导系统设计过程中，导引头伺服控制回路、导弹稳定控制回路、制导律等模块的设计一般采用独立设计方法。同时考虑到精确制导设计约束，为了尽可能提高制导系统响应的快速性，一般要求伺服控制回路、稳定控制回路的频带足够宽。在系统研制过程中，导弹气动力建模误差、系统延迟以及动力学滞后等特性制约了导弹控制系统快速性能的提升；在实时跟踪目标过程中，由于导引头寄生耦合回路[1]的影响，制导指令中耦合了弹体的姿态角运动信息。考虑到寄生耦合回路的稳定性与导引头、稳定控制回路、制导算法等子系统相关，因此在制导系统设计过程中，需要重点关注制导子系统之间的匹配性，对制导系统需要在快速性和稳定性之间折中处理。

另外，在制导系统数学模型中，制导律与稳定控制回路信息流传递比较简单，而制导信息的耦合过程作用不仅与制导方式相关，还与导引头位标器干扰力矩特性、信息量测特性，以及制导信息提取方式等多种因素相关[2]，这使得制导系统的匹配性设计通常是迭代设计过程，需要综合考虑传感器输出特性、成本，以及子系统设计指标等相关因素。

6.1.2 第三代红外空空导弹制导系统

导弹制导系统定义为一组能够测量导弹相对于目标位置并按照一定制导规律改变导弹飞行轨迹的部件集合。一般来说，导弹制导系统包括制导传感器、计算机和控制组件。第三代红外空空导弹制导系统同早期的红外空空导弹第一代和第二代制导系统一样，由位标器、电子组件、舵机、陀螺舵等部件组成，其结构组成如图 6－1 所示。在导弹尾部，各安装一个可偏转的陀螺舵，如图 6－2 所示，其旋转轴与弹轴成 45°夹角。这种设计是第三代红外空空导弹气动控制中的经典设计，美国的“响尾蛇”系列从 AIM－9B 到 AIM－9M 都采用了这种设计结构。

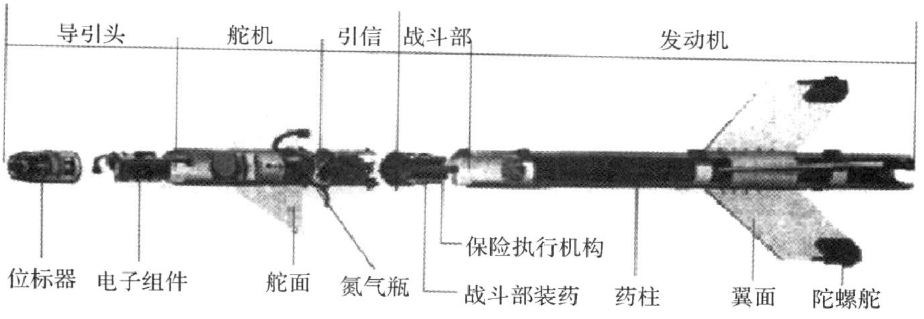

图 6－1 第三代红外空空导弹制导系统结构组成

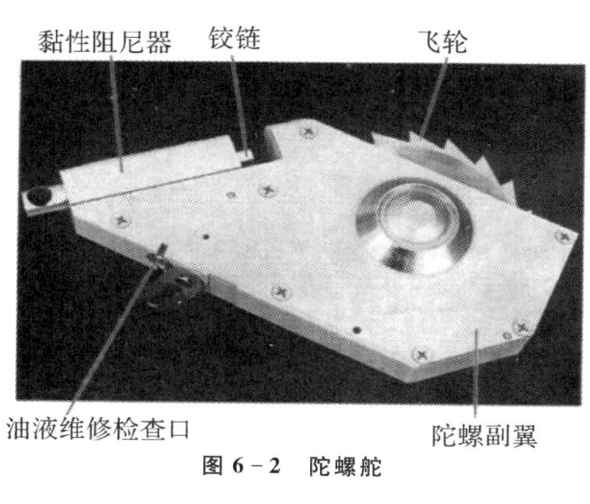

图 6－2 陀螺舵

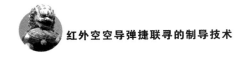

第三代红外空空导弹制导系统主要有以下特点：

1)导引头跟踪目标过程中，直接输出与光轴转动角速度成比例的信号，经过信号放大后，直接生成舵控指令；

2)导引头采用单元及多元探测体制跟踪目标尾喷或尾焰，弹道末段采用超前偏置方式实现对目标的精确制导；

3)采用力矩平衡式舵机和气动铰链力矩反馈形成一个简易的舵控制回路，外加一组由气动陀螺舵形成的直接作用式副翼，联合形成一个简易的导弹稳定回路，实现导弹姿态阻尼与过载控制；

4)此类制导系统舵面铰链力矩相对较大，导弹的阻尼特性差，制导系统动态品质亦较差，因而限制了制导系统的性能。

6.1.3 第四代红外空空导弹制导系统

第四代红外空空导弹普遍采用红外成像制导，其制导系统一般由红外导引头、制导算法及稳定控制系统等组成，其中稳定控制系统又包含稳定控制算法、执行机构、惯性测量装置以及弹体等。导引律一般采用经典比例导引或扩展比例导引。为满足近距格斗空空导弹对大机动目标全向攻击等的设计需求，制导系统广泛采用速率陀螺稳定平台式导引头、捷联惯导自动驾驶仪、推力矢量装置及位置控制舵机等。由于采用了成像制导、数字滤波、计算机控制等先进技术，数字化程度大大提高。第四代红外空空导弹制导系统的功能框图如图 6 - 3 所示。

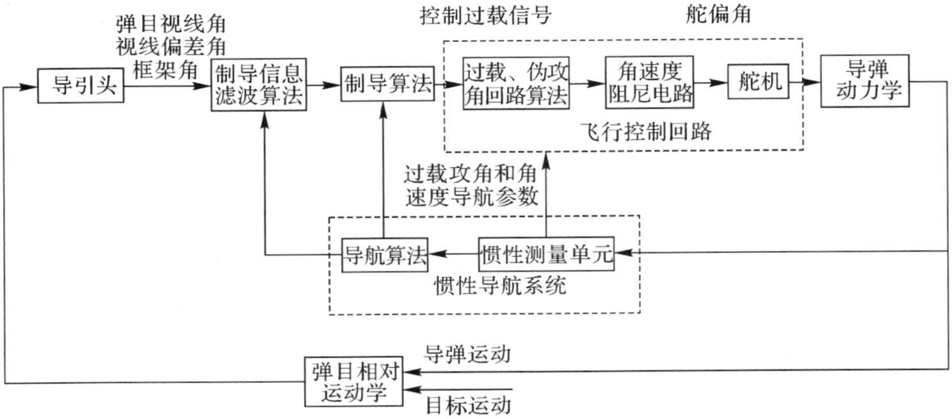

图 6 - 3　第四代红外空空导弹制导系统功能框图

其工作原理为：导引头在机载火控雷达或头盔瞄准系统的引导下探测目标辐射或反射的能量并自动截获和跟踪目标，同时测量并输出目标与导弹的相对运动参数（如视线角误差或视线角速度）；制导系统根据导引信息输出，综合飞行任务及捷联惯导实时量测信息，基于预定的导引律，形成过载及角度控制信号；自动驾驶仪（稳定控制回路）横滚通道保证弹体横滚姿态稳定，同时俯仰、偏航控制通道接收指令信号，根据捷联惯导输出的弹体加速度及角速度信号，按照设计的控制律形成舵偏角控制信号并操纵舵面偏转，控制导弹弹体产生气动力或气动力矩，形成要求的过载，完成制导控制回路的闭合。

第四代红外空空导弹制导系统的设计主要有以下几个特点：

1）成像导引头速率陀螺稳定平台可直接输出惯性空间视线转动角速度信息，同时成像导引头能够根据目标成像信息进行形体识别，进而对目标要害部位进行跟踪；

2）稳定控制回路采用大攻角飞行控制、气动力/推力矢量复合控制等技术方案，能够进一步放宽对导弹静稳定度的限制，同时满足导弹大过载机动、大速率快速转弯等设计需求；

3）制导系统采用先进的信息处理技术，能够实现对机动目标的全向攻击并具有抗干扰性能。

6.1.4 新一代捷联寻的红外空空导弹制导系统

随着数字控制技术的进一步提高，捷联寻的制导逐渐成为红外寻的制导重要的发展方向，其中全捷联制导技术将探测器刚性地固定在弹体上，同时取消了传统的万向支架及其伺服机构，由探测器的宽视场保证对目标的实时跟踪；半捷联制导技术尽管将探测器固定在弹体上，但导引头保留了稳定平台结构，伺服控制系统通过控制平台框架运动调整光路方向，保证目标落在导引头视场内。二者的共同点是通过坐标变换，可以得到视线角信息，但无法直接提取惯性视线角速度信息，对制导系统的闭合产生一定影响[2-4]。对红外空空导弹来说，多采用半捷联体制导引头，由此产生了新的半捷联寻的制导技术。

从系统组成分析，捷联寻的红外空空导弹制导系统一般包含半捷联红外成像导引头，其原理涉及目标运动信息滤波算法、制导算法、稳定算法、惯性传感器（IMU）、导航算法、执行机构（舵机及推力矢量装置等）、导弹动力学、导弹运动学、目标及干扰运动学、相对运动学等。捷联寻的制导系统原理图如图 6－4 所示。

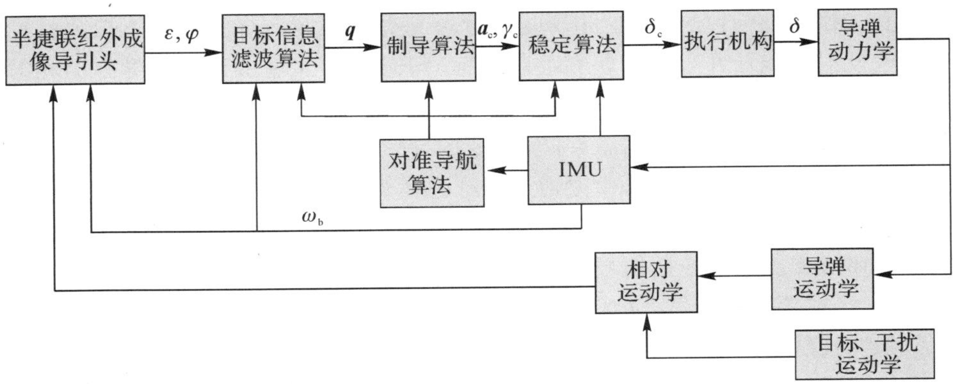

图 6-4 捷联寻的制导系统原理图

图 6-4 中，ε 表示导引头视线失调角，φ 表示导引头框架角信息，$\dot{\boldsymbol{q}}$ 表示视线角速率，$\boldsymbol{a}_c$ 为过载指令，γ_c 为滚转角姿态指令，δ_c 为舵偏角指令，δ 为舵偏角，ω_b 为弹体姿态角速率。

为实现制导系统闭合，捷联寻的制导系统一般使用导引头失调角、框架角及弹载捷联惯导输出姿态角等重构惯性空间视线角，提取制导闭合所需的视线角速度信息，并辅助导引头视线实现惯性空间稳定。

与速率陀螺稳定导引头相比，半捷联导引头与导弹稳定控制共用惯性传感器，具有体积小、成本低、可靠性高等优点。但由于导引头伺服稳定控制及导弹控制共用导弹陀螺信息，会带来以下方面的问题：

1)半捷联导引头不能直接提供制导所需的视线角速度信息，改变了传统制导系统的设计结构，制导信息提取对制导子系统设计提出了进一步的要求；

2)半捷联导引头实现惯性空间稳定将缺少一维转动角速度反馈信息，同时惯性传感器输出需要进一步满足导引头伺服稳定控制的匹配性需求；

3)寻的制导系统动力学与导引头稳定平台滞后特性无关，而与制导系统参数滤波与估值的动力学滞后特性有关。

6.2 稳定回路设计

稳定回路设计一般也称作自动驾驶仪设计。自动驾驶仪中控制飞行器在俯仰和偏航平面运动的部分，分别称为俯仰通道和偏航控制通道；控制飞行器绕其纵向转轴运动的部分称为横滚控制通道。它们与飞行器一起构成的闭合回路，分别称为俯仰、偏航和横滚稳定回路。

为了追求更高的机动能力，特别是无动力段飞行阶段的机动能力，第四代空空导弹普遍采用放宽静稳定度的设计方法，需要自动驾驶仪对一定程度的静不稳定弹体进行人工增稳，因此俯仰、偏航通道一般采用三回路过载驾驶仪结构，横滚通道通常采用横滚角和横滚角速率反馈结构。俯仰通道控制系统结构图（偏航通道类似）如图 6－5 所示。

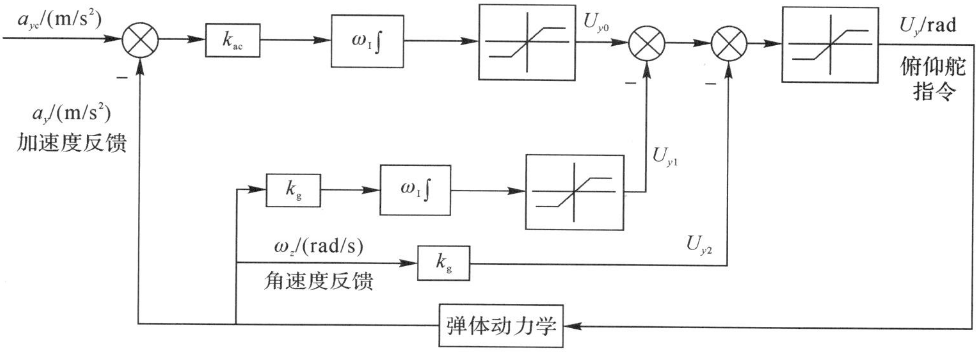

图 6－5 俯仰通道控制系统结构图

大气层内寻的制导导弹均依靠空气动力进行机动，而增大升力是提高机动能力的唯一方法。目标机动能力的提升，对导弹机动能力提出了更高的要求。通常采用大攻角飞行解决这一难题，而气动力/推力矢量复合控制能够有效提高导弹主动段飞行攻角响应的能力，进而实现导弹的快速转弯。

在进行控制器设计时，需要将推力矢量的作用效果复合到气动力模型中。图 6－6 为采用三回路控制结构的俯仰通道气动力/推力矢量复合控制结构图（偏航通道类似）。

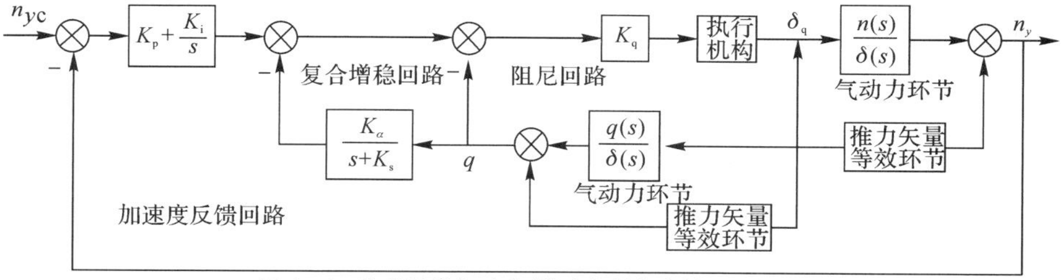

图 6－6 俯仰通道气动力/推力矢量复合控制结构图

俯仰/偏航通道自动驾驶仪设计主要考虑快速性、超调量及稳态误差等技术指标，稳定算法通过变增益稳定系数设计，实现期望的零、极点配置功能。俯仰、偏航通道的设计参数有加速度控制增益 K_p、积分控制增益 K_i、伪攻角反馈增益 K_α 和角速率控制增益 K_q。

横滚通道自动驾驶仪的作用在于稳定弹体的横滚角速度，或实现特定的滚转动作。对于采用侧滑转弯控制(STT)方式的导弹,横滚通道的主要作用是抑制导弹的横滚角速度,降低与横滚角速度有关的俯仰通道和偏航通道之间的耦合,也可实现适当的滚转动作。对于采用倾斜转弯控制(BTT)方式的导弹,横滚通道要实现制导指令要求的滚转动作。

横滚通道自动驾驶仪一般采用两回路控制结构,其基本结构如图 6-7 所示。为了提高导弹抗干扰能力,在导弹横滚角稳定回路引入了 PI 校正。弹体横滚角由速率陀螺的测量值积分得到。这种控制结构既可保证横滚角速率的稳定,又能保证横滚角的稳定。横滚角的稳定有利于导弹的制导控制。

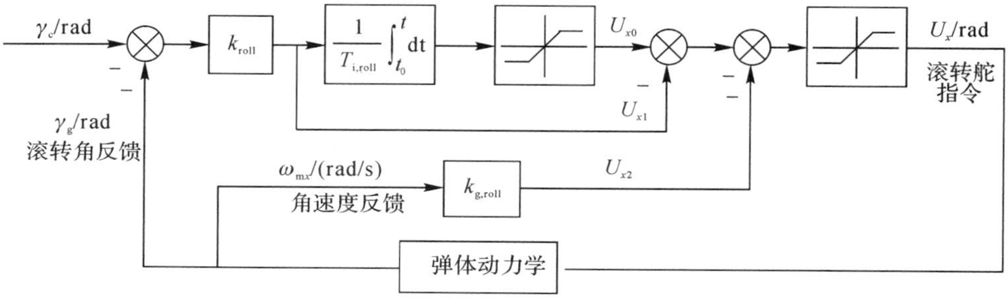

图 6-7　横滚通道控制系统结构图

横滚通道的设计包括角回路控制增益 k_{roll}、积分控制增益 $1/T_{\mathrm{i,roll}}$ 和角速率控制增益 $k_{\mathrm{g,roll}}$,这些参数的合理选择可以保证导弹滚转通道具有要求的动态性能和抗干扰能力。

6.3　制导回路设计

制导回路的主要功能是保证导弹飞行过程中的弹道稳定性,并实现精确制导。制导系统设计过程中,一般将弹道稳定性设计与精确制导设计隔离,弹道稳定性设计主要考虑寄生耦合回路稳定性约束(制导大回路在弹道末段失稳,可不考虑其稳定性约束),进而得到对子系统设计要求;精确制导设计一般将导弹看做质点运动,通过制导算法设计及制导子系统指标约束,实现所需的制导精度。

红外导弹一般采用比例导引律(Proportional Navigation, PN)进行制导系统闭合,主要原因是红外导引头跟踪目标过程中,较容易获得视线角速度信息,并且比例导引律结构简单,对参数摄动适应能力强。比例导引律工程中应用时的表达式为

$$\boldsymbol{a}_{\mathrm{mc}} = NV_{\mathrm{c}}\dot{\boldsymbol{q}} \tag{6-1}$$

其中，$\boldsymbol{a}_{mc}$ 为加速度指令输出；N 为制导增益；V_c 为弹目接近速度模值；$\dot{q}$ 为视线角速度输入。

在制导律设计过程中应主要关注如下几方面的问题：

1）制导增益的选取问题：制导增益选取一般考虑目标机动、导弹速度指向误差及噪声等对制导精度的影响，以及导弹加速度饱和特性约束。

2）弹目接近速度的获取问题：以俄罗斯 P－73 导弹为代表的第三代红外制导导弹无法获得弹目接近速度相关的量测信息，进而根据发射条件、发动机推力等先验信息拟合弹道接近速度。第四代空空导弹一般基于弹载捷联惯导，可以实时获得导弹速度在视线方向的投影，结合作战态势，可以得到弹目接近速度的近似值。

3）视线角速度提取问题：寻的导弹在跟踪目标过程中，采用导引头稳定平台视线角速率测量、视线角微分重构或卡尔曼滤波等技术，能够提取比例导引所需要的惯性视线角速度信号，制导系统以此信号闭合制导系统。

确定了导弹的制导规律后，就需要研究各误差信息源随制导参数的变化特性，进而优选制导参数，明确子系统的设计指标。以目标机动为例，不同的制导增益条件下目标机动对制导精度的影响存在一定差异。图 6－8 为基于五阶制导动力学模型得到的在不同制导增益条件下目标机动引起的标称化脱靶量。

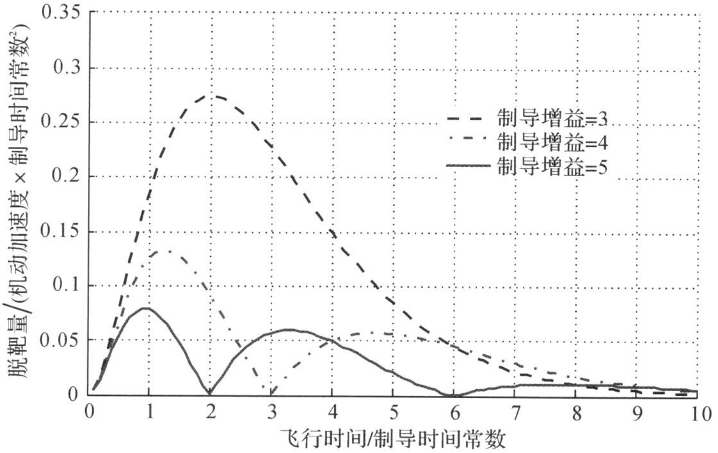

图 6－8　目标阶跃机动引起的标称化脱靶量

以往寻的制导导弹发射离轴角较小，比例导引能够适应近界弹道条件。典型的第四代近距格斗空空导弹最大发射离轴角可达到 ±90°，传统的比例导引不能解决在大离轴发射条件下存在有效导航比严重不足的问题。上述问题可采用扩展比例导引解决。

扩展比例导引律考虑了导弹离轴角、导弹纵向加速度及目标加速度的影响，制导律设计形式为

$$a_{M1}=\frac{N}{\cos\phi}\|\dot{\boldsymbol{R}}\|\dot{q}+\frac{N}{2}a_{x1}\phi+g_{n1} \tag{6-2}$$

其中，a_{M1} 为制导指令输出；N 为制导增益；$\|\dot{\boldsymbol{R}}\|$ 为弹目接近速度模值；ϕ 为导弹离轴角；a_{x1} 为导弹加速度在导弹轴向上的分量；g_{n1} 为重力加速度在垂直导弹轴向上的分量。

设定导弹 80° 离轴角发射弹道条件，分别采用扩展比例导引律、比例导引律进行制导仿真分析。图 6－9 为两种导引律下导弹航迹的对比。由对比曲线可以看出，采用考虑大离轴修正的扩展比例导引律，导弹能够以更快速度转弯，弹道时间更短。

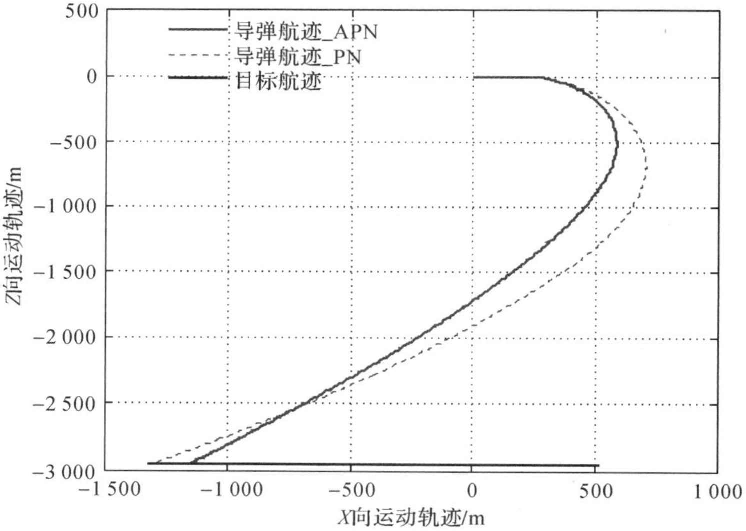

图 6－9 扩展比例导引与比例导引大离轴制导弹道轨迹对比

6.4 寄生耦合回路分析

在制导回路设计中，存在着导引头与弹体运动的耦合，这种寄生耦合特性影响着有效导航比、控制刚度、等效时间常数等许多制导系统典型设计参数，改变了制导系统预期的性能，甚至造成制导系统发散。因为导引头-弹体运动耦合对制导系统稳定性有着显著影响，所以在寻的导弹制导系统的设计中必须考虑它

对导弹制导与控制系统的影响。

6.4.1 导引头寄生耦合特性

由红外制导系统一般组成，可建立理想的制导系统线性化数学模型，如图 6－10所示。制导回路开环传递函数为

$$\begin{aligned}\mathrm{sys}_{\mathrm{Open\,Loop}} &= \frac{N|\dot{R}|S}{S^2|\dot{R}|T_{\mathrm{go}}(T_G S+1)(T_\alpha S+1)} \\ &= \frac{N}{T_{\mathrm{go}}}\frac{1}{(T_G S+1)(T_\alpha S+1)S}\end{aligned} \tag{6-3}$$

其中，导引头为一阶微分滞后环节，响应时间常数为 T_G；稳定控制回路为一阶滞后环节，响应时间常数为 T_α；制导律为比例导引律；N 为制导增益；$|\dot{R}|$ 为弹目接近速度模；T_{go} 为导弹剩余飞行时间。

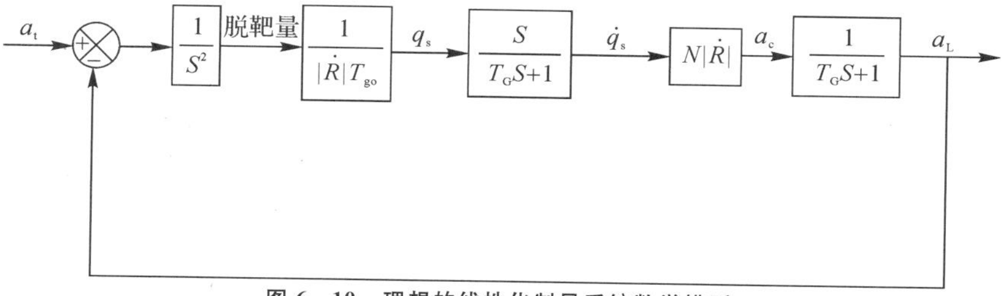

图 6－10 理想的线性化制导系统数学模型

从制导系统开环传递函数可以看出，制导大回路主要包含 1 个微分环节、2 个积分环节和导引、控制 2 个滞后环节，制导大回路的稳定裕度主要由剩余飞行时间 T_{go} 决定（T_{go} 由大变小过程中，制导系统存在由稳定变为不稳定的过渡过程）。

在理想制导系统数学模型基础上，引入真实导引头数学模型。以速率陀螺稳定平台为例，导引头在跟踪目标的同时，安装在框架上的速率陀螺测量视线相对惯性空间的转动角速度信息。由于弹体运动对导引头稳定平台产生扰动，导引头输出的视线角速度包含了两方面信息：一方面为导引头位标器跟踪目标运动产生的框架转动角速度信息，另一方面为弹体运动对导引头稳定平台产生的扰动信息。目标运动产生的跟踪角速度信息主要由制导大回路频带（产生理想视线角速度）以及稳定平台的响应特性决定，而弹体运动产生的影响则通过干扰力矩作用在平台台体上，使制导指令的生成过程包含了弹体角运动耦合信息反馈，形成导引头寄生耦合回路。

对于制导大回路而言，寄生耦合回路的存在，使得制导大回路增加了制导小回路设计约束，典型的寄生耦合特性主要包括导引头伺服平台的隔离度寄生耦合。包含寄生耦合回路的线性化制导系统数学模型如图 6－11 所示，其中寄生耦合回路由制导信息滤波器、自动驾驶仪以及弹体动力学等环节组成。从图6－11可以看出，导引信息中耦合了弹体的角运动信息，因而产生了寄生耦合回路稳定性约束；由制导信息流传递特性可知，寄生耦合回路的稳定性与剩余飞行时间无关，而与导引头信息隔离特性、稳定回路角运动响应特性相关[2]。通过严格约束导引头和自动驾驶仪的设计指标，可以保证制导系统具有足够的设计裕度。

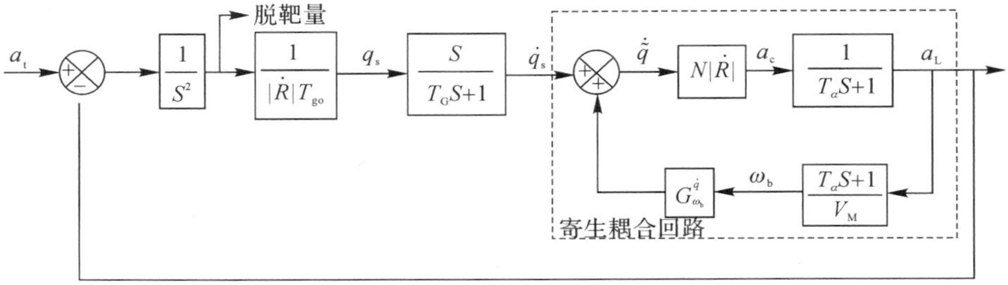

图 6－11　包含寄生耦合回路的线性化制导系统数学模型

6.4.2　无量纲化寄生耦合回路开环传递函数

将弹体姿态运动引起导引头测量惯性视线角速度的变化定义为导引头的隔离度。记隔离度为 $G_{\vartheta}^{\Delta\dot{q}}$，其复数表达式为

$$G_{\vartheta}^{\Delta\dot{q}}=R_{\mathrm{dr}}\mathrm{e}^{-\mathrm{j}\varphi} \qquad (6-4)$$

其中，R_{dr} 反映了隔离度的幅值特性；φ 反映了隔离度的相位特性。

考虑寄生耦合特性制导回路框图如图 7－3 所示。

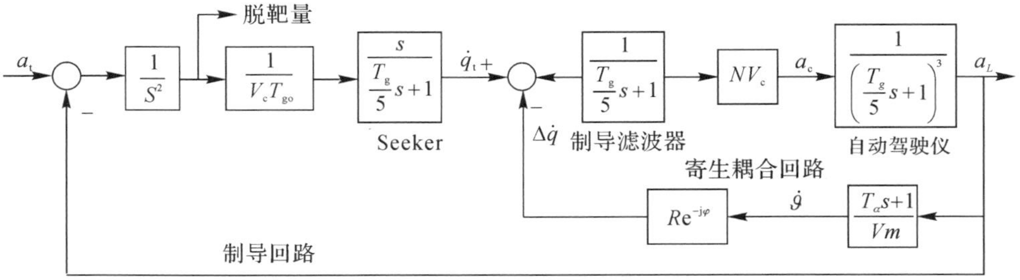

图 6－12　导引头隔离度寄生回路框图

图 6-12 中以五阶一次系统来表示导弹制导系统，其中导引头一阶，制导滤波器一阶，自动驾驶仪三阶。T_g 为制导系统时间常数，T_α 为导弹攻角时间常数，N 为比例导引系数，V_c 为弹目相对运动速度模值，V_m 为导弹飞行速度。根据自动驾驶仪特征点典型参数，可以得到自动驾驶仪传递函数；根据导引头的扫频特性以及制导系统典型参数，可以分析寄生耦合回路的稳定性。

当弹目相对距离较远，即 $V_c T_{go}$ 较大时，制导系统稳定性主要由寄生回路决定。图 6-12 中寄生回路包含 T_g、T_α、N、V_c、V_m、R、φ 7 个变量，为分析方便采用无量纲化方法对寄生回路进行简化[3]。

令

$$\overline{T}=\frac{t}{T_g},\quad s=\frac{d}{dt}=\frac{1}{T_g}\frac{d}{d\overline{T}}=\frac{\overline{s}}{T_g} \tag{6-5}$$

则无量纲化后导引头隔离度寄生回路模型如图 6-13 所示。

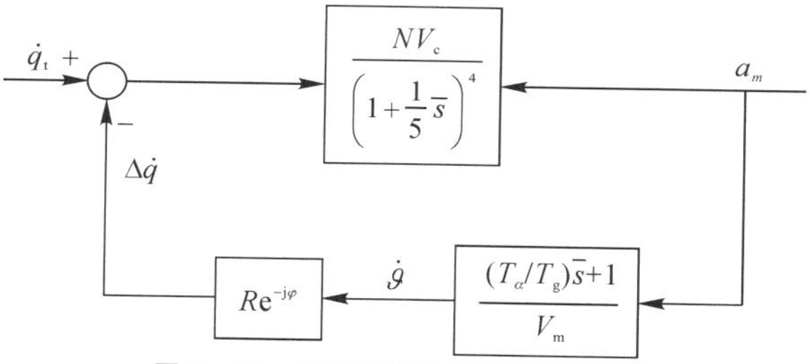

图 6-13　无量纲化后的寄生回路模型

等效的模型如图 6-14 所示。

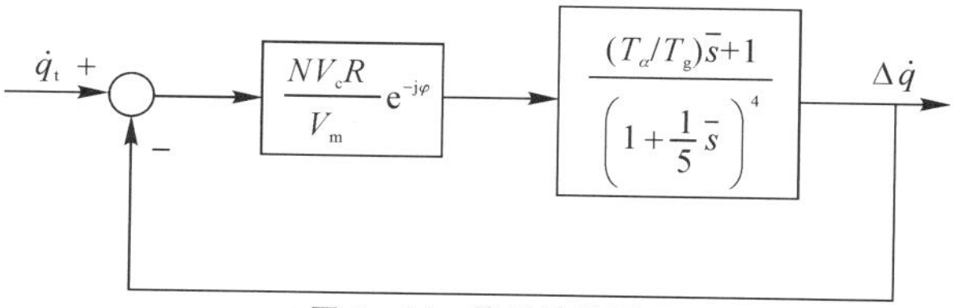

图 6-14　等效的模型

令

$$K_{dr}=\frac{NV_cR}{V_m},\quad \overline{T}_\alpha=\frac{T_\alpha}{T_g} \tag{6-6}$$

在比例导引系数 N、弹目相对运动速度 V_c 和导弹速度 V_m 确定后，K_{dr} 的大小反映了导引头的隔离度水平，$\overline{T}_\alpha$ 为无量纲化攻角时间常数，则无量纲化后的等效寄生回路模型如图 6-15 所示。

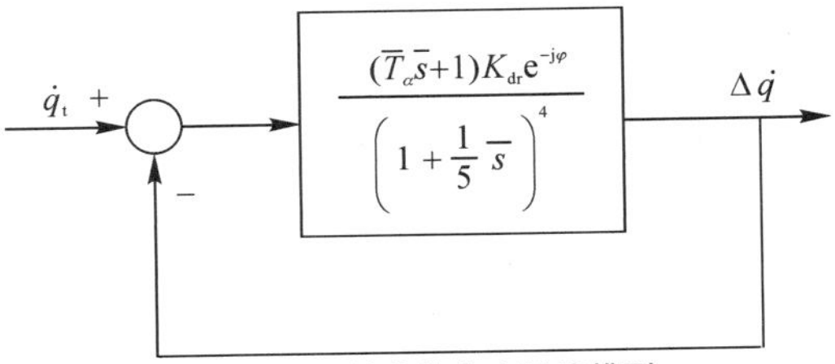

图 6-15　简化的寄生回路模型

无量纲化的寄生回路的开环传递函数为

$$G(\overline{s})=\frac{(\overline{T}_\alpha\overline{s}+1)K_{dr}e^{-j\varphi}}{\left(1+\frac{1}{5}\overline{s}\right)^4}\tag{6-7}$$

6.4.3 寄生耦合回路稳定性分析

控制系统的稳定性由系统闭环极点唯一确定，对于没有零点与极点相消的系统，闭环特征方程式的根就是闭环传递函数的极点，即闭环极点。导引头寄生耦合回路的闭环传递函数为

$$\boldsymbol{\Phi}(\overline{s})=\frac{G(\overline{s})}{1+G(\overline{s})}=\frac{(\overline{T}_\alpha\overline{s}+1)K_{dr}e^{-j\varphi}}{a_4\overline{s}^4+a_3\overline{s}^3+a_2\overline{s}^2+a_1\overline{s}+a_0}\tag{6-8}$$

其中

$$a_4=\left(\frac{1}{5}\right)^4,a_3=4\left(\frac{1}{5}\right)^3,a_2=6\left(\frac{1}{5}\right)^2,a_1=\frac{4}{5}+K_{dr}\overline{T}_\alpha e^{-j\varphi},a_0=1+K_{dr}e^{-j\varphi}$$

由于 $a_i>0(i=2,3,4)$，则根据劳斯判据：

$$\begin{cases}b_1=\dfrac{a_3a_2-a_4a_1}{a_3},\ b_2=a_0\\ c_1=\dfrac{b_1a_1-a_3b_2}{b_1}\\ d_1=b_2=a_0\end{cases}$$

当无相位滞后 $\varphi=0°$ 时，$e^{-j\varphi}=1$，此时系统为负反馈，稳定条件为

$$\left.\begin{aligned}a_1=f_1(K_{dr},\overline{T}_\alpha)>0\\ b_1=f_2(K_{dr},\overline{T}_\alpha)>0\\ c_1=f_3(K_{dr},\overline{T}_\alpha)>0\\ K_{dr}>-1\end{aligned}\right\}\tag{6-9}$$

当相位滞后 $\varphi=-180°$ 时，$e^{-j\varphi}=-1$，此时系统为正反馈，稳定条件为

$$\left.\begin{aligned} a_1 = f_1(K_{dr}, \overline{T}_\alpha) > 0 \\ b_1 = f_2(K_{dr}, \overline{T}_\alpha) > 0 \\ c_1 = f_3(K_{dr}, \overline{T}_\alpha) > 0 \\ K_{dr} < 1 \end{aligned}\right\} \tag{6-10}$$

采用数值解法计算得到系统临界稳定的边界条件如图 6-16 所示[4]。

从图 6-16 可以看出，寄生回路相位滞后为 0(寄生回路为负反馈)时寄生回路的稳定域比相位滞后为－180°(寄生回路为正反馈)时的要大。攻角时间常数与制导系统时间常数的比值越大，则寄生回路的稳定域就越小；比例导引系数、导引头隔离度水平以及弹目相对运动速度与导弹飞行速度的比值越大，寄生回路的稳定域就越小。无论为何种反馈，隔离度幅值越大，稳定域越小；驾驶仪动力学时间常数 T_g 越小，则系统稳定域越小，因此基于寄生回路稳定性的考虑，需要对制导寄生回路进行校正，驾驶仪响应速度显得“变慢了”。

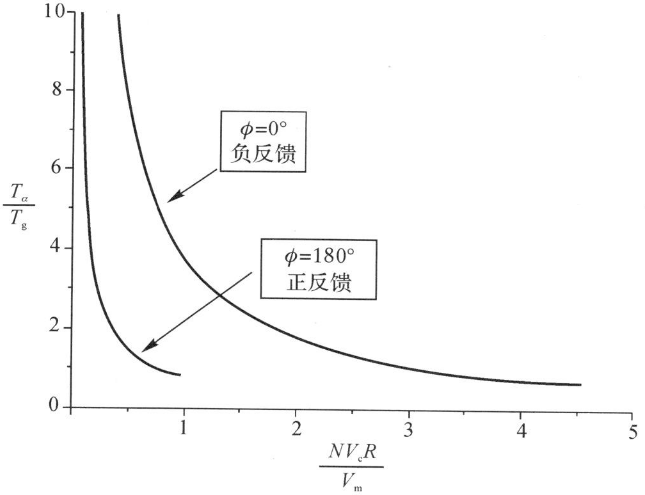

图 6-16　寄生回路稳定边界

弹体攻角滞后时间常数 T_α 越大，系统稳定域越小，T_α 大小取决于导弹自身的动力学特性。在相同飞行条件下，相比于低空，高空由于飞行动压较低，T_α 更大，因此更容易出现寄生回路的稳定性问题。

V_c/V_m 值越大，稳定域越小，因此迎头攻击条件要比尾追条件稳定性低；比例导引系数越大，稳定域越小。当无隔离度影响时，末制导时间大于 10 倍动力学时间时，脱靶量收敛至零；当引入寄生耦合回路时，随着 R 的减小，寄生回路稳定性不断下降，尽管制导回路并没有失稳，但脱靶量收敛至零所需的末制导时间变长，且最大脱靶量值增大。

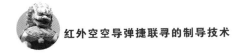

隔离度寄生回路，使导弹飞行过程中弹道需用过载增大，在可用过载一定的情况下，更大的需用过载将会导致制导回路脱靶。

当导弹在不同飞行高度时，隔离度对制导精度影响也并不相同。主要体现为飞行高度越低，导弹动压越大，相同条件下攻角滞后时间常数 T_α 越小。分析可知，T_α 越小，隔离度寄生回路稳定性越好。

由以上稳定性约束可以得出，寄生耦合回路导引头隔离度、导弹空气动力学时间常数以及制导回路时间常数（自动驾驶仪时间常数为主导量）之间必须满足一定的匹配关系。在给定导引头隔离性能及空气动力学时间常数条件下，寄生耦合回路的稳定性约束决定了自动驾驶仪时间常数的下界（自动驾驶仪时间常数不能过小）。另外，高空条件下空气动力学时间常数 T_α 较大，对寄生耦合回路稳定性影响较大，在此条件下，制导系统快速性与稳定性之间矛盾尤其突出。

6.4.4 相位滞后特性对寄生耦合回路稳定性的影响

当考虑不同的隔离度相位滞后角时，$e^{-j\varphi}=\cos(-\varphi)+j\sin(-\varphi)$，采用奈奎斯特图分析寄生回路的稳定性。令 $\bar{s}=j\bar{\omega}$，将其代入无量纲化的寄生回路的开环传递函数，得到寄生回路在复频域的开环传递函数为

$$G(j\bar{\omega})=\frac{K_{dr}(\bar{T}_\alpha\bar{\omega}j+1)e^{-j\varphi}}{\left(1+\dfrac{1}{5}\bar{\omega}j\right)^4} \tag{6-11}$$

式(6-11)在复频域系统中的临界稳定条件是系统开环传递函数，满足

$$\left.\begin{aligned}|G(j\bar{\omega})|&=1\\ \angle G(j\bar{\omega})&=-180^\circ\end{aligned}\right\} \tag{6-12}$$

当奈奎斯特曲线穿越(−1，j0)点时所对应的 K_{dr} 及 $\bar{T}_\alpha$ 即为临界稳定点，图6-17给出了具有不同相位滞后角时的临界稳定曲线（曲线以上部分为不稳定部分，曲线以下部分为稳定部分）。

由图6-17可以看出，对于确定的相位滞后角，无量纲攻角时间常数 $\bar{T}_\alpha=T_\alpha/T_g$ 越小，寄生回路稳定域也就越小。对于确定的 K_{dr}，寄生回路为负反馈时，其稳定域要大于正反馈时的稳定域，相位滞后角大约在−140°时，寄生回路具有最差的稳定域。因此需要重点关注导引头隔离度相位滞后角较大时寄生回路的稳定性问题。

图6-17中A点、C点与B点具有相同的纵坐标值，即这三个点具有相同的幅值，只是相位不同，A点相位滞后−180°，此时寄生回路为正反馈；C点相位滞后为0°，此时寄生回路为负反馈；B点相位滞后为−140°。当 $\bar{T}_\alpha=T_\alpha/T_g=$

2.0 时，B 点为临界稳定点，A 点和 C 点为稳定点，图 6-18 给出了这三个点所对应的奈奎斯特图。从图 6-18 可以看出，正反馈和负反馈都没有包围(−1，j0)点，所以这两种情况都是稳定的，而当相位滞后为−140°时，奈奎斯特曲线穿越了(−1，j0)点，此时系统是临界稳定的。

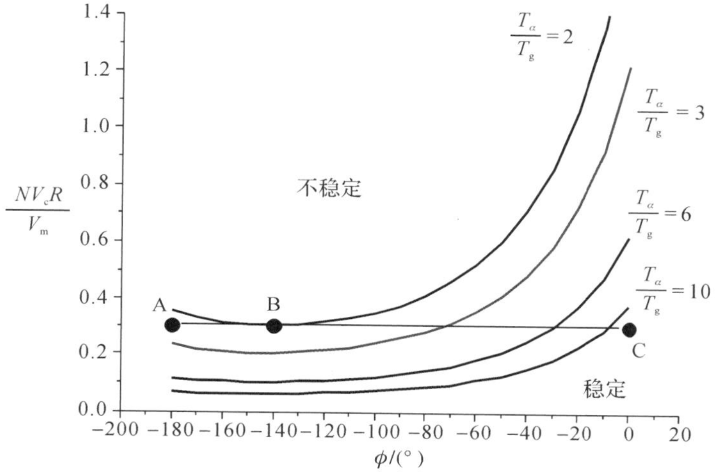

图 6-17　不同相位滞后时的临界稳定域

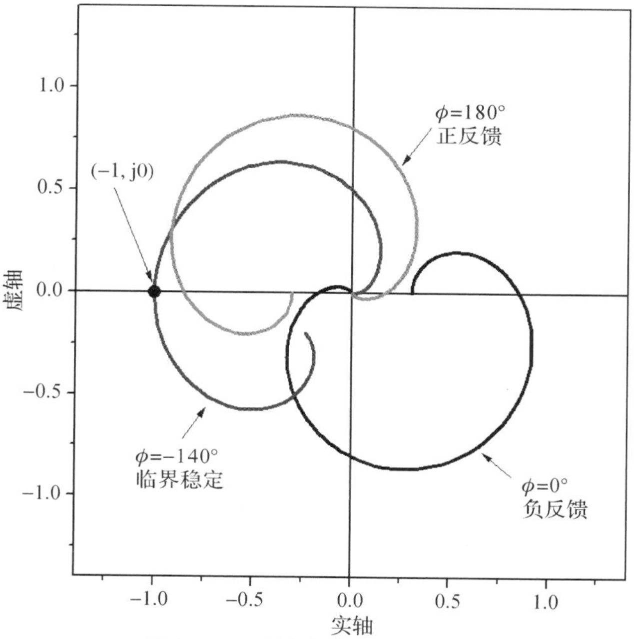

图 6-18　不同相位滞后的奈奎斯特图

通过以上对不同隔离度相位滞后的导引头隔离度寄生耦合回路稳定边界分析，可得出以下结论：

1)无隔离度相位滞后时，寄生回路正、负反馈都有一定的稳定域，负反馈时寄生回路稳定域最大；

2)当隔离度相位滞后角为－180°时，寄生回路为正反馈，稳定域较寄生回路负反馈时小，最小的稳定域出现在－140°左右；

3)攻角时间常数 T_α 与制导系统时间常数 T_g 的比值 T_α/T_g 越小，寄生回路稳定域越大，即导弹在低空飞行或制导系统时间常数较大时，寄生回路稳定域大；

4)当 T_α/T_g 及相位滞后角 ϕ 确定时，减小比例导引系数 N、隔离度 R 及弹目相对速度与导弹速度 V_c/V_m 的比值都会增大隔离度寄生回路稳定域。

6.4.5 寄生耦合回路的失稳频率

隔离度寄生耦合回路由制导滤波器和自动驾驶仪动力学组成，当不考虑隔离度相位滞后时，无量纲化隔离度寄生回路模型如图 6－19 所示。

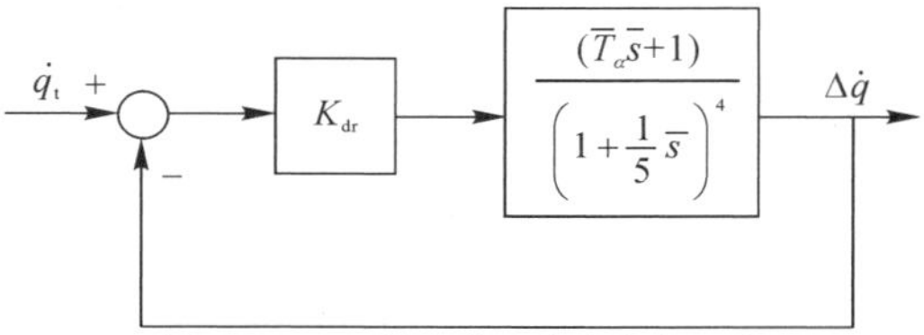

图 6－19　无量纲化隔离度寄生回路

图 6－19 中无量纲化的基准为制导系统时间常数 T_g，即 $\overline{s}=sT_g$，$\overline{T}_\alpha=T_\alpha/T_g$，那么寄生回路的振荡频率也是无量纲的，$\overline{\omega}=\omega T_g$，计算仿真得到寄生回路振荡频率如表 6－1 所示。

表 6－1　寄生回路临界振荡频率

T_α/T_g	负反馈无量纲振荡频率	负反馈 K_{dr}	ωT_g	正反馈无量纲振荡频率
2.0	11.7	1.8	1.65	－0.358
3.0	11.8	1.23	1.80	－0.232
4.0	11.9	0.929	1.87	－0.173
5.0	11.9	0.751	1.93	－0.134
6.0	12.0	0.63	1.94	－0.113

续表

T_α/T_g	负反馈无量纲振荡频率	负反馈 K_{dr}	ωT_g	正反馈无量纲振荡频率
7.0	12.0	0.538	1.95	−0.0978
8.0	12.0	0.475	1.97	−0.086

由图 6－20 可知，当攻角滞后时间常数变化时，导引头寄生回路临界稳定时的无量纲自振频率基本上为恒定值，图 6－21 和图 6－22 分别为其对应的寄生回路临界稳定情况下时域仿真结果，负反馈和正反馈两种情况下的临界振荡频率约为 1.88 Hz 和 0.3 Hz。

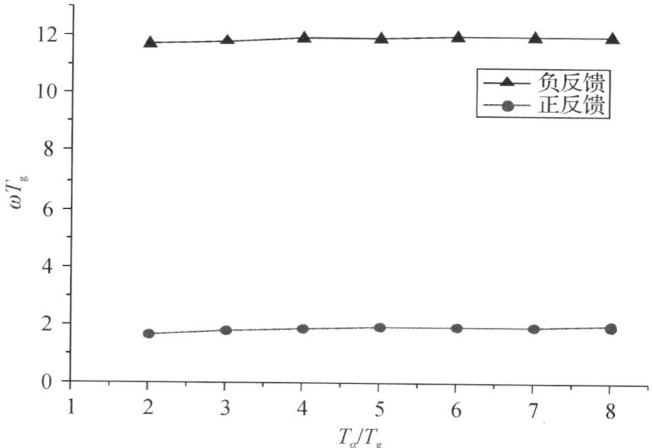

图 6－20　振荡频率变化曲线

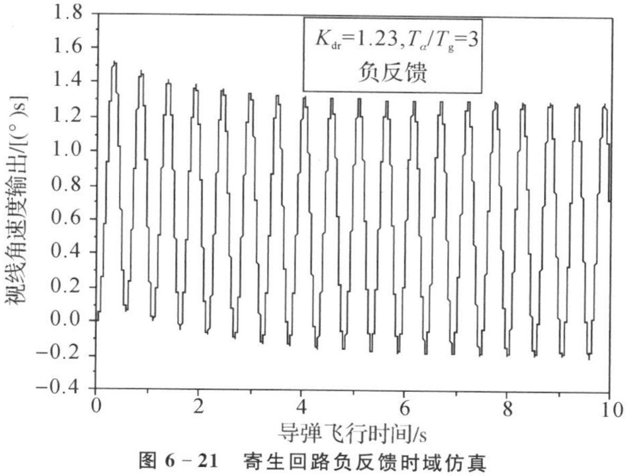

图 6－21　寄生回路负反馈时域仿真

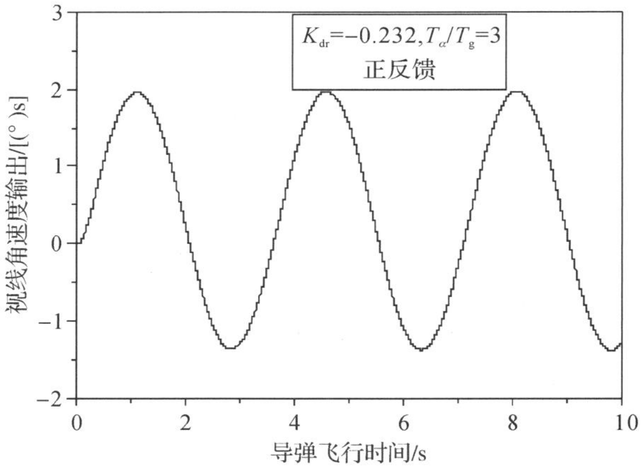

图 6－22　寄生回路正反馈时域仿真

6.5　捷联寻的制导系统匹配性设计

6.5.1　捷联寻的制导系统设计特点

捷联寻的制导系统采用视线角速度重构设计，导引头伺服平台的角跟踪回路采用滤波估计的失调角信息进行控制，可以降低导引头噪声扰动对伺服系统的影响。通过估值计算的视线角速度前馈控制，可以提高伺服系统响应的快速性；通过预测的目标运动方向预置外环的偏转方向以及弹体姿态的协调控制，可以协助导引头解决过顶跟踪问题。

同时，目标运动信息在惯性系建立滤波状态方程，由惯性系、视线系、弹体系三个坐标系实现量测信息、状态信息、伺服控制指令等的转换。由于量测信息在极坐标系生成，状态信息在直角坐标系计算，可采用扩展卡尔曼滤波等解决量测的非线性问题，提高滤波信息的适应性和估值精度。

采用滤波估计的目标运动信息，可以提高视线角速度、视线角加速度等信息的估值精度，降低视线角重构误差及视线角微分运算过程中引入的视线角速度误差，进而优化制导系统性能。通过视线角速度信息重构设计，伺服稳定平台对弹体隔离能力不直接引入制导信息中，制导信息闭合主要考虑制导误差信息源重构时钟同步误差及陀螺刻度因数误差。

考虑到制导信息重构过程与稳定平台隔离度无关，因此可以放宽制导系统对导引头伺服稳定平台频带的限制。对于捷联寻的制导而言，在制导系统响应范围内，导引头图像稳定跟踪目标即可。

由于捷联导引头只能直接测量相对弹体的框架角，需要利用导航设备获得弹体姿态角，通过计算得到视线角。因此视线角速度的测量精度需要通过导航精度保证。

由于导引头的隔离特性造成了弹体姿态控制与导引头平台之间形成耦合回路，寄生耦合的存在使得制导系统产生寄生耦合小回路的稳定性约束，限制了弹体控制的快速性。利用目标运动信息滤波形成制导指令，可以降低甚至消除这种寄生耦合，允许弹体控制更快，降低制导系统的时间常数。

捷联寻的制导系统重构后的视线角速度可以表征为

$$\dot{q}=\dot{\tilde{\varepsilon}}+\dot{\tilde{\varphi}}+\tilde{\omega}_{\mathrm{m}} \tag{6-13}$$

其中，$\tilde{\omega}_{\mathrm{m}}$ 表征弹载捷联惯导量测信息，该信息受陀螺传感器动力学滞后及刻度因素误差的影响；$\dot{\tilde{\varepsilon}}$ 表征失调角偏差微分量，在微分过程中会放大导引头视线偏差角噪声；$\dot{\tilde{\varphi}}$ 表征框架角微分量，其量测精度对视线角速度影响较大。

捷联稳定平台一般包含两个测量传感器：弹体惯性空间角速度传感器及导引头框架角测量传感器。其中，弹体惯性空间角速度一般采用光纤陀螺测量，数学模型可表示为纯延迟及一阶动力学滞后环节，姿态角由导航算法给出；框架角为导引头位标器输出的稳定平台相对基座的角度，一般采用旋转变压器测量，数学模型可表示为纯延迟环节(延迟一般在微秒级)。失调角为导引头图像处理输出视线相对于探测器的位置误差信号，由导引头图像处理获得，该信号输出频率取决于导引头帧频。

可以看出，相对于速率陀螺稳定平台制导系统闭合，捷联寻的制导系统在提取视线角速度信息过程中存在导引头视线角偏差噪声放大、量测传感器动力学滞后、时空配准等问题，相应寄生耦合回路的稳定性也受时钟对准误差、传感器信息同步及频带特性的影响，因而在捷联寻的制导系统总体设计过程中需要综合考虑。这里将与捷联导引头失调角、框架角信息提取及惯性传感器弹体姿态角输出相关的制导信息误差源分析、时钟同步、动力学特性匹配等过程统称为捷联寻的制导系统匹配性设计。

另外，针对捷联导引头无法直接测出惯性视线角速度的特点，在进行制导方案设计时，对于全捷联制导系统，可采用积分式比例导引+弹道倾角自动驾驶仪设计方案，制导算法基于视线角及捷联惯导输入，形成弹道倾角控制指令，自动驾驶仪响应弹道倾角指令，进而闭合制导系统；对于半捷联制导系统，可采用视线角速度提取＋过载自动驾驶仪设计方案，通过构建视线角速度提取算法，采用比例导引律实现制导方案闭合。对于格斗型空空导弹而言，由于目标快速机动及高速运动的影响，通常采用半捷联导引头，寻的制导方式为半捷联制导。

6.5.2 捷联寻的制导系统匹配性设计方法

1. 时钟对准设计

捷联寻的制导系统包含导引头失调角、框架角以及弹体姿态角三个信息源，分别来源于弹上不同传感器。其中失调角信息来自于导引头图像处理输出，表示目标光轴相对于探测器的位置误差信号，该信号输出频率取决于导引头帧频，受图像处理时间限制，该信息输出频率相对较低；位标器输出框架角，框架角信息一般采用旋转变压器作为测量元件，利用数字转换（R/D）来硬件解调角度信号，考虑到旋转变压器用于导引头速度环控制，该信息输出频率较高；捷联惯导输出导弹姿态角，弹体姿态角一般采用陀螺传感器作为测量元件，陀螺输出角速度信息通过弹载捷联惯导解算，能够输出任意时刻导弹姿态角。通常条件下，上述测角信息的频率并不一致，在缺乏时钟同步信号条件下，目标视线角速度重构过程中，极易出现时间不对准。因此，捷联寻的制导系统设计需要考虑时钟对准问题。

采用视线角速度重构方案的捷联寻的制导系统模型框图如图 6－23 所示。图中，将导引头失调角与框架角的综合看做目标相对于弹体的失调角误差，在研究捷联寻的制导系统匹配性问题时，将卡尔曼滤波作为视线角微分环节，并用一阶环节表示，滤波器的结构、参数决定了其零极点的特性。

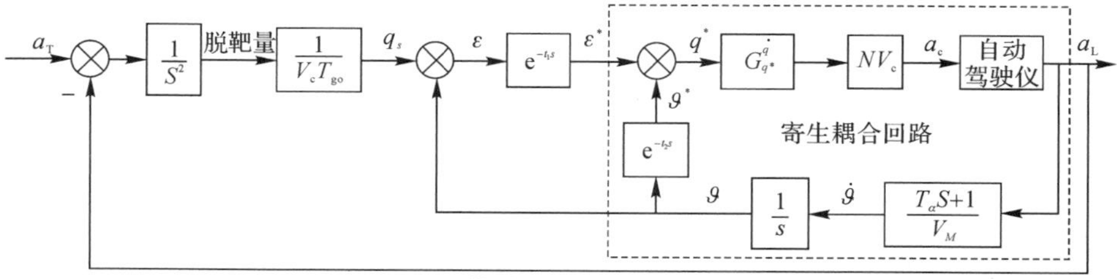

图 6－23　捷联寻的制导回路模型框图

寄生耦合回路等效关系如图 6－24 所示，寄生耦合回路由视线角速度微分、制导律以及导弹动力学环节等组成，其中 ΔT 表征导引头视线角偏差信号相对于捷联惯导系统的延迟时间 $\Delta t_1 - \Delta t_2$。

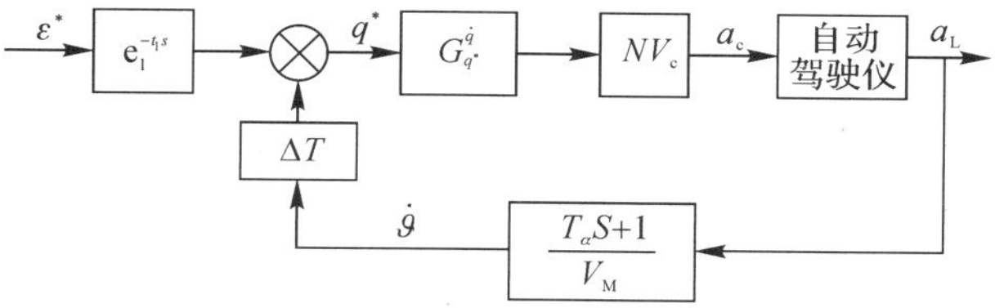

图 6－24　寄生耦合回路等效模型框图

同样，将自动驾驶仪看做 3 阶，制导滤波器看做 1 阶，视线角重构滤波器看做 1 阶，寄生耦合回路开环传递函数为

$$\mathrm{sys}_{\text{Open Loop}} = -\frac{NV_{c}(T_{\alpha}s+1)s}{V_{M}(T_{g}s/5+1)^{5}}\Delta T \tag{6-14}$$

进一步推导其闭环特征方程，有

$$\mathrm{sys} = V_{M}(T_{g}s/5+1)^{5} + NV_{c}(T_{\alpha}s+1)\Delta Ts \tag{6-15}$$

可以看出，由惯导引起的弹体姿态角测量时间延迟所产生的寄生耦合回路与导引头隔离度导致的寄生耦合特性具有相似的特征方程结构（正误差时间延迟与隔离度引起的寄生耦合特性稳定域约束表达式相同），所不同的是，重构信息相对时间延迟呈正、负变化特性（该特性与雷达弹天线罩误差特性类似）。

通过归一化近似处理，基于稳定性判据，推导出寄生耦合回路稳定域约束满足如下要求：

$$-\frac{1.52V_{M}T_{g}^{2}}{NV_{c}T_{\alpha}} < \Delta T < 0.2\frac{V_{M}T_{g}^{2}}{NV_{c}T_{\alpha}} \tag{6-16}$$

选定典型参数，制导增益 N 取 4，T_{α} 取 5，T_{g} 取 0.3，$V_{M}=V_{c}$，可以得出重构信息相对延迟时间要求，即正向延迟小于 0.9 ms，负向延迟小于 6.84 ms。从分析结果可以看出，采用高动态控制的空空导弹，对视线角速度重构方案下的时钟对准精度指标要求非常高。

搭建仿真环境进行制导系统闭合仿真，设定导弹姿态角（由惯性导航给出）与导引量测信息的相对延迟时间，正向延迟 1ms、负向延迟 8ms 条件下导弹加速度变化曲线如图 6－25 所示。由仿真结果可以看出，时钟同步误差能够导致制导系统表现出振荡发散现象。

由归一化稳定性约束，可以分析得到寄生耦合回路稳定性与子系统典型参数之间的约束关系，为方案设计过程中指标分配提供依据。建立线性化制导系统数学模型，开展制导信息源对准误差对制导系统的影响分析。图 6－26 给出了不同延迟时间条件下导弹脱靶量变化曲线。

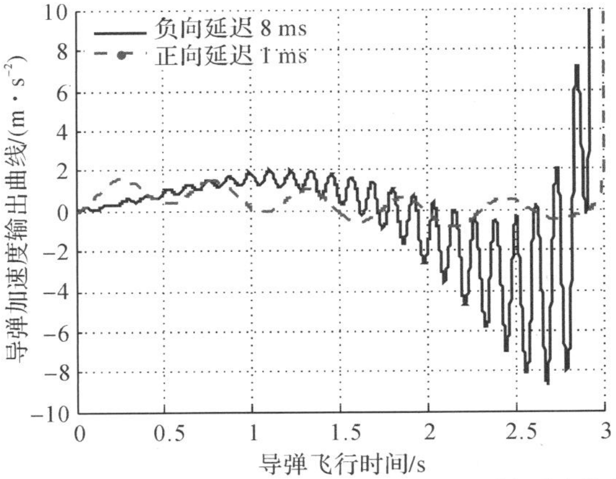

图 6-25　不同惯导相对导引信息延迟时间条件下导弹加速度输出曲线

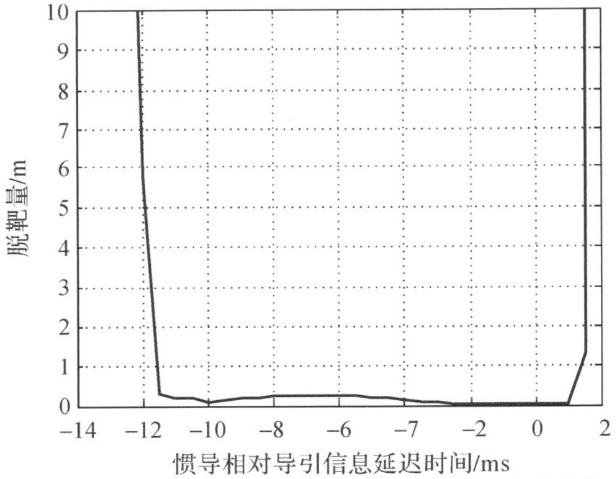

图 6-26　脱靶量随惯导相对导引信息延迟时间变化曲线

由仿真曲线可以看出，制导信息源相对正、负向延迟特性对制导系统的影响存在差异，在设计过程中应重点关注捷联惯导相对于导引信息的延迟特性，严格控制时钟对准精度。

2. 传感器带宽影响

空空导弹惯导陀螺一般采用光纤陀螺，采用光纤陀螺一阶滞后模型，制导回路数学模型与 6.1.3 节一致。光纤陀螺频带分别取 300 Hz、100 Hz，寄生耦合回路开环传递函数伯德图如图 6-27 所示。根据对开环传递函数伯德图的分析，光纤陀螺 100 Hz 带宽可以保证系统稳定性。

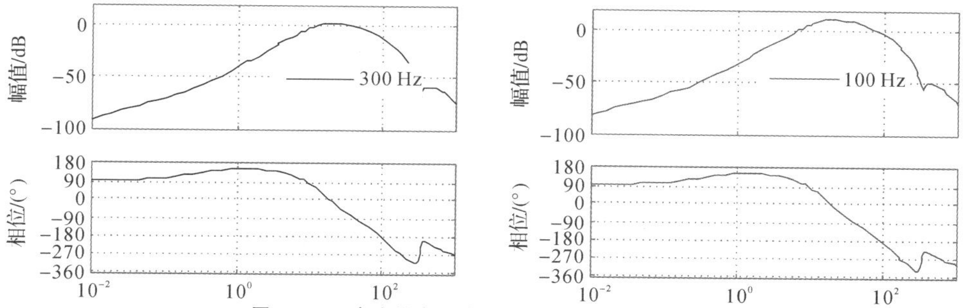

图 6－27 寄生耦合回路开环传递函数伯德图(一)

若光纤陀螺采用二阶滞后模型(阻尼为 0.707),制导回路数学模型与6.1.3 节一致。光纤陀螺频带分别取 300 Hz、100 Hz,寄生耦合回路开环传递函数伯德图如图 6－28 所示。根据对开环传递函数伯德图的分析,光纤陀螺 100 Hz 带宽不能保证系统稳定性。

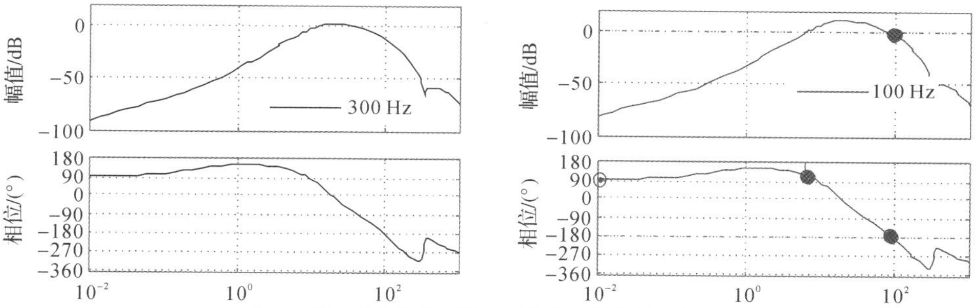

图 6－28 寄生耦合回路开环传递函数伯德图(二)

根据以上分析可以看出,采用视线角速度重构设计方案,寄生耦合回路稳定性对传感器信息源动力学特性提出了新的约束。在捷联寻的制导系统设计过程中,不仅需要关注传感器的频带,还应该注意传感器所用的阶次。同时,对于高阶子系统,还需对关键频率的相频特性提出指标约束。

目前,解决传感器动力学特性不匹配的途径主要包括选用高带宽陀螺,或者实现导引信息与低带宽陀螺的相位匹配设计等[9]。相位匹配法原理是基于连续信号的傅里叶变换理论推导。对于两个不同的连续信号时域之间的差异进行变换,可以明确比较出其频域特性,通过相位补偿的方式即可将频谱上有差异的两个信号同步。传感器动力学匹配滤波的设计方法还可参考 4.2.1 节所述,需要注意的是,视线角速度重构设计方案中还需要考虑失调角的匹配滤波设计。

3. 传感器刻度因子影响

陀螺传感器刻度因子误差会引起寄生耦合 回路的不稳定。考虑陀螺传感

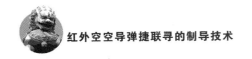

器为一阶环节，可以得到弹体姿态运动对视线角速度提取精度的影响为

$$\frac{\dot{q}(s)}{\omega_{\mathrm{m}}(s)}=\frac{k_{\mathrm{g}}}{T_{\mathrm{g}}s+1}-1 \tag{6-17}$$

其中，k_{g} 表征陀螺角速度输出增益；T_{g} 表征陀螺传感器动力学滞后时间常数。

建立陀螺传递函数，进而闭合制导系统，可以分析陀螺传感器刻度因子误差对制导系统稳定性的影响。当陀螺频带足够宽可以忽略陀螺动力学滞后条件下，可得

$$\frac{\dot{q}(s)}{\omega_{\mathrm{m}}(s)}=k_{\mathrm{g}}-1=R=\frac{\mathrm{d}\varepsilon}{\mathrm{d}\vartheta} \tag{6-18}$$

其中，ε 为陀螺刻度因数误差引起的视线角速度变化。

可以看出，制导系统设计过程中，必须通过提高刻度因子误差标定精度或在线辨识方法降低刻度因子的影响。

参考文献

[1] ZARCHAN P. Tactical and Strategic Missile Guidance [M]. VA: AIAA,2012.

[2]樊会涛，杨军，朱学平. 相控阵雷达导引头波束稳定技术研究[J]. 航空学报，2013，34(2)：387 - 392.

[3]NESLINE F W，ZARCHAN P. 空气动力控制的寻的导弹：天线罩引起的脱靶量[J]. 杨令娴，译. 航空兵器，1992(6)：22 - 39.

[4]杜运理，夏群利，祁载康. 导引头隔离度相位滞后对寄生回路稳定性影响研究[J]. 兵工学报，2011，32(1)：28 - 32.

[5]周桃品，李友年. 导引头隔离度对制导系统影响研究[J]. 航空兵器，2013(1)：32 - 34，50.

[6]李富贵，夏群利，蔡春涛. 导引头隔离度对寄生回路稳定性的影响[J]. 红外与激光工程，2013，34(2)：387 - 392.

[7]周桃品，李友年. 位标器干扰力矩的分析与自适应补偿[J]. 红外与激光工程，2013，42(7)：1830 - 1834.

[8]江云，李友年，王霞. 滚仰式捷联导引头视线角速度提取技术研究[J]. 电光与控制，2015，22(4)：66 - 69.

[9]闫胜利，张跃，张鑫. 相位匹配法用于提高非制冷全捷联导引头制导信息

精度[J]. 光学与光电技术,2013,11(1):76－80.
[10]雅诺舍夫斯基,薛丽华,范宇,等. 现代导弹制导 : Modern Missile Guidance[M]. 北京:国防工业出版社, 2013.

第7章

捷联寻的制导系统原型开发

快速原型技术(Rapid Prototyping，RP)最初产生于制造业，主要思想是尽可能地在虚拟环境中完成产品设计，从而缩短开发周期，降低开发费用[1]。将控制系统设计和控制算法验证引进快速原型技术后，称之为快速控制原型技术(Rapid Control Prototyping，RCP)。经过多年发展，快速原型/快速控制原型技术已经广泛应用于航空、航天、军事等领域[2-9]，成为系统设计和快速开发的有效工具。

在导弹制导系统设计开发方面，由于其性能的优劣直接影响导弹的作战性能，如何对制导系统的技战术性能进行评价，已成为设计、试验及使用人员共同关心的问题。但长期以来对制导系统的性能评价是通过实验室半实物仿真测试和外场实验进行的，一旦出现不满足技术指标要求的情况就要进行设计更改，导致研制周期长、成本高。同时那些需要通过真实靶试来考核的技术指标也只能进行有限次考核，所能考核的作战条件、环境也有限，难以充分验证制导系统在各种复杂条件下的作战性能。

以上原因催生了制导系统快速原型的开发方法[10]。制导系统快速原型设计是集数学模型研究、数字/半实物仿真等功能于一体的开发手段，能够快速形成产品的原型样机，对制导系统的飞行方案和控制方案进行实时分析和验证，充分检验系统软硬件设计方案的有效性和系统的工作性能。原型技术改变了传统的设计流程，形成制导系统设计—仿真—设计的螺旋式上升的开发过程，为产品的工程实现打下良好的基础。

7.1 快速原型开发方法

7.1.1 快速原型开发原理

快速原型开发的目的是构造满足产品功能和性能开发要求的设计、仿真和验证环境，实现产品的快速、低成本设计迭代和确认。快速原型开发过程包括数学建模、系统原型样机构建、硬件在回路测试与仿真，如图7－1所示。

1. 数学建模

快速原型开发的目的是在虚拟数字模型和硬件实现之间建立桥梁，在硬件投产前完成系统算法、接口、通信、驱动等内容的开发和验证，确保系统硬件和软硬件配合设计的一次性成功。它不仅是系统算法等物化为硬件电路前的状态验证和确认手段，而且还是一种系统硬件实物在回路的性能测试和验证手段。建立

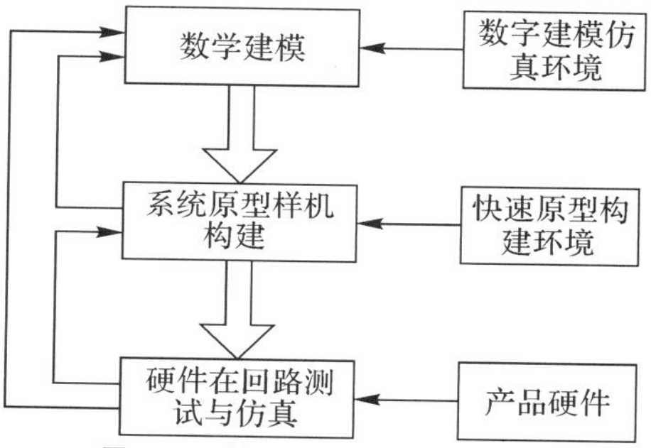

图 7－1 快速原型开发原理

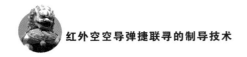

系统快速原型所需的数学模型是开发快速原型的基础。

2. 系统原型样机构建

在原型系统中构建的数字模型工作在快速原型实时平台上，数字模型各部分具有与系统实物相对应的硬件接口，可以和组成产品的各部分实物连接和互换。将数字模型按照实际接口逻辑与系统实物进行连接，可以形成被开发系统的原型样机。原型样机具有与产品相同的功能和逻辑时序，可在此基础上完成原型样机系统的测试和调试，实现对系统功能、性能的测试与评估。

3. 硬件在回路测试与仿真

在原型样机系统完成后，可将其替换到系统回路中，实现硬件在回路的测试和验证。此时的快速原型开发环境可以实现原型样机硬件在回路的功能测试与仿真。通过平台和实物对象互连，可以快速确定数字模型作用于硬件实物时是否满足功能、性能的要求；快速地确定控制模型或算法的状态，包括工作时序、接口形式、放大倍数、AD 精度、传送数据等资源要求，并可在系统回路中完成各项功能仿真。

7.1.2 快速原型开发平台

快速原型开发平台的一般组成如图 7-2 所示。

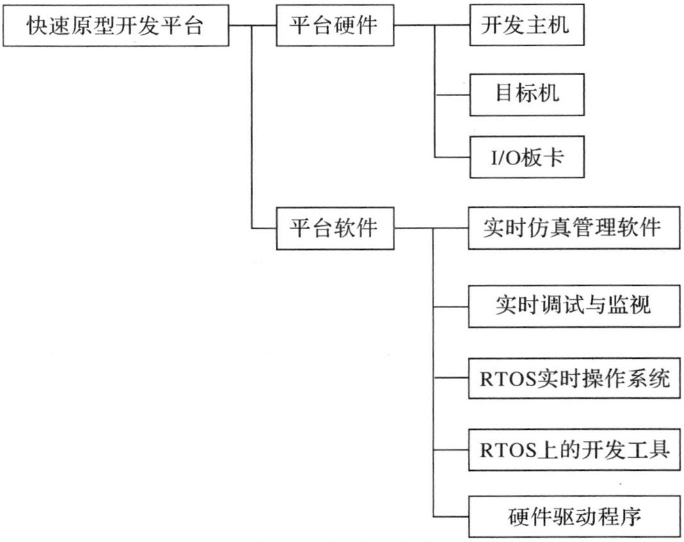

图 7-2 快速原型开发平台的一般组成

1. 平台硬件

平台硬件包括开发主机、目标机和I/O板卡(输入/输出控制板卡)。其中主机和目标机均为高性能计算平台,它们之间采用快速以太网连接,目标机之间的实时连接采用IEEE 1394高速串行总线或者基于FPGA的专用快速I/O板卡。I/O板卡主要用于替代实际电路的接口,实现其与外部设备的连接。系统硬件构成了快速原型开发及高性能计算的基础,如图7-3所示。

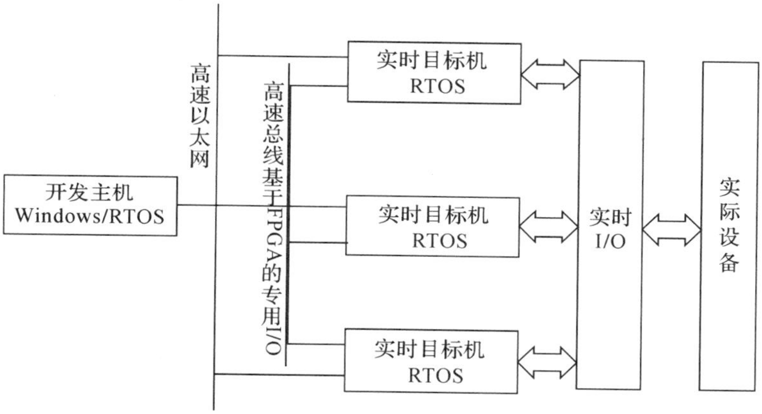

图7-3 系统硬件结构图

开发主机是用于模型开发和系统仿真运行的任务管理平台。目标机是模型运行的载体,通过实时操作系统实现模型的实时运行和I/O。在目标机上实时运行的模型可通过通用转换装置与外部系统实物进行I/O或者数据通信。通用转换装置是针对快速原型开发系统设计的通用接口,实时目标仿真机输入、输出信号经过该设备调理后可同外部物理部件的信号相匹配,实现数学模型与系统其他部件或者实物进行的关联试验,从而实现数学模型与各类硬件的连接,生成原型样机。

2. 平台软件

平台软件包括仿真管理软件、实时调试与监视软件、实时操作系统、各种硬件的驱动程序等。实时仿真管理软件具有多目标机的管理功能,能够将开发好的虚拟样机模型自动转化为可实时运行的二进制代码,自动完成模型的分布式下载。

实时操作系统选用高性能主流操作系统,可提供完善的系统调用和函数接口,方便底层的软件功能扩展。所采用的操作系统具有网络管理和文件系统管理功能，在离线仿真和 HIL 仿真时，模型运算的数据可以存入硬盘作为记录。提供开发版的实时操作系统和界面友好实时应用开发工具。为方便系统功能扩展，所选用操作系统还须支持大量商用板卡，提供 I/O 驱动程序的源代码，便于对自研或特殊用途的板卡的驱动开发，提供自研的板卡的驱动程序开发规范流程和技术支持。

此外系统应提供接口简单且功能强大的开发系统，便于开发实时调试与监视软件，便于在实时操作系统上独立进行实时应用开发。利用接口可以设置仿真的各个方面，提供功能完善且友好的支持 C、VB 等高级语言的 API，能够利用 API 在其他应用软件上实现仿真管理、数据监控参数调整等功能。

3. 平台特点

快速原型开发平台具有如下特点：

1）实时性：性能稳定的实时计算平台和实时操作系统。

2）自动化：开发主机上模型的分割和通信的建立都由系统自动完成，并具有专门的节点分配功能。模型经过编译后生成实时可执行文件，在下载时由系统自动按照用户指定的对应关系将模型分配到相应的目标机上实时运行。模型下载到目标机时，应能够自动根据原始模型的结构来设置分系统间的实时通信和同步方式。

3）多速率：开发平台应具有多速率运行功能，支持模型的不同子系统以不同的步长运行。实时仿真机内的模型应按照规定的实时性要求运行，每个子系统的模型既可以分别在独立的仿真目标机上运行，也可以组成一个完整的系统运行。

4）高精度：精度包括模型解算精度和设备间数据交换精度。采用双精度变量类型和高阶 Runge-Kutta 微分方程解算器，采用高精度 A/D 或者 D/A 设备，以保证系统仿真精度。

5）扩展性：支持多种通用板卡或接口，满足构建快速原型系统需要的 I/O 系统，并能够进行持续扩展，兼容并支持后继产品的设计开发；能够支持流行商用软件（Matlab/Simulink 等），便于选择方便的算法开发工具。

6）抗干扰：仿真计算机应采用内部抗 EMI 性能良好的工控机。外部数据采用实时反射内存网卡的光纤传输。采用电缆传输的信号，除传输线缆采用屏蔽电缆以外，在信号接收端都将采用光电耦合等信号调理措施，以减轻干扰造成的影响。

7.1.3 快速原型开发过程

快速原型在其整个开发过程中位于总体方案设计和数字仿真之后，是从数字模型到硬件实现的快速开发和验证手段，是算法物化为硬件电路前的状态验证和确认手段，也是硬件实际性能的验证和考核手段。它不仅是一种设计平台，而且还是一种测试和仿真验证平台。利用该平台可在实时环境下对制导系统模型进行快速调整和性能评估，以指导物理样机的研制，从而使整个制导系统的研发工作形成一个满足系统设计、开发、快速验证及测试需要的整体综合化环境。使用它可大大提高制导系统的设计开发能力，缩短开发周期，减少设计反复，降低开发成本，同时还具有广泛的可重用性。

快速原型开发过程如图 7－4 所示。该“V”形开发过程分为五个阶段，即功能设计、快速原型样机设计、产品硬件和代码生成、硬件在回路仿真及产品测试。

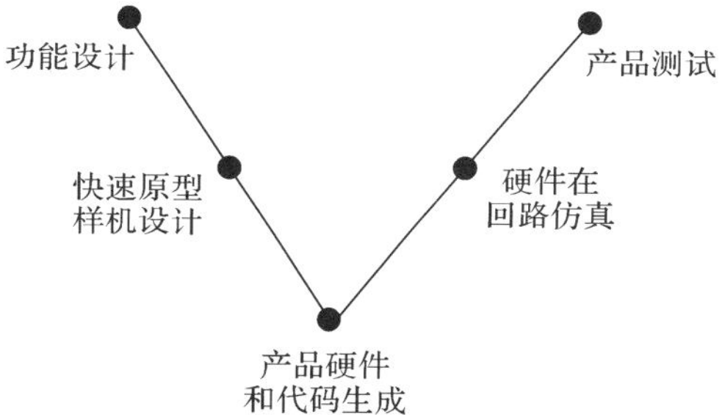

图 7－4 快速原型开发过程

在功能设计阶段，在计算机上建立一个被控对象的制导系统数学模型，并对其进行仿真，然后把控制系统有关部件模型加到仿真系统中，进行控制器优化设计、分析与数学仿真等。这一阶段建立控制系统、被控对象模型，对整个设计进行离线仿真、分析，确定设计的可行性和参数的大致范围。这一阶段的仿真是非实时仿真。

在快速原型样机设计阶段，考虑到以后根据测试和试验情况可能会对控制器进行修改，往往不用硬件实现控制器，而用实时仿真机来代替真实的控制器。将控制器模型自动转换为实时代码并下载到实时仿真机上，并和被控对象的模型或者被控对象实物连接进行实时仿真。

在产品硬件和代码生成阶段，将原型设计阶段的代码自动编译生成为目标产品芯片的代码，并自动下载到产品硬件上。

在硬件在回路仿真阶段，真实的控制器已经开发完成，需要对其在不同的工作条件下进行全面测试。这时可以利用运行在实时计算机上的对象模型或环境模型，也可以利用实际的控制对象，对控制器进行更全面的测试。

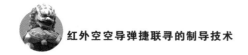

在产品测试阶段，在实际使用环境下对系统产品进行测试，并对控制参数进行优化设计。

7.2 RT-LAB快速原型开发环境

由于快速原型在缩短开发时间以及削减开发成本上的优势，许多商业公司纷纷推出快速原型实时仿真和开发平台，以下为一些实例：

1)美国 MathWorks 公司开发了基于 Simulink 的代码自动生产环境 RTW，实现了 Simulink 控制器算法模型到实时测试代码和产品代码的自动生成；

2)德国 dSPACE 公司开发了一套基于 RTW 的控制系统在实时环境下的开发和测试平台 dSPACE；

3)英国 Pi Technology 公司使用 RTW 开发研制了 OpenECU 系统，该系统主要面对汽车电子领域的软/硬件开发；

4)加拿大 Quanser 公司开发了一套基于 Matlab/Simulink/RTW 的控制开发及半实物仿真的软硬件集成一体化平台 QStudioRP。

5)加拿大 OPAL－RT 公司推出了一套工业级的系统开发环境 RT-LAB，使得工程师可以直接将 Matlab/Simulink 建立的动态系统数学模型应用于实时仿真、快速原型开发与硬件在回路测试。

目前国内外常用的快速原型开发平台有 dSPACE、QStudioRP 以及 RT-LAB。这些平台采用不同的关键技术来满足用户对快速实时计算的要求。dSPACE 采用独特的并行多处理器系统硬件来加快仿真模型的仿真速度，这是从硬件上来实现的；QStudioRP 依靠 RTX＋Windows 的强大功能来保障开发的便利和实时性；RT-LAB 采用独特的模型分割技术来提高仿真速度，这是从软件上来实现的。总体来说，上述系统的体系结构、原理和原型设计流程基本相同，都支持 Matlab/Simulink 软件，并且都采用主机、目标机方式。主机采用 Windows 通用操作系统，用于系统数学模型开发；目标机为实时计算机，安装有实时操作系统，直接参与仿真。dSPACE、QStudioRP 和 RT-LAB 的优缺点对比如表 7-1 所示。

表 7－1 dSPACE，QStudioRP 和 RT-LAB 的优缺点

平台	优点	缺点
dSPACE	功能强大、产品成熟，提供硬件系统和软件环境完成算法的设计、测试与实现全过程	必须使用该公司提供的硬件产品，不利于自主开发法
QStudioRP	RTX＋Window，充分利用 Windows 图形和应用接口，拥有众多低价的第三方硬件和驱动	与该公司硬件绑定，不支持分布仿真，功能简单，产品不成熟
RT-LAB	模型分割分布仿真，扩展性好，支持众多硬件板卡	需要购买仿真节点，成本高

上述平台中，RT-LAB 的扩展性和兼容性更好，因此常作为制导控制系统快速原型开发平台。

RT-LAB 平台包括仿真主机和仿真目标机，仿真主机包括 RT-LAB 开发主机和监控主机。主机和目标机之间通过 TCP/IP 连接，仿真主机上面安装 RT-LAB 仿真软件，并对 RT-LAB 实时仿真器进行系统配置和集成。WANDABOX 信号调理机箱为产品信号转换的通用装置。RT-LAB 平台开发环境如图 7－5 所示。

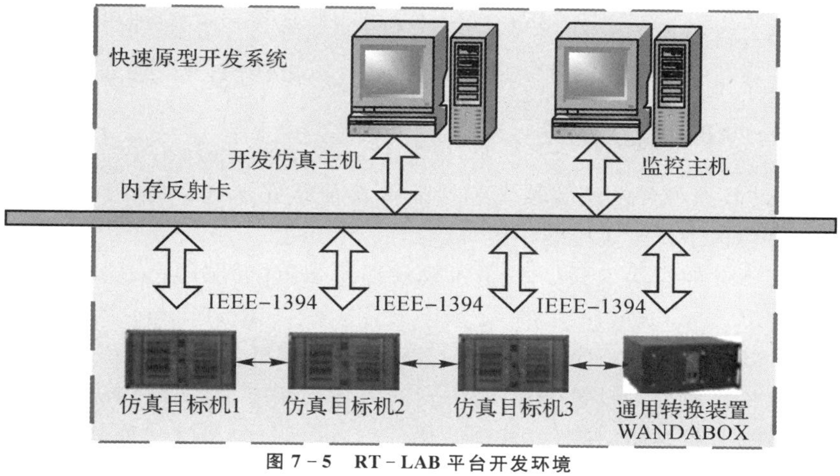

图 7－5 RT－LAB 平台开发环境

1. RT-LAB 仿真主机

RT-LAB 仿真主机运行 Windows 操作系统，实现开发、监控以及人机操作

界面等功能，在主机平台上操作可完成全部的系统仿真开发、调试、监控、测试等任务。RT-LAB 仿真主机包括两台主机，一台用于系统仿真开发，另一台用于系统的仿真监控。仿真开发主机主要完成基于 MATLAB/Simulink 模型开发、模型的离线仿真、代码自动生成、人机界面、数据记录、模型参数调整等；监控主机用于实时仿真过程中的数据监控。

2. RT-LAB 仿真目标机

RT-LAB 仿真目标机是系统模型实时运行的平台。在主机上开发好的 Simulink 模型经过编译以后自动转化为实时运行的二进制代码并下载到目标机上运行。编译转换和下载的过程通过 RT-LAB 主机系统实现，并由主机系统控制模型的运行、停止等操作，由三台目标机组成。

3. 通用转换装置 WANDABOX

通用转换装置 WANDABOX 是一种特殊的 RT-LAB 仿真目标机。在 RT-LAB 仿真目标机的基础上，WANDABOX 增加了信号调理功能，将现场参试实物的信号调理成目标机上的 I/O 板卡能够直接处理的信号，或者将目标机上的 I/O 板卡的信号调理成能够驱动实物的信号。

WANDABOX 中的信号调理模块，可以实现数据传输，A/D，D/A，信号电平转换，光电隔离等调理功能；信号调理直接在机箱前面板的屏蔽盒内进行，信号调理模块与机箱内的 PCI 信号采集卡之间的信号连接在机箱内部连线。调理后的数据通过一个专用的连线机箱与现场参试设备的相关线缆连接。

4. RT－LAB 开发软件

RT－LAB 原型开发系统软件包括仿真管理软件、QNX 实时操作系统、各种硬件的驱动程序以及应用编程接口。

仿真管理软件包括 RT-LAB 主机模块以及数据监控模块。主机模块实现与 MATLAB/Simulink 软件的无缝连接，能够将 Real-Time Workshop 和 StateflowCoder 生成的 C 代码编译链接为可在目标机上运行的二进制实时代码。利用主机模块可以设置 HIL 的仿真的参数和状态。数据监控模块要求实现图形化数据监控界面，具有仿真自动化工具，可以批量整定仿真模块参数，能够以拖放操作在变量/参数和虚拟仪表之间建立关联，为各种不同的测试场合提供灵活、友好的可订制的虚拟仪表风格的数据监控面板。

操作系统采用 QNX 操作系统，实时性好，内核稳定，适合在对系统可靠性和实时性要求较高的系统中应用。实时仿真步长可达 0.5 ms。

RT-LAB 仿真系统具备常用的各种 I/O 板卡以及信号调理卡的驱动程序。驱动程序以图形化的模块形式封装于 Simulink 软件的模型库中，可以在 Simulink 中实现对硬件接口进行连接和设置；模型库中包括使 Simulink 模型实时运行所需要的各种优化，设置与监控功能的模块。

7.3 捷联寻的制导系统原型样机

7.3.1 制导系统原型建模

制导系统快速原型是在捷联寻的红外制导系统数学模型的基础上建立的。捷联寻的红外制导系统的数学模型如图 7－6 所示，主要包含滚仰半捷联成像导引头、目标运动信息滤波算法、制导算法、稳定算法、惯性传感器(IMU)、对准导航算法、执行机构(舵机及推力矢量装置)、导弹动力学、导弹运动学、目标运动学和相对运动学等。

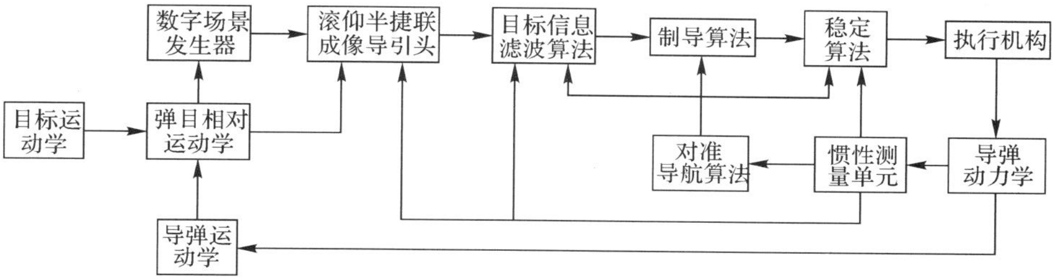

图 7－6　快速原型制导系统建模

不加推导地给出导弹质心动力学方程组为

$$\left.\begin{aligned}
&m\frac{\mathrm{d}V}{\mathrm{d}t}=P\cos\alpha\cos\beta-X-mg\sin\theta\\
&mV\frac{\mathrm{d}\theta}{\mathrm{d}t}=P(\sin\alpha\cos\gamma_V+\cos\alpha\sin\beta\sin\gamma_V)+Y\cos\gamma_V-Z\sin\gamma_V-mg\cos\theta\\
&-mV\cos\theta\frac{\mathrm{d}\psi_V}{\mathrm{d}t}=P(\sin\alpha\sin\gamma_V-\cos\alpha\sin\beta\sin\gamma_V)+Y\sin\gamma_V+Z\cos\gamma_V
\end{aligned}\right\}\tag{7-1}$$

本节符号所代表的意义可参考《导弹飞行力学》(北京理工大学出版社，钱杏芳等编著)，在此不再赘述。导弹绕质心转动的动力学方程组为

$$\left.\begin{aligned}J_x\frac{\mathrm{d}\omega_x}{\mathrm{d}t}+(J_z-J_y)\omega_z\omega_y=M_x\\J_y\frac{\mathrm{d}\omega_y}{\mathrm{d}t}+(J_x-J_z)\omega_z\omega_x=M_y\\J_z\frac{\mathrm{d}\omega_z}{\mathrm{d}t}+(J_y-J_x)\omega_y\omega_x=M_z\end{aligned}\right\}\tag{7-2}$$

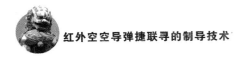

导弹质心运动学方程组为

$$\left.\begin{aligned}\frac{\mathrm{d}x}{\mathrm{d}t}&=V\cos\theta\cos\psi_V\\\frac{\mathrm{d}y}{\mathrm{d}t}&=V\sin\theta\\\frac{\mathrm{d}z}{\mathrm{d}t}&=-V\cos\theta\sin\psi_V\end{aligned}\right\}\tag{7-3}$$

导弹绕质心转动的运动学方程组为

$$\left.\begin{aligned}\frac{\mathrm{d}\vartheta}{\mathrm{d}t}&=\omega_y\sin\gamma+\omega_z\cos\gamma\\\frac{\mathrm{d}\psi}{\mathrm{d}t}&=\frac{1}{\cos\vartheta}(\omega_y\cos\gamma-\omega_z\sin\gamma)\\\frac{\mathrm{d}\gamma}{\mathrm{d}t}&=\omega_x-\tan\vartheta(\omega_y\cos\gamma-\omega_z\sin\gamma)\end{aligned}\right\}\tag{7-4}$$

质量变化方程为

$$\frac{\mathrm{d}m}{\mathrm{d}t}=-m_c\tag{7-5}$$

几何关系方程组为

$$\left.\begin{aligned}&\sin\beta=\cos\theta[\cos\gamma\sin(\psi-\psi_V)+\sin\vartheta\sin\gamma\cos(\psi-\psi_V)]-\sin\theta\cos\vartheta\sin\gamma\\&\sin\alpha=\{\cos\theta[\sin\vartheta\cos\gamma\cos(\psi-\psi_V)-\sin\gamma\sin(\psi-\psi_V)]-\sin\theta\cos\vartheta\cos\gamma\}/\cos\beta\\&\sin\gamma_V=(\cos\alpha\sin\beta\sin\vartheta-\sin\alpha\sin\beta\cos\gamma\cos\vartheta+\cos\beta\sin\gamma\cos\vartheta)/\cos\theta\end{aligned}\right\}\tag{7-6}$$

弹目相对运动方程组为

$$\begin{cases}x_{\mathrm{tm}}=x_{\mathrm{t}}-x_{\mathrm{m}}\\y_{\mathrm{tm}}=y_{\mathrm{t}}-y_{\mathrm{m}}\\z_{\mathrm{tm}}=z_{\mathrm{t}}-z_{\mathrm{m}}\end{cases}\quad\begin{cases}v_{x\mathrm{tm}}=v_{x\mathrm{t}}-v_{x\mathrm{m}}\\v_{y\mathrm{tm}}=v_{y\mathrm{t}}-v_{y\mathrm{m}}\\v_{z\mathrm{tm}}=v_{z\mathrm{t}}-v_{z\mathrm{m}}\end{cases}\tag{7-7}$$

式中：m 为导弹总质量；v 为导弹的飞行速度；P 为导弹发动机推力；x、y、z 为导弹所受的阻力、升力、侧向力；α、β 为攻角、侧滑角；φ、ψ、γ 为俯仰角、偏航角、滚转角；θ 、ψ_V 为弹道倾角、弹道偏角；γ_V 为速度倾斜角；J_x 、J_y 、J_z 为导弹对弹体坐标系各轴的转动惯量；ω_x 、ω_y 、ω_z 为弹体坐标系相对地面坐标系的转动角速度沿弹体坐标系各轴上的分量；$(x_m y_m z_m)$ 为导弹在地面系中的坐标、$(x_t y_t z_t)$ 为目标在地面系中的坐标；$(v_{xm} v_{ym} v_{zm})$ 为导弹在地面系中的速度、$(v_{xt} v_{yt} v_{zt})$ 为目标在地面系中的速度。

式(7-1)～式(7-7)以标量形式对导弹空间运动进行了描述，可见其运动状态构成一组非线性微分方程，在给定初始条件后，用数值积分方法即可求解导弹的运动状态随时间变化的情况。

7.3.2 RT-LAB制导系统原型样机构建

为了实现基于RT-LAB的制导系统原型样机，应首先根据制导系统设计需求，在RT-LAB仿真主机提供的模型开发环境中完成系统建模及仿真。在确认制导系统设计满足要求后，再将模型按照一定原则进行分割，并加入RT-LAB集成的Simulink硬件接口模块。利用RTW把模型的各子系统分别转化为可实时运行的可执行文件。把可执行文件下载到相应目标机节点上，进行原型样机的验证，这时的原型样机和真实产品具有相同的硬件接口。在原型样机状态确认系统满足设计指标且产品相应硬件部分样机已完成后，用硬件实物替换相应的原型样机模型，进行原型样机仿真测试。如果测试结果说明产品硬件部分不满足设计要求，则进行硬件部分的设计更改。如果系统设计有缺陷，则修改系统设计，直至系统设计满足设计指标要求为止。

这里，将制导系统原型样机划分为导引头、飞控原型和舵机实物，其中位标器作为导引头内部的真实稳定跟踪平台，其传感器、执行机构和探测成像组件亦采用实物产品，用于模拟光学平台的主要性能及结构和伺服控制参数；RT-LAB平台承载制导系统实时图像处理算法、位标器伺服控制算法、飞行稳定控制算法、导航算法、制导算法；VMIC网络实现数据实时传输。所构建的制导系统原型样机体系结构如图7-7所示。

图7-7中每个目标机上都运行QNX实时操作系统，QNX操作系统在许多实时工程应用中表现出来的稳定性和可靠的实时性，使其能够满足要求较高的工程模拟和控制项目的使用需求。基于RT-LAB进行系统配置和集成的捷联寻的红外成像制导系统原型样机如图7-8所示。

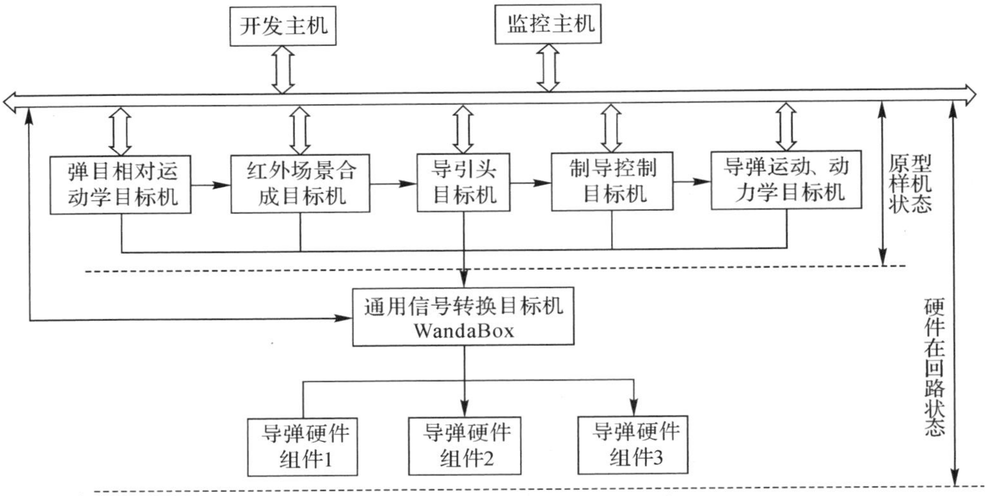

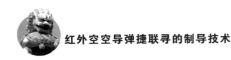

图 7-7　制导系统原型样机的体系结构

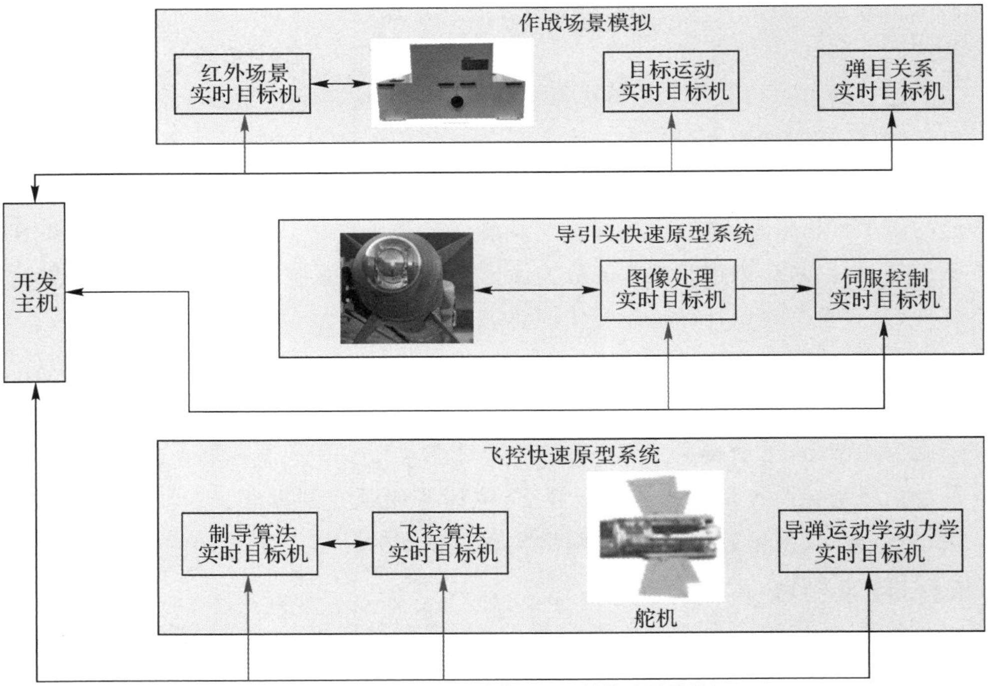

图 7-8　捷联寻的红外成像制导系统快速原型样机

7.4 硬件在回路仿真测试

7.4.1 硬件在回路仿真环境开发

利用制导系统原型样机进行硬件在回路测试与仿真，需要实现以下功能：

1)红外场景构建及图像生成：根据弹目状态，生成导引头瞬时视场中场景，投射至红外图像投射系统(目标模拟器)，模拟环境及目标红外辐射。

2)高灰度成像目标模拟：能够将计算机生产的数字红外图像投射成红外辐射，经位标器接收后形成红外图像。

3)实时仿真：实时仿真的弹道，模拟不同的弹目接近过程，状态信息传至场景构建及图像生成系统；接收红外图像，运行导引头图像和控制算法、制导控制系统算法、导弹运动学和动力学模型等；

4)运行监控：在监控主机中监控制导系统工作状态，采集显示灰度图像和各种数字量。

基于 RT-LAB 的捷联寻的红外成像制导系统原型样机硬件在回路测试与仿真环境如图 7-9 所示。红外成像目标干扰模拟器产生导弹所攻击的红外面成像目标、干扰和红外环境的热图像，导引头位标器探测到目标信息后，经过一系列处理形成导引信号，导引信号经过处理后形成舵控信号，经舵机系统形成舵偏角信号。仿真计算机采集到舵偏角信号，经过一系列模型解算，得出导弹姿态角(俯仰角、偏航角和滚动角)以及目标相对视线角。同时仿真计算机将计算出的导弹加速度和角速度信号通过惯测模拟器注入导弹加速度计和角速度陀螺，完成制导系统仿真闭合。飞行控制系统接收注入的惯测信号和导引头传来的导引信号，控制舵系统产生偏转，进而控制导弹飞向并毁伤目标。

图 7-9 中，RT-LAB 仿真主机运行 Windows 操作系统，RT-LAB 仿真目标机是系统模型实时运行的平台，在主机上开发好的 Simulink 模型经过编译以后自动转化为实时运行的二进制代码，并下载到目标机上运行，完成模型运算、算法仿真运算及 I/O 任务。编译转换和下载通过 RT-LAB 主机系统实现，并由主机系统控制模型的运行、停止等操作。

通用转换装置是针对制导系统快速原型设计的通用接口，将原型系统的输入、输出信号经过该设备调理后同外部物理部件的信号相匹配，实现目标仿真机中数学模型与外部实物(转台、舵机、导引头等)之间的 I/O 或数据通信。通用转换装置中的每一个板卡都开发有数学模型并嵌入 RT-LAB 的模型库。在快速原型开发系统建模时，可以选用系统提供的硬件板卡模型组成接口。模型实时运行时，自动驱动相应的板卡，使用方便，不必为不同的硬件产品重新搭建硬件接口。

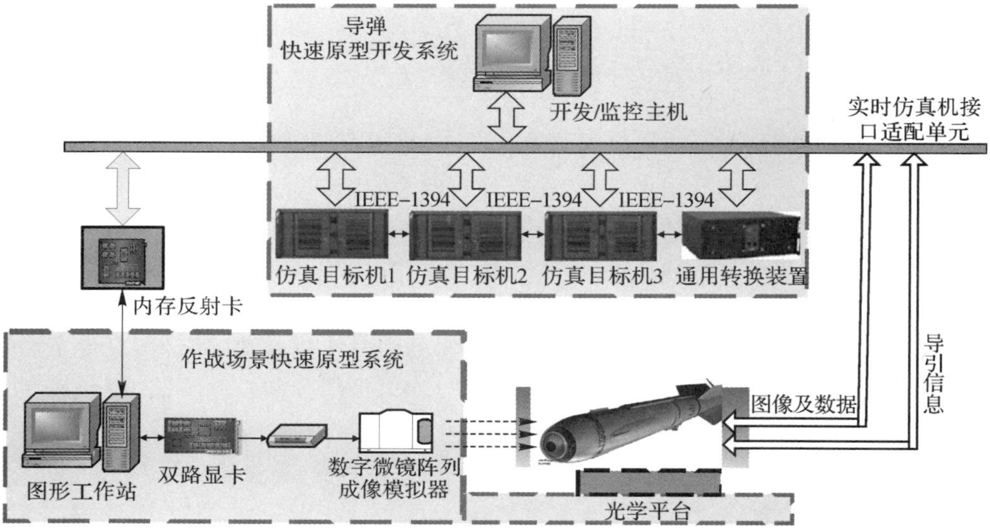

图 7-9　捷联寻的红外成像制导系统原型样机测试与仿真环境

仿真管理软件由 RT-LAB 的 MainControl 软件界面实现。数据监控由 RT-LAB 的 TestDrive GUI 模块实现，可以方便地在可视化的界面上显示模型实时仿真的结果。RT-LAB 的硬件驱动程序，都挂接在 Simulink 环境下的模型库中。同时，在目标机的软件中，也包含了硬件驱动程序的底层部分，用于驱动和产品的硬件接口。

7.4.2　红外动态景象仿真方法

红外动态景象仿真一般包括视景合成和视景投射两部分。视景合成通常由专业的红外场景仿真软件实现，或者直接使用实际试验获取的场景数据；视景投射是将红外数字场景或试验数据图像通过硬件转换为热辐射投射到导引头中，导引头接收红外辐射转换为红外图像后接入制导回路。

红外视景仿真软件一般由红外基元系数数据库、三维红外模型库、环境干扰动态链接库和视景驱动程序四部分组成。红外基元系数数据库以材质和纹理的形式存储着红外理论分析模型的结果，用以改变三维模型的表面质感、蒙皮、反射特性和透过特性；三维红外模型库用来提供各种目标、干扰和背景的几何模型；环境干扰动态链接库封装着不同的环境条件数据，包括天气、季节等；视景驱动程序调用渲染引擎选择，实时生成具有红外特征参数的动态景象。红外动态景象仿真流程如图 7－10 所示。

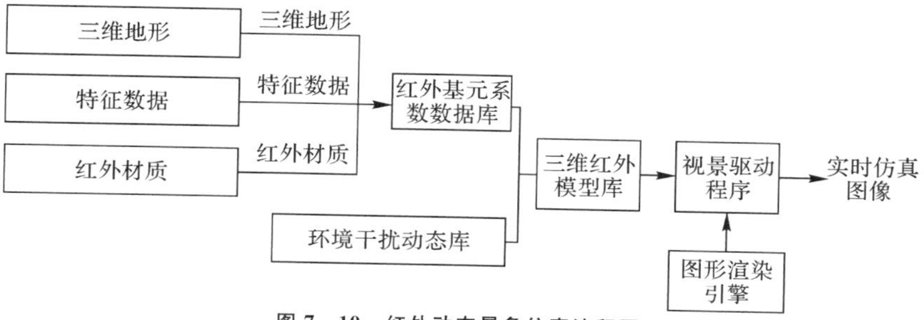

图 7－10　红外动态景象仿真流程图

在具体实现上，红外动态景象仿真通过图形工作站、数字图像转换模块、光纤反射内存卡等部分完成。图形工作站通过光纤反射内存卡实时高速地接收仿真计算机上输出的关于目标、干扰等的仿真参数数据，同时生成相应的背景、目标、干扰场景图像信息，经数字图像转换模块处理为数字微镜阵列驱动器控制微镜翻转的关键数据。

红外动态景象模拟系统主要包括红外模拟器及其驱动控制系统，系统组成图如 7－11 所示。红外模拟器使用数字微镜阵列作为红外动态景象转换生成的核心器件，可根据输入红外景象准确地模拟目标、背景及干扰等动静态红外辐射，输出图像具有较高的灰度精度和较高的帧频，模拟场景逼真度高、刷新速率快，为红外导引头性能测试仿真试验提供理想的环境。

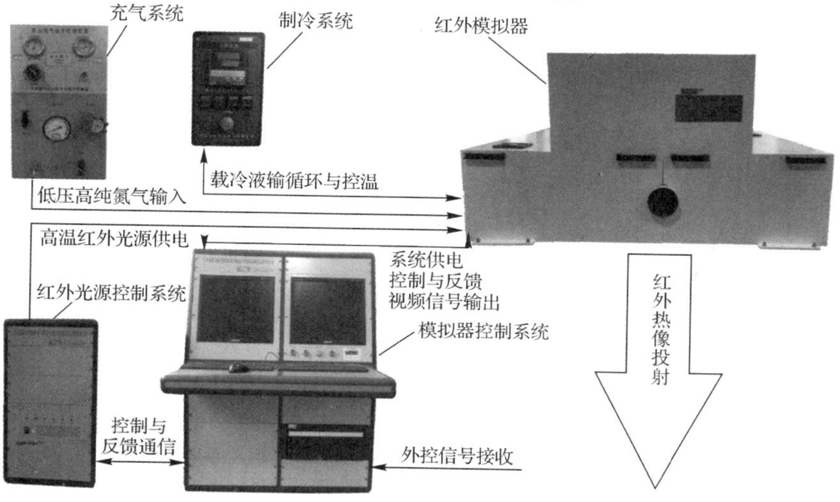

图 7－11　红外动态景象模拟系统

红外模拟器中包含光学投影光路，由物镜组和二次成像镜组组成。其作用有两方面：一是将微镜阵列调制生成的红外辐射准直为平行光形式投射给导引头，模拟相当于远距离的红外图像；二是实现模拟器光学系统与导引头光学系统的光瞳对接耦合，保证导引头观察到清晰、均匀的红外图像。

7.4.3 制导系统测试与仿真示例

通过快速原型开展捷联寻的红外成像制导系统测试与仿真工作，可以方便快捷地调整系统模型和输入参数，得到满意的导引、控制与制导算法，并逐步完成对制导系统参数的调整、优化以及验证工作，从而使整个制导系统的研发工作形成一个满足系统设计、开发、快速验证及测试需要的整体综合化环境，进而大大提高制导系统的设计开发能力，缩短开发周期，减少设计反复，降低开发成本。其同时具有广泛的可重用性。

制导系统快速原型测试与仿真通常需要记录和分析的参数如表 7-2 所示。

表 7-2 弹道仿真需记录和分析的参数

序号	名称	符号	序号	名称	符号
1	导引头测量的视线角速度	$\dot{q}_{yC}, \dot{q}_{zC}$	8	离轴角	φ
2	模型计算的视线角速度	$\dot{q}_y, \dot{q}_z$	9	导弹速度	V
3	弹体角速度	$\omega_x, \omega_y, \omega_z$	10	目标速度	V_t
4	弹体测量坐标系过载	n_x, n_y, n_z	11	导弹相对地面坐标系位置	x_m, y_m, z_m
5	弹体俯仰、偏航、滚动角	ψ, ϑ, γ	12	目标相对地面坐标系位置	x_t, y_t, z_t
6	导弹攻角、侧滑角	α, β	13	弹目距离和弹目接近速度	$R, \dot{R}$
7	舵偏角	$\delta_1, \delta_2, \delta_3, \delta_4$	14	脱靶量	R_T

一组制导系统弹道测试与仿真结果如图 7-12～图 7-14 所示。

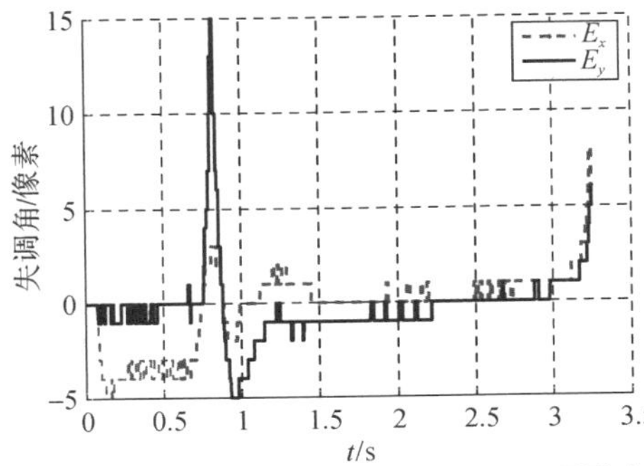

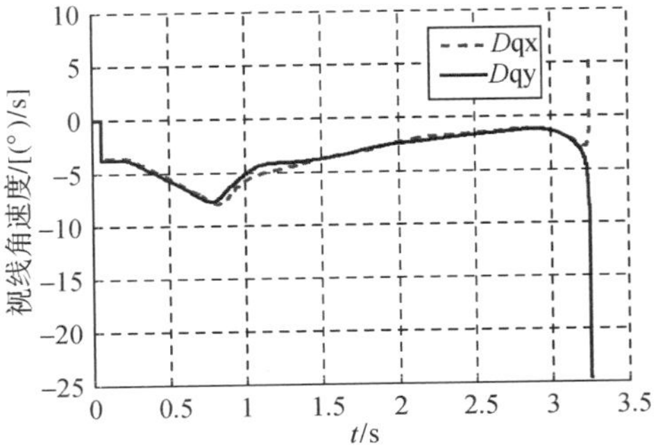

图 7-12 导引头跟踪误差及视线角速度

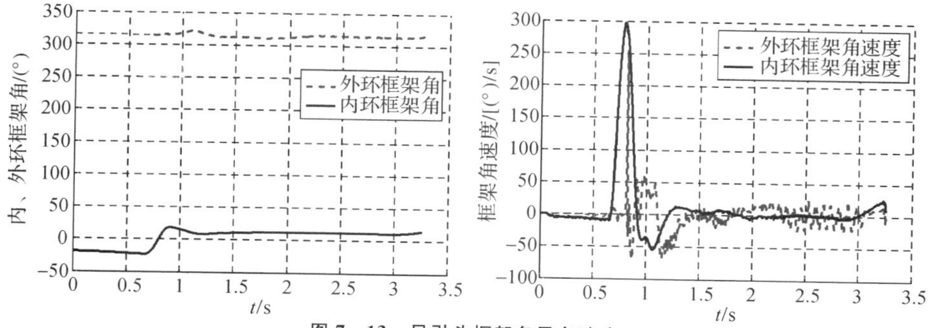

图 7 - 13　导引头框架角及角速度

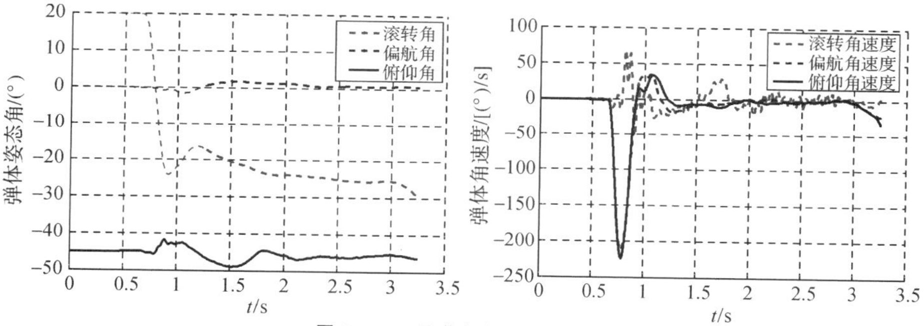

图 7 - 14　导弹姿态角及角速度

红外成像目标模拟器图像生成及导引头跟踪效果如图 7 - 15 所示。

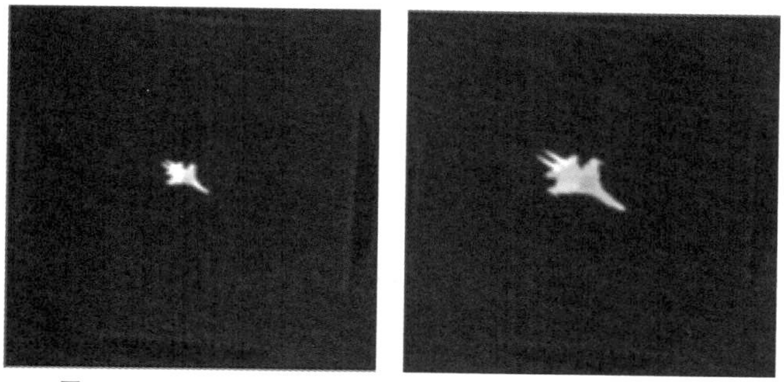
图 7 - 15　红外成像目标模拟器图像生成及导引头跟踪效果

参考文献

[1]刘忠伟，邓英剑. 先进制造技术.［M］. 3 版. 北京：国防工业出版社，2011.

[2]陈宗基，黄浩东，秦旭东. 飞行控制系统虚拟原型技术[J]. 航空学报，2002，23(5)：441－447.
[3]黄柯棣，刘宝宏，黄健，等. 作战仿真技术综述[J]. 系统仿真学报，2004，16(9)：1887－1895.
[4]贾晓洪，梁晓庚，唐硕，等. 空空导弹成像制导系统动态仿真技术研究[J]. 航空学报，2005，26(4)：397－401.
[5]王晓东，唐硕，周须峰. 飞行控制系统的快速原型设计[J]. 飞行力学，2006，24(1)：1－4.
[6]殷红珍，唐硕，黄勇，等. 组合导航系统快速原型设计[J]. 计算机辅助工程，2008，17(3)：45－48.
[7]李强，王民钢，杨尧. 飞行控制系统快速原型设计与实现[J]. 计算机测量与控制，2009，17(7)：1305－1307.
[8]王翌丞，车建国，胡延霖，等. 基于快速原型的无人机飞控仿真平台设计与实现[M]. 战术导弹控制技术，2011，28(2)：49－56.
[9]李增彦，李小民. 基于 X-Plane 的某巡飞弹快速原型及一体化建模[J]. 系统仿真学报，2017，29(11)：2903－2917.
[10]章惠君，郭雯雯. 制导控制系统快速原型技术研究[J]. 弹箭与制导学报，2010，30(4)：37－40.
[11]万士正，常晓飞，闫杰. 基于 RT-LAB 的飞控系统快速原型开发[J]. 电子测量技术，2012，35(10)：115－122.
[12]蔡松冶，唐硕，泮斌锋. 红外导引系统快速原型仿真中的场景生成技术[J]. 航空计算技术，2013，43(5)：108－119.

第8章

捷联寻的制导系统导引制导一体化设计

基于现代控制理论的捷联寻的制导系统导引控制一体化设计方法是将现代控制理论与捷联寻的制导系统的整体结构特点结合而发展起来的。在传统设计中，对导引头回路和制导回路是分开考虑的，这一设计思路与捷联寻的制导系统导引头状态与弹体姿态紧密相关的特点不相符。基于现代控制理论的设计思路是，在捷联寻的制导系统中将导引回路与制导控制回路融为一体，通过导引制导一体化设计实现最优的目标跟踪与导引制导[1-2]。

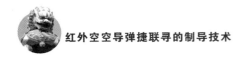

8.1 捷联寻的制导一体化设计分析

滚仰半捷联导引头稳定平台采用滚转＋俯仰两轴极坐标式结构，即外框架为滚转框架，内框架为俯仰框架。通过采用这种“滚转＋俯仰偏转”的结构形式，可以实现大离轴角条件下对目标的探测与跟踪。由于是半捷联稳定平台，在平台框架上没有安装惯性器件，因此无法直接测定视线角速度，需要通过安装在飞控组件内的惯性测量单元输出的弹体角速度信息，以及导引头输出的平台框架运动信息解算出惯性视线角速度。

因此，半捷联寻的制导系统是各部分耦合较强的系统，制导大回路不仅存在着以弹体反馈和自动驾驶仪等构成的内回路，还存在着需要和制导回路一体化考虑的导引回路。在软件系统设计上，弹体运动信息和导引头平台框架运动信息需要融合而难以分离；硬件系统的设计也将以共同的计算机平台为依托，使结构得到最大程度的简化。为实现最佳跟踪与制导，可采用现代控制理论对导引与制导系统进行一体化设计。

8.1.1 捷联导引头控制模型

前文已给出弹体系、平台坐标系和视线坐标系的定义，此处通过推导和建立视线相对于惯性空间的旋转角速度在视线坐标系下的表达式，得到表征导引头失调角与框架角关系的捷联导引头控制模型。

1. 弹体坐标系到平台坐标系的变换

以弹体坐标系为基准，首先以角速度 $\dot{\gamma}_s$ 绕 x_b 轴旋转 γ_s 角，然后，以角速度 $\dot{\theta}_s$ 绕中间 z_x 轴旋转 θ_s 角，获得平台坐标系。θ_s 、γ_s 分别为导引头俯仰、滚转框架角。

将变换矩阵表示为 $\boldsymbol{T}_{pb}$ ：

$$\boldsymbol{T}_{pb}=\begin{bmatrix}\cos\theta_s & \sin\theta_s & 0\\ -\sin\theta_s & \cos\theta_s & 0\\ 0 & 0 & 1\end{bmatrix}\begin{bmatrix}1 & 0 & 0\\ 0 & \cos\gamma_s & \sin\gamma_s\\ 0 & -\sin\gamma_s & \cos\gamma_s\end{bmatrix}$$
$$=\begin{bmatrix}\cos\theta_s & \sin\theta_s\cos\gamma_s & \sin\theta_s\sin\gamma_s\\ -\sin\theta_s & \cos\theta_s\cos\gamma_s & \cos\theta_s\sin\gamma_s\\ 0 & -\sin\gamma_s & \cos\gamma_s\end{bmatrix}$$

2. 平台坐标系到视线坐标系的变换

以平台坐标系为基准，首先以角速度 $\dot{\varepsilon}_y$ 绕 y_s 轴旋转 ε_y 角，然后，以角速度 $\dot{\varepsilon}_z$ 绕中间 z_x 轴旋转 ε_z 角，获得视线坐标系（记为 s）。ε_z 、ε_y 分别为探测器测得的目标视线俯仰、偏航误差角。则变换矩阵 $\boldsymbol{T}_{sp}$ 为

$$\boldsymbol{T}_{sp}=\begin{bmatrix}\cos\varepsilon_z & \sin\varepsilon_z & 0\\ -\sin\varepsilon_z & \cos\varepsilon_z & 0\\ 0 & 0 & 1\end{bmatrix}\begin{bmatrix}\cos\varepsilon_y & 0 & -\sin\varepsilon_y\\ 0 & 1 & 0\\ \sin\varepsilon_y & 0 & \cos\varepsilon_y\end{bmatrix}$$
$$=\begin{bmatrix}\cos\varepsilon_z\cos\varepsilon_y & \sin\varepsilon_z & -\cos\varepsilon_z\sin\varepsilon_y\\ -\sin\varepsilon_z\cos\varepsilon_y & \cos\varepsilon_z & \sin\varepsilon_z\sin\varepsilon_y\\ \sin\varepsilon_y & 0 & \cos\varepsilon_y\end{bmatrix}$$

3. 惯性视线角速度在视线坐标系下的变换

视线相对于惯性空间的旋转角速度在弹体坐标系的投影为

$$\boldsymbol{\omega}_b^s=\boldsymbol{\omega}_b^b+\boldsymbol{\omega}_b^{pb}+\boldsymbol{\omega}_b^{sp}=\boldsymbol{\omega}_b^b+\boldsymbol{\omega}_b^{pb}+\boldsymbol{T}_{BP}\boldsymbol{\omega}_p^{sp}$$
$$=\begin{bmatrix}\omega_{mx}\\ \omega_{my}\\ \omega_{mz}\end{bmatrix}+\begin{bmatrix}\dot{\gamma}_s\\ -\dot{\theta}_s\sin\gamma_s\\ \dot{\theta}_s\cos\gamma_s\end{bmatrix}+\begin{bmatrix}\cos\theta_s & -\sin\theta_s & 0\\ \sin\theta_s\cos\gamma_s & \cos\theta_s\cos\gamma_s & -\sin\gamma_s\\ \sin\theta_s\sin\gamma_s & \cos\theta_s\sin\gamma_s & \cos\gamma_s\end{bmatrix}\begin{bmatrix}\dot{\varepsilon}_z\sin\varepsilon_y\\ \dot{\varepsilon}_y\\ \dot{\varepsilon}_z\cos\varepsilon_y\end{bmatrix} \tag{8-1}$$

式中：$\vec{\boldsymbol{\omega}}_b^s$ 为惯性视线角速度在弹体系下的投影；$\vec{\boldsymbol{\omega}}_b^b$ 为弹体相对于惯性系的姿态角速度在弹体系下的投影；$\vec{\boldsymbol{\omega}}_b^{pb}$ 为导引头光轴相对于弹体的转动角速度在弹体

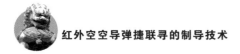

系下的投影；$\vec{\boldsymbol{\omega}}_{\mathrm{b}}^{\mathrm{sp}}$ 为视线相对于平台坐标系的转动角速度在弹体坐标系下的投影；$\vec{\boldsymbol{\omega}}_{\mathrm{p}}^{\mathrm{sp}}$ 为视线相对于平台坐标系的转动角速度在平台坐标系下的投影；$\boldsymbol{T}_{\mathrm{bp}}$ 为从平台坐标系向弹体系的转换关系。

由式(8-1)可推导惯性视线角速率在视线系下的表达式为

$$\begin{aligned}\boldsymbol{T}_{\mathrm{sp}}\boldsymbol{T}_{\mathrm{pb}}\vec{\boldsymbol{\omega}}_{\mathrm{b}}^{\mathrm{s}} &= \boldsymbol{T}_{\mathrm{sp}}\boldsymbol{T}_{\mathrm{pb}}\vec{\boldsymbol{\omega}}_{\mathrm{b}}^{\mathrm{b}} + \boldsymbol{T}_{\mathrm{sp}}\boldsymbol{T}_{\mathrm{pb}}\vec{\boldsymbol{\omega}}_{\mathrm{b}}^{\mathrm{pb}} + \boldsymbol{T}_{\mathrm{sp}}\boldsymbol{T}_{\mathrm{pb}}\boldsymbol{T}_{\mathrm{bp}}\vec{\boldsymbol{\omega}}_{\mathrm{p}}^{\mathrm{sp}} \\ &= \boldsymbol{T}_{\mathrm{sp}}\boldsymbol{T}_{\mathrm{pb}}\vec{\boldsymbol{\omega}}_{\mathrm{b}}^{\mathrm{b}} + \boldsymbol{T}_{\mathrm{sp}}\boldsymbol{T}_{\mathrm{pb}}\vec{\boldsymbol{\omega}}_{\mathrm{b}}^{\mathrm{pb}} + \boldsymbol{T}_{\mathrm{sp}}\vec{\boldsymbol{\omega}}_{\mathrm{p}}^{\mathrm{sp}}\end{aligned} \tag{8-2}$$

令 $\boldsymbol{T}_{\mathrm{sp}}\boldsymbol{T}_{\mathrm{pb}}\vec{\boldsymbol{\omega}}_{\mathrm{b}}^{\mathrm{s}}=\vec{\boldsymbol{\omega}}_{\mathrm{s}}^{\mathrm{s}}=\begin{bmatrix}\omega_x\\ \omega_y\\ \omega_z\end{bmatrix}$，那么 ω_y，ω_z 即为惯性视线角速率在视线系下的表示方式。

在小角度假设下，可将 $\boldsymbol{T}_{\mathrm{sp}}$ 简化为

$$\boldsymbol{T}_{\mathrm{sp}} \approx \begin{bmatrix}1 & \varepsilon_z & -\varepsilon_y\\ -\varepsilon_z & 1 & 0\\ \varepsilon_y & 0 & 1\end{bmatrix}$$

则有中间过程量推导如下：

$$\boldsymbol{T}_{\mathrm{sp}}\boldsymbol{\omega}_{\mathrm{p}}^{\mathrm{sp}} \approx \begin{bmatrix}0\\ \dot{\varepsilon}_y\\ \dot{\varepsilon}_z\end{bmatrix}$$

$$\boldsymbol{T}_{\mathrm{sp}}\boldsymbol{T}_{\mathrm{pb}} \approx \begin{bmatrix}1 & \varepsilon_z & -\varepsilon_y\\ -\varepsilon_z & 1 & 0\\ \varepsilon_y & 0 & 1\end{bmatrix}\begin{bmatrix}\cos\theta_{\mathrm{s}} & \sin\theta_{\mathrm{s}}\cos\gamma_{\mathrm{s}} & \sin\theta_{\mathrm{s}}\sin\gamma_{\mathrm{s}}\\ -\sin\theta_{\mathrm{s}} & \cos\theta_{\mathrm{s}}\cos\gamma_{\mathrm{s}} & \cos\theta_{\mathrm{s}}\sin\gamma_{\mathrm{s}}\\ 0 & -\sin\gamma_{\mathrm{s}} & \cos\gamma_{\mathrm{s}}\end{bmatrix}$$

$$= \begin{bmatrix}\cos\theta_{\mathrm{s}}-\varepsilon_z\sin\theta_{\mathrm{s}} & \sin\theta_{\mathrm{s}}\cos\gamma_{\mathrm{s}}+\varepsilon_z\cos\theta_{\mathrm{s}}\cos\gamma_{\mathrm{s}}+\varepsilon_y\sin\gamma_{\mathrm{s}} & \sin\theta_{\mathrm{s}}\sin\gamma_{\mathrm{s}}+\varepsilon_z\cos\theta_{\mathrm{s}}\sin\gamma_{\mathrm{s}}-\varepsilon_y\cos\gamma_{\mathrm{s}}\\ -\varepsilon_z\cos\theta_{\mathrm{s}}-\sin\theta_{\mathrm{s}} & -\varepsilon_z\sin\theta_{\mathrm{s}}\cos\gamma_{\mathrm{s}}+\cos\theta_{\mathrm{s}}\cos\gamma_{\mathrm{s}} & -\varepsilon_z\sin\theta_{\mathrm{s}}\sin\gamma_{\mathrm{s}}+\cos\theta_{\mathrm{s}}\sin\gamma_{\mathrm{s}}\\ \varepsilon_y\cos\theta_{\mathrm{s}} & \varepsilon_y\sin\theta_{\mathrm{s}}\cos\gamma_{\mathrm{s}}-\sin\gamma_{\mathrm{s}} & \varepsilon_y\sin\theta_{\mathrm{s}}\sin\gamma_{\mathrm{s}}+\cos\gamma_{\mathrm{s}}\end{bmatrix}$$

$$\boldsymbol{T}_{\mathrm{sp}}\boldsymbol{T}_{\mathrm{pb}}\boldsymbol{\omega}_{\mathrm{b}}^{\mathrm{pb}} = \begin{bmatrix}(\cos\theta_{\mathrm{s}}-\varepsilon_z\sin\theta_{\mathrm{s}})\dot{\gamma}_{\mathrm{s}}-(\sin\theta_{\mathrm{s}}\cos\gamma_{\mathrm{s}}+\varepsilon_z\cos\theta_{\mathrm{s}}\cos\gamma_{\mathrm{s}}+\varepsilon_y\sin\gamma_{\mathrm{s}})\dot{\theta}_{\mathrm{s}}\sin\gamma_{\mathrm{s}}+(\sin\theta_{\mathrm{s}}\sin\gamma_{\mathrm{s}}+\varepsilon_z\cos\theta_{\mathrm{s}}\sin\gamma_{\mathrm{s}}-\varepsilon_y\cos\gamma_{\mathrm{s}})\dot{\theta}_{\mathrm{s}}\cos\gamma_{\mathrm{s}}\\ (-\varepsilon_z\cos\theta_{\mathrm{s}}-\sin\theta_{\mathrm{s}})\dot{\gamma}_{\mathrm{s}}-(-\varepsilon_z\sin\theta_{\mathrm{s}}\cos\gamma_{\mathrm{s}}+\cos\theta_{\mathrm{s}}\cos\gamma_{\mathrm{s}})\dot{\theta}_{\mathrm{s}}\sin\gamma_{\mathrm{s}}+(-\varepsilon_z\sin\theta_{\mathrm{s}}\sin\gamma_{\mathrm{s}}+\cos\theta_{\mathrm{s}}\sin\gamma_{\mathrm{s}})\dot{\theta}_{\mathrm{s}}\cos\gamma_{\mathrm{s}}\\ \dot{\gamma}_{\mathrm{s}}\varepsilon_y\cos\theta_{\mathrm{s}}-(\varepsilon_y\sin\theta_{\mathrm{s}}\cos\gamma_{\mathrm{s}}-\sin\gamma_{\mathrm{s}})\dot{\theta}_{\mathrm{s}}\sin\gamma_{\mathrm{s}}+(\varepsilon_y\sin\theta_{\mathrm{s}}\sin\gamma_{\mathrm{s}}+\cos\gamma_{\mathrm{s}})\dot{\theta}_{\mathrm{s}}\cos\gamma_{\mathrm{s}}\end{bmatrix}$$

将式(8-2)中变量进行替换,推导可得

$$\begin{bmatrix}\dot{\varepsilon}_y \\ \dot{\varepsilon}_z\end{bmatrix}=\begin{bmatrix}\omega_y \\ \omega_z\end{bmatrix}+\boldsymbol{B}_1\begin{bmatrix}\omega_{x_1} \\ \omega_{y_1} \\ \omega_{z_1}\end{bmatrix}+\boldsymbol{B}_2\begin{bmatrix}\dot{\gamma}_S \\ \dot{\theta}_S\end{bmatrix}$$

式中

$\boldsymbol{B}_1=$

$$-\begin{bmatrix}-\varepsilon_z\cos\theta_s-\sin\theta_s & -\varepsilon_z\sin\theta_s\cos\gamma_s+\cos\theta_s\cos\gamma_s & -\varepsilon_z\sin\theta_s\sin\gamma_s+\cos\theta_s\sin\gamma_s \\ \varepsilon_y\cos\theta_s & \varepsilon_y\sin\theta_s\cos\gamma_s-\sin\gamma_s & \varepsilon_y\sin\theta_s\sin\gamma_s+\cos\gamma_s\end{bmatrix}$$

$$\boldsymbol{B}_2=-\begin{bmatrix}-\varepsilon_z\cos\theta_s-\sin\theta_s & -(-\varepsilon_z\sin\theta_s\cos\gamma_s+\cos\theta_s\cos\gamma_s)\sin\gamma_s+(-\varepsilon_z\sin\theta_s\sin\gamma_s+\cos\theta_s\sin\gamma_s)\cos\gamma_s \\ \varepsilon_y\cos\theta_s & -(\varepsilon_y\sin\theta_s\cos\gamma_s-\sin\gamma_s)\sin\gamma_s+(\varepsilon_y\sin\theta_s\sin\gamma_s+\cos\gamma_s)\cos\gamma_s\end{bmatrix}$$

其中,$\begin{bmatrix}\omega_y \\ \omega_z\end{bmatrix}=\begin{bmatrix}\dfrac{\dot{q}_\beta}{\sec q_\varepsilon} \\ \dot{q}_\varepsilon\end{bmatrix}$,$q_\beta$,$q_\varepsilon$ 为视线在惯性系中的偏航角和俯仰角。

8.1.2 全状态耦合导引制导一体化模型

记目标法向加速度为 $a_{t\varepsilon}$ 和 $a_{t\beta}$,导弹法向加速度为 $a_{m\varepsilon}$ 和 $a_{m\beta}$;俯仰方向上的视线角及其角速度为 q_ε 和 $\dot{q}_\varepsilon$;偏航方向上的视线角及其角速度为 q_β 和 $\dot{q}_\beta$;弹体相对惯性系的偏航角为 φ,俯仰角为 ϑ,横滚角为 γ;弹体系中弹体相对惯性空间的角速度为 $[\omega_{x_1}\quad \omega_{y_1}\quad \omega_{z_1}]^{\mathrm{T}}$;作用在导弹上的横滚力矩为 M_x,偏航力矩为 M_y,俯仰力矩为 M_z;导弹速度和质量分别为 V 和 m;导弹对弹体系三个坐标轴的转动惯量分别为 J_x、J_y 和 J_z;导弹特征长度为 L。令 r 为弹目相对距离,q 为导弹迎面气流动压,S 为导弹参考面积,c_y^α 为导弹升力系数对攻角 α 的偏导数、m_z^α 为导弹俯仰静稳定导数,$m_z^{\omega_z}$ 为导弹俯仰阻尼力矩系数,c_z^β 为导弹侧向力系数对侧滑角 β 的偏导数,m_y^β 为导弹偏航静稳定导数,$m_y^{\omega_y}$ 为偏航阻尼力矩系数。

1. 弹目相对运动模型

令 $\boldsymbol{R}$ 表示目标相对于导弹的位置矢量,$\boldsymbol{W}$ 表示视线坐标系相对于惯性坐标系的旋转角速度矢量,$\boldsymbol{V}_{\mathrm{r}}$ 表示目标相对于导弹的速度矢量,$\boldsymbol{a}_{\mathrm{r}}$ 表示目标相对于导弹的加速度矢量,则相对速度矢量在视线坐标系中的表达式为

$$\boldsymbol{V}_{\mathrm{r}}=\begin{bmatrix}\dot{r} \\ r\dot{q}_\varepsilon \\ -r\dot{q}_\beta\cos q_\varepsilon\end{bmatrix}\tag{8-3}$$

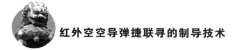

由矢量求导法则可得

$$\frac{\mathrm{d}\boldsymbol{V}_{\mathrm{r}}}{\mathrm{d}t}=\boldsymbol{W}\times\boldsymbol{V}_{\mathrm{r}}+\frac{\delta\boldsymbol{V}_{\mathrm{r}}}{\delta t} \tag{8-4}$$

其中，$\frac{\mathrm{d}\boldsymbol{V}_{\mathrm{r}}}{\mathrm{d}t}$ 为相对速度在惯性坐标系中对时间的导数；$\frac{\delta\boldsymbol{V}_{\mathrm{r}}}{\delta t}$ 为相对速度在视线坐标系中对时间的导数；W 为视线坐标系在惯性坐标系中的旋转角速度。W 在视线坐标系中的投影为

$$\begin{bmatrix}\cos q_{\varepsilon} & \sin q_{\varepsilon} & 0\\ -\sin q_{\varepsilon} & \cos q_{\varepsilon} & 0\\ 0 & 0 & 1\end{bmatrix}\begin{bmatrix}0\\ \dot{q}_{\beta}\\ 0\end{bmatrix}+\begin{bmatrix}0\\ 0\\ \dot{q}_{\varepsilon}\end{bmatrix}=\begin{bmatrix}\dot{q}_{\beta}\sin q_{\varepsilon}\\ \dot{q}_{\beta}\cos q_{\varepsilon}\\ \dot{q}_{\varepsilon}\end{bmatrix} \tag{8-5}$$

将式(8-5)代入式(8-4)，得

$$\begin{bmatrix}\dot{q}_{\beta}\sin q_{\varepsilon}\\ \dot{q}_{\beta}\cos q_{\varepsilon}\\ \dot{q}_{\varepsilon}\end{bmatrix}\times\begin{bmatrix}\dot{r}\\ r\dot{q}_{\varepsilon}\\ -r\dot{q}_{\beta}\cos q_{\varepsilon}\end{bmatrix}+\begin{bmatrix}\ddot{r}\\ r\ddot{q}_{\varepsilon}+\dot{r}\dot{q}_{\varepsilon}\\ -r\ddot{q}_{\beta}\cos q_{\varepsilon}-\dot{r}\dot{q}_{\beta}\cos q_{\varepsilon}+r\dot{q}_{\beta}\dot{q}_{\varepsilon}\sin q_{\varepsilon}\end{bmatrix}=\boldsymbol{a}_{\mathrm{t}}-\boldsymbol{a}_{\mathrm{m}}$$

得到惯性视线角加速度表达式为

$$\left.\begin{aligned}\ddot{q}_{\varepsilon}&=\frac{-2\dot{r}\dot{q}_{\varepsilon}-r\dot{q}_{\beta}^{2}\cos q_{\varepsilon}\sin q_{\varepsilon}+a_{\mathrm{t}\varepsilon}-a_{\mathrm{m}\varepsilon}}{r}\\ \ddot{q}_{\beta}&=\frac{-2\dot{r}\dot{q}_{\beta}}{r}+2\dot{q}_{\beta}\dot{q}_{\varepsilon}\tan q_{\varepsilon}-\frac{a_{\mathrm{t}\beta}-a_{\mathrm{m}\beta}}{r\cos q_{\varepsilon}}\end{aligned}\right\} \tag{8-6}$$

其中，$a_{\mathrm{m}\varepsilon}=\frac{qSc_{y}^{\alpha}\alpha}{m}$；$a_{\mathrm{m}\beta}=\frac{qSc_{z}^{\beta}\beta}{m}$。

2. 导弹飞行控制模型

考虑弹体系下的导弹动力学方程：

$$m\dot{\boldsymbol{V}}=m\left(\frac{\delta\boldsymbol{V}}{\delta\boldsymbol{t}}+\boldsymbol{\omega}\times\boldsymbol{V}\right)=\boldsymbol{F} \tag{8-7}$$

其中，$\boldsymbol{V}$ 为导弹速度矢量，令其在弹体系下投影为 $[u\quad v\quad \boldsymbol{w}]^{\mathrm{T}}$；$\boldsymbol{\omega}$ 为弹体坐标系相对于地面坐标系的转动角速度，在弹体系下投影为 $[\omega_{x_1}\quad \omega_{y_1}\quad \omega_{z_1}]^{\mathrm{T}}$；$\boldsymbol{F}$ 为导弹所受外力，弹体系下投影为 $[F_x\quad F_y\quad F_z]^{\mathrm{T}}$；$\dot{\boldsymbol{V}}$ 为 $\boldsymbol{V}$ 在惯性系中的导数，$\frac{\delta\boldsymbol{V}}{\delta\boldsymbol{t}}$ 为 $\boldsymbol{V}$ 在弹体系中的导数。$\boldsymbol{\omega}\times$ 可表示为

$$\boldsymbol{\omega}\times=\begin{bmatrix}0 & -\omega_{z_1} & \omega_{y_1}\\ \omega_{z_1} & 0 & -\omega_{x_1}\\ -\omega_{y_1} & \omega_{x_1} & 0\end{bmatrix} \tag{8-8}$$

于是可得

$$\left.\begin{aligned} m(\dot{u}-\omega_{z_1}v+\omega_{y_1}w)=F_x \\ m(\dot{v}+\omega_{z_1}u-\omega_{x_1}w)=F_y \\ m(\dot{w}-\omega_{y_1}u+\omega_{x_1}v)=F_z \end{aligned}\right\} \tag{8-9}$$

另外，有

$$\begin{bmatrix} u \\ v \\ w \end{bmatrix}=\boldsymbol{T}_{\mathrm{bv}}\begin{bmatrix} V_m \\ 0 \\ 0 \end{bmatrix} \tag{8-10}$$

式中：$\boldsymbol{T}_{\mathrm{bv}}$ 为速度系向弹体系转换的矩阵。于是有

$$\left.\begin{aligned} u=V_{\mathrm{m}}\cos\alpha\cos\beta \\ v=-V_{\mathrm{m}}\sin\alpha\cos\beta \\ w=V_{\mathrm{m}}\sin\beta \end{aligned}\right\} \tag{8-11}$$

由几何关系和攻角、偏航角定义可得

$$\left.\begin{aligned} \beta=\arcsin\left(\frac{w}{V_{\mathrm{m}}}\right) \\ \alpha=-\arctan\left(\frac{v}{u}\right) \end{aligned}\right\} \tag{8-12}$$

求导可得

$$\begin{aligned} \dot{\beta}&=\frac{\left(\dfrac{w}{V_{\mathrm{m}}}\right)'}{\sqrt{1-\left(\dfrac{w}{V_{\mathrm{m}}}\right)^2}}=\frac{V_{\mathrm{m}}\dot{w}-w\dot{V}_{\mathrm{m}}}{V_{\mathrm{m}}\sqrt{V_{\mathrm{m}}^2-w^2}}=\frac{\dfrac{F_z}{m}+\omega_{y_1}u-\omega_{x_1}v}{\sqrt{V_{\mathrm{m}}^2-w^2}}-\frac{w\dot{V}_{\mathrm{m}}}{V_{\mathrm{m}}\sqrt{V_{\mathrm{m}}^2-w^2}} \\ &=\frac{F_z}{\mathrm{m}V_{\mathrm{m}}\cos\beta}+\omega_{x_1}\sin\alpha+\omega_{y_1}\cos\alpha-\frac{\dot{V}_{\mathrm{m}}\tan\beta}{V_{\mathrm{m}}} \end{aligned} \tag{8-13}$$

$$\begin{aligned} \dot{\alpha}&=-\frac{\left(\dfrac{v}{u}\right)'}{1+\left(\dfrac{v}{u}\right)^2}=\frac{v\dot{u}-u\dot{v}}{u^2+v^2}=\frac{\left(\dfrac{F_x}{m}+\omega_{z_1}v-\omega_{y_1}w\right)v-\left(\dfrac{F_y}{m}-\omega_{z_1}u+\omega_{x_1}w\right)u}{u^2+v^2} \\ &=\omega_{z_1}-\omega_{x_1}\tan\beta\cos\alpha+\omega_{y_1}\tan\beta\sin\alpha-\frac{F_x\sin\alpha+F_y\cos\alpha}{\mathrm{m}V_{\mathrm{m}}\cos\beta} \end{aligned} \tag{8-14}$$

由于 $\boldsymbol{V}_{\mathrm{m}}^2=u^2+v^2+w^2$，所以 $\boldsymbol{V}_{\mathrm{m}}\dot{\boldsymbol{V}}_{\mathrm{m}}=u\dot{u}+v\dot{v}+w\dot{w}$，于是可得

$$\dot{V}_{\mathrm{m}}=\frac{u\dot{u}+v\dot{v}+w\dot{w}}{V_{\mathrm{m}}}=\cos\alpha\cos\beta\left(\frac{F_x}{m}-\omega_{z_1}V_{\mathrm{m}}\sin\alpha\cos\beta-\omega_{y_1}V_{\mathrm{m}}\sin\beta\right)-$$
$$\sin\alpha\cos\beta\left(\frac{F_y}{m}-\omega_{z_1}V_{\mathrm{m}}\cos\alpha\cos\beta+\omega_{x_1}V_{\mathrm{m}}\sin\beta\right)+$$
$$\sin\beta\left(\frac{F_z}{m}+\omega_{y_1}V_{\mathrm{m}}\cos\alpha\cos\beta+\omega_{x_1}V_{\mathrm{m}}\sin\alpha\cos\beta\right)$$
$$=\frac{F_x\cos\alpha\cos\beta}{m}-\frac{F_y\sin\alpha\cos\beta}{m}+\frac{F_z\sin\beta}{m} \tag{8-15}$$

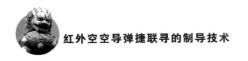

将 $\dot{V}_{\mathrm{m}}$ 代入 $\dot{\beta}$ 的表达式，可得

$$\dot{\beta}=\frac{F_z}{mV_{\mathrm{m}}\cos\beta}+\omega_{x_1}\sin\alpha+\omega_{y_1}\cos\alpha-\frac{\tan\beta}{V_{\mathrm{m}}}\left(\frac{F_x\cos\alpha\cos\beta}{m}-\frac{F_y\sin\alpha\cos\beta}{m}+\frac{F_z\sin\beta}{m}\right)$$
$$=\omega_{x_1}\sin\alpha+\omega_{y_1}\cos\alpha-\frac{F_x\cos\alpha\sin\beta}{mV_{\mathrm{m}}}+\frac{F_y\sin\alpha\sin\beta}{mV_{\mathrm{m}}}+\frac{F_z\cos\beta}{mV_{\mathrm{m}}} \tag{8-16}$$

导弹所受的气动力沿弹体坐标系各轴的分量 X,Y,Z 与导弹所受合外力沿弹体坐标系各轴的分量 F_x,F_y,F_z 之间满足如下关系：

$$\begin{bmatrix}F_x\\F_y\\F_z\end{bmatrix}=\begin{bmatrix}X\\Y\\Z\end{bmatrix}+\boldsymbol{T}_{\mathrm{b1}}\begin{bmatrix}0\\-mg\\0\end{bmatrix} \tag{8-17}$$

即

$$\begin{bmatrix}F_x\\F_y\\F_z\end{bmatrix}=\begin{bmatrix}X-mg\sin\vartheta\\Y-mg\cos\vartheta\cos\gamma\\Z+mg\cos\vartheta\sin\gamma\end{bmatrix}$$

可得

$$\dot{\beta}=\omega_{x_1}\sin\alpha+\omega_{y_1}\cos\alpha-\frac{(X-mg\sin\vartheta)\cos\alpha\sin\beta}{mV_{\mathrm{m}}}+\frac{(Y-mg\cos\vartheta\cos\gamma)\sin\alpha\sin\beta}{mV_{\mathrm{m}}}+\frac{(Z+mg\cos\vartheta\sin\gamma)\cos\beta}{mV_{\mathrm{m}}} \tag{8-18}$$

$$\dot{\alpha}=\omega_{z_1}-\omega_{x_1}\tan\beta\cos\alpha+\omega_{y_1}\tan\beta\sin\alpha-\frac{(X-mg\sin\vartheta)\sin\alpha}{mV_{\mathrm{m}}\cos\beta}-\frac{(Y-mg\cos\vartheta\cos\gamma)\cos\alpha}{mV_{\mathrm{m}}\cos\beta} \tag{8-19}$$

飞行过程中，导弹阻力和重力相对法向力和侧向力较小，因此作为次要因素。考虑主要因素，将次要因素作为不确定性的干扰，将 $\dot{\beta}$ 和 $\dot{\alpha}$ 简化为

$$\left.\begin{aligned}\dot{\beta}&=\omega_{x_1}\sin\alpha+\omega_{y_1}\cos\alpha+\frac{qSc_y^{\alpha}\alpha\sin\alpha\sin\beta}{mV_{\mathrm{m}}}+\frac{qSc_z^{\beta}\beta\cos\beta}{mV_{\mathrm{m}}}+\mathrm{d}\dot{\beta}\\ \dot{\alpha}&=\omega_{z_1}-\omega_{x_1}\tan\beta\cos\alpha+\omega_{y_1}\tan\beta\sin\alpha-\frac{qSc_y^{\alpha}\alpha\cos\alpha}{mV_m\cos\beta}+\mathrm{d}\dot{\alpha}\end{aligned}\right\}\tag{8-20}$$

得到导弹的非线性飞行控制模型为

$$\left.\begin{aligned}\dot{\gamma}&=\omega_{x_1}-\omega_{y_1}\cos\gamma\tan\vartheta+\omega_{z_1}\sin\gamma\tan\vartheta+\mathrm{d}\dot{\gamma}\\ \dot{\beta}&=\omega_{x_1}\sin\alpha+\omega_{y_1}\cos\alpha+\frac{qSc_y^{\alpha}\alpha\sin\alpha\sin\beta}{mV_{\mathrm{m}}}+\frac{qSc_z^{\beta}\beta\cos\beta}{mV_{\mathrm{m}}}+\mathrm{d}\dot{\beta}\\ \dot{\alpha}&=\omega_{z_1}-\omega_{x_1}\tan\beta\cos\alpha+\omega_{y_1}\tan\beta\sin\alpha-\frac{qSc_y^{\alpha}\alpha\cos\alpha}{mV_{\mathrm{m}}\cos\beta}+\mathrm{d}\dot{\alpha}\\ \dot{\omega}_{x_1}&=\frac{J_y-J_z}{J_x}\omega_{y_1}\omega_{z_1}+\frac{M_x}{J_x}+\mathrm{d}\dot{\omega}_{x_1}\\ \dot{\omega}_{y_1}&=\frac{J_z-J_x}{J_y}\omega_{x_1}\omega_{z_1}+\frac{qSLm_y^{\beta}\beta}{J_y}+\frac{qSLm_y^{\omega_{y_1}}\omega_{y_1}}{J_y}+\frac{M_y}{J_y}+\mathrm{d}\dot{\omega}_{y_1}\\ \dot{\omega}_{z_1}&=\frac{J_x-J_y}{J_z}\omega_{x_1}\omega_{y_1}+\frac{qSLm_z^{\alpha}\alpha}{J_z}+\frac{qSLm_z^{\omega_{z_1}}\omega_{z_1}}{J_z}+\frac{M_z}{J_z}+\mathrm{d}\dot{\omega}_{z_1}\end{aligned}\right\}\tag{8-21}$$

3. 全状态耦合导引制导一体化模型

设 $\boldsymbol{u}_1=[\dot{\gamma}_s,\dot{\theta}_s]^{\mathrm{T}}$，其中 $\dot{\gamma}_s$ 表示滚转框架角速率，$\dot{\theta}_s$ 表示俯仰框架角速率。记 u_2^r 为舵产生的弹体横滚力矩；u_2^p 为舵偏角产生的弹体俯仰力矩；u_2^y 为舵偏角产生的弹体偏航力矩。取状态向量 $\boldsymbol{x}_1=[\varepsilon_y\quad\varepsilon_z]^{\mathrm{T}}$，$\boldsymbol{x}_2=[\dot{q}_\beta,\dot{q}_\varepsilon]^{\mathrm{T}}$，$\boldsymbol{x}_3=[\gamma,\beta,\alpha]^{\mathrm{T}}$，$\boldsymbol{x}_{3\#}=[\beta,\alpha]^{\mathrm{T}}$，$\boldsymbol{x}_4=[\omega_{x_1},\omega_{y_1},\omega_{z_1}]^{\mathrm{T}}$，取导弹滚动力矩、偏航力矩和俯仰力矩为控制量，即 $\bar{v}^r=M_x$，$\bar{v}^y=M_y$，$\bar{v}^p=M_z$，则全状态耦合的导弹导引制导一体化模型如下：

$$\left.\begin{aligned}\dot{\boldsymbol{x}}_1&=\boldsymbol{f}_1(\boldsymbol{x}_2)+\boldsymbol{g}_1(\boldsymbol{x}_1)\begin{bmatrix}\boldsymbol{x}_4\\ \boldsymbol{u}_1\end{bmatrix}\\ \dot{\boldsymbol{x}}_2&=\bar{\boldsymbol{f}}_2(\boldsymbol{x}_2)+\bar{\boldsymbol{g}}_{21}(\boldsymbol{x}_2)\boldsymbol{x}_{3\#}+\bar{\boldsymbol{g}}_{22}(\boldsymbol{x}_2)\bar{\boldsymbol{a}}_{t0}\\ \dot{\boldsymbol{x}}_3&=\bar{\boldsymbol{f}}_3(\boldsymbol{x}_3)+\bar{\boldsymbol{g}}_3(\vartheta,\boldsymbol{x}_3)\boldsymbol{x}_4+\boldsymbol{d}_3\\ \dot{\boldsymbol{x}}_4&=\bar{\boldsymbol{f}}_4(\boldsymbol{x}_3,\boldsymbol{x}_4)+\bar{\boldsymbol{g}}_4\bar{\boldsymbol{v}}+d_4\\ \bar{\boldsymbol{v}}&=\boldsymbol{B}_c\boldsymbol{u}\\ \boldsymbol{y}_2&=\boldsymbol{x}_2\end{aligned}\right\}\tag{8-22}$$

其中，$\boldsymbol{f}_1(\boldsymbol{x}_2)=\begin{bmatrix}\dfrac{\dot{q}_\beta}{\sec q_\varepsilon}\\ \dot{q}_\varepsilon\end{bmatrix}$；$\boldsymbol{g}_1(\boldsymbol{x}_1)=[\boldsymbol{B}_1\quad \boldsymbol{B}_2]$；$\bar{\boldsymbol{a}}_{t0}=[-a_{t\beta},a_{t\varepsilon}]^{\mathrm{T}}$；$\boldsymbol{d}_3=[\mathrm{d}\dot{\gamma},\mathrm{d}\dot{\beta},\mathrm{d}\dot{\alpha}]^{\mathrm{T}}$；$\boldsymbol{d}_4=[\mathrm{d}\dot{\omega}_{x_1},\mathrm{d}\dot{\omega}_{y_1},\mathrm{d}\dot{\omega}_{z_1}]^{\mathrm{T}}$；

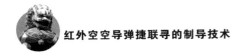

$$\boldsymbol{B}_1=-\begin{bmatrix}-\varepsilon_z\cos\theta_s-\sin\theta_s & -\varepsilon_z\sin\theta_s\cos\gamma_s+\cos\theta_s\cos\gamma_s & -\varepsilon_z\sin\theta_s\sin\gamma_s+\cos\theta_s\sin\gamma_s\\ \varepsilon_y\cos\theta_s & \varepsilon_y\sin\theta_s\cos\gamma_s-\sin\gamma_s & \varepsilon_y\sin\theta_s\sin\gamma_s+\cos\gamma_s\end{bmatrix}$$

$$\boldsymbol{B}_2=-\begin{bmatrix}-\varepsilon_z\cos\theta_s-\sin\theta_s & -(-\varepsilon_z\sin\theta_s\cos\gamma_s+\cos\theta_s\cos\gamma_s)\sin\gamma_s+(-\varepsilon_z\sin\theta_s\sin\gamma_s+\cos\theta_s\sin\gamma_s)\cos\gamma_s\\ \varepsilon_y\cos\theta_s & -(\varepsilon_y\sin\theta_s\cos\gamma_s-\sin\gamma_s)\sin\gamma_s+(\varepsilon_y\sin\theta_s\sin\gamma_s+\cos\gamma_s)\cos\gamma_s\end{bmatrix}$$

$$\bar{\boldsymbol{v}}=[\bar{v}^r,\bar{v}^p,\bar{v}^y]^{\mathrm{T}}$$

$$\boldsymbol{B}_c=\begin{bmatrix}1&0&0\\0&1&0\\0&0&1\end{bmatrix};\ \boldsymbol{u}=[u_2^r,u_2^p,u_2^y];\ \bar{\boldsymbol{f}}_2(x_2)=\begin{bmatrix}-\dfrac{2\dot{r}}{r}\dot{q}_\beta+2\dot{q}_\varepsilon\dot{q}_\beta\tan q_\varepsilon\\ -\dfrac{2\dot{r}}{r}\dot{q}_\varepsilon-\dot{q}_\beta^2\sin q_\varepsilon\cos q_\varepsilon\end{bmatrix}$$

$$\bar{\boldsymbol{g}}_{21}(\boldsymbol{x}_2)=\begin{bmatrix}\dfrac{qSc_z^\beta}{mr\cos q_\varepsilon} & 0\\ 0 & -\dfrac{qSc_y^\alpha}{mr}\end{bmatrix};\ \bar{\boldsymbol{g}}_{22}(\boldsymbol{x}_2)=\begin{bmatrix}\dfrac{1}{r\cos q_\varepsilon} & 0\\ 0 & \dfrac{1}{r}\end{bmatrix}$$

$$\bar{\boldsymbol{g}}_3(\vartheta,\boldsymbol{x}_3)=\begin{bmatrix}1 & -\cos\gamma\tan\vartheta & \sin\gamma\tan\vartheta\\ \sin\alpha & \cos\alpha & 0\\ -\tan\beta\cos\alpha & \tan\beta\sin\alpha & 1\end{bmatrix}$$

$$\bar{\boldsymbol{f}}_3(\boldsymbol{x}_3)=\begin{bmatrix}0\\ \dfrac{qSc_y^\alpha\alpha\sin\alpha\sin\beta}{mV_m}+\dfrac{qSc_z^\beta\beta\cos\beta}{mV_m}\\ -\dfrac{qSc_y^\alpha\alpha\cos\alpha}{mV_m\cos\beta}\end{bmatrix};\ \bar{\boldsymbol{g}}_4=\mathrm{diag}\{1/J_x,1/J_y,1/J_z\}$$

$$\bar{\boldsymbol{f}}_4(x_3,x_4)=\begin{bmatrix}\dfrac{J_y-J_z}{J_x}\omega_{y_1}\omega_{z_1}\\ \dfrac{J_z-J_x}{J_y}\omega_{x_1}\omega_{z_1}+\dfrac{qSLm_y^\beta\beta}{J_y}+\dfrac{qSLm_y^{\omega_{y_1}}\omega_{y_1}}{J_y}\\ \dfrac{J_x-J_y}{J_z}\omega_{x_1}\omega_{y_1}+\dfrac{qSLm_z^\alpha\alpha}{J_z}+\dfrac{qSLm_z^{\omega_{z_1}}\omega_{z_1}}{J_z}\end{bmatrix}$$

这里假设末制导过程中，矩阵 $\bar{\boldsymbol{g}}_{21}(\boldsymbol{x}_2)$ 和 $\bar{\boldsymbol{g}}_3(\vartheta,\boldsymbol{x}_3)$ 中各元都是有界的。全状态耦合的导弹导引制导一体化模型框图如图 8-1 所示。

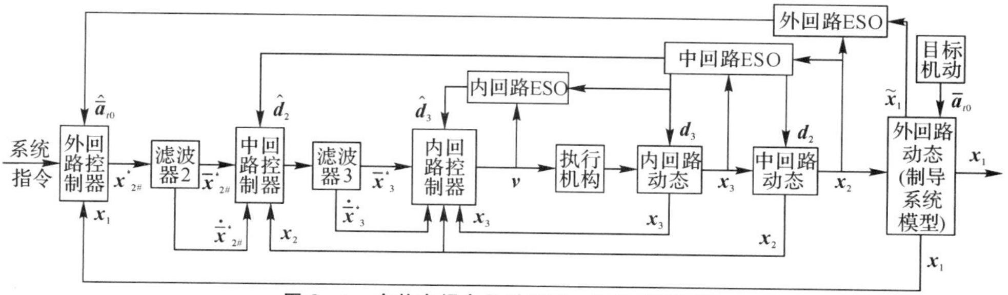

图 8-1 全状态耦合导引制导一体化模型框图

8.2 捷联寻的制导一体化参数设计

8.2.1 有限时间收敛观测器与动态面控制技术

下面分析导引制导一体化设计相关的理论基础[3-4]。

1. 有限时间收敛观测器

考虑一个二阶不确定非线性动态系统，即

$$\left.\begin{aligned}\dot{x}_1 &= x_2\\ \dot{x}_2 &= f(\boldsymbol{x})+d(t)+b(\boldsymbol{x})u\end{aligned}\right\}\tag{8-23}$$

对于系统[式(8-23)]，$\boldsymbol{x}=[x_1 \quad x_2]^{\mathrm{T}}$ 是系统的状态变量，令 $f(\boldsymbol{x})$ 和 $b(\boldsymbol{x})\neq 0$ 是 $\boldsymbol{x}$ 的光滑非线性函数，$d(t)$ 是包括参数不确定性干扰和结构不确定性干扰的总称，u 是标量控制输入。通过二阶有限时间收敛观测器(FTDO)可估计系统[(式 8-23)]中的干扰 $d(t)$ ，如下：

$$\left.\begin{aligned}&\dot{z}_0=v_0+f(\boldsymbol{x})+b(\boldsymbol{x})u\\ &v_0=-\lambda_0 L^{1/3}\ |z_0-x_2|^{2/3}\mathrm{sign}(z_0-x_2)+z_1\\ &\dot{z}_1=v_1,v_1=-\lambda_1 L^{1/2}\ |z_1-v_0|^{1/2}\mathrm{sign}(z_1-v_0)+z_2\\ &\dot{z}_2=v_2,v_2=-\lambda_2\mathrm{sign}(z_2-v_1)\\ &\hat{x}_2=z_0,\ \hat{d}=z_1,\ \hat{\dot{d}}=z_2\end{aligned}\right\}\tag{8-24}$$

式中：$\lambda_i>0(i=0,1,2)$ 是将要设计的观测器系数；$\hat{x}_2$、$\hat{d}$ 、$\hat{\dot{D}}$ 分别是 x_2、d 、$\dot{d}$

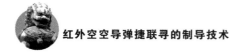

的估计。将式(8－23)和式(8－24)相结合,可得状态估计误差如下:

$$\left.\begin{aligned} \dot{\varepsilon}_0 &= -\lambda_0 \left|\varepsilon_0\right|^{2/3}\operatorname{sign}(\varepsilon_0)+\varepsilon_1 \\ \dot{\varepsilon}_1 &= -\lambda_1 \left|\varepsilon_1-\dot{\varepsilon}_1\right|^{1/2}\operatorname{sign}(\varepsilon_1-\dot{\varepsilon}_1)+\varepsilon_2 \\ \dot{\varepsilon}_2 &\in -\lambda_2\operatorname{sign}(\varepsilon_2-\dot{\varepsilon}_1)+[-1,1] \end{aligned}\right\} \tag{8-25}$$

式(8－25)的估计误差被定义为 $\varepsilon_0=[z_0-x_2]/L$,$\varepsilon_1=[z_1-d(t)]/L$,$\varepsilon_2=[z_2-\dot{D}(t)]/L$ 。假设在系统[式(8－23)]中的干扰 d 是二阶可微分的,$\ddot{d}$ 有 Lipschitz 常数 L ,则观测发现误差式(8－25)是有限时间稳定的,即存在时间常数 $t_e>t_0$ 满足当 $t>t_e$ 时,$\varepsilon_i=0(i=0,1,2)$ 。

对于 k 阶有限时间收敛观测器,有

$$\left.\begin{aligned} \dot{z}_0 &= v_0+f(x)+b(x)u \\ \hat{v}_0 &= -\hat{\lambda}_k L^{1/k+1}\left|\hat{z}_0-f(t)\right|^{k/(k+1)}\operatorname{sign}(\hat{z}_0-f(t))+\hat{z}_1 \\ &\cdots\cdots \\ \hat{v}_i &= -\hat{\lambda}_{k-i} L^{1/k-i+1}\left|\hat{z}_i-\hat{v}_{i-1}\right|^{(k-i)/(k-i+1)}\operatorname{sign}(\hat{z}_i-\hat{v}_{i-1})+\hat{z}_{i+1} \\ &\cdots\cdots \\ \hat{v}_{k-1} &= -\hat{\lambda}_1 L^{1/2}\left|\hat{z}_i-\hat{v}_{i-1}\right|^{1/2}\operatorname{sign}(\hat{z}_{k-1}-\hat{v}_{k-2})+\hat{z}_k \\ \dot{\hat{z}}_k &= -\hat{\lambda}_0 L\operatorname{sign}(\hat{z}_k-\hat{v}_{k-1}) \\ \dot{\hat{z}}_i &= \hat{v}_i,\mu_{k-i}>0,i=0,1,\cdots,k \end{aligned}\right\} \tag{8-26}$$

2. 动态面控制技术

动态面控制方法是一种在 Backstepping 和多面滑模控制基础上发展而来的控制方法,该方法成功避免了对模型状态变量的高阶微分,克服了 Backstepping 中的“微分膨胀”问题。

考虑如下一类满足“块严格反馈”形式 n 阶非线性系统:

$$\left.\begin{aligned} \dot{x}_1 &= x_2+f_1(x_1) \\ \dot{x}_2 &= x_3+f_2(x_1,x_2) \\ &\cdots\cdots \\ \dot{x}_{n-1} &= x_n+f_{n-1}(x_1,x_2,\cdots,x_{n-1}) \\ \dot{x}_n &= u+f_n(x_1,x_2,\cdots,x_n) \end{aligned}\right\} \tag{8-27}$$

其中,$f(x)$ 和 $(\partial f/\partial x)$ 在 $D\in\mathbf{R}^n$ 上连续,$f_i:D\to\mathbf{R}$ 满足严格反馈形式,即 f_i

只与 $x_1, x_2, \cdots, x_i$ 有关。因此，f 在 $D \in \mathbf{R}^n$ 上对任意 x 满足局部 Lipschitz 条件，从而保证了系统[式(8-27)]解的存在性和唯一性。此外，为了保证连续性，$(\partial f/\partial x)$ 在集合 D 的紧凸子集 D_i 上有界。所以，存在任意正实数 $\bar{\omega}$，对所有属于凸子集 $D_i \subset D$ 上的元素 x 满足

$$\left\| \frac{\partial f(x)}{\partial x} \right\| \leqslant \bar{\omega} \tag{8-28}$$

因此，针对 n 阶非线性系统[式(8-27)]，采用动态面控制(DSC)标准的设计步骤如下：

第一步，定义第一个动态误差面为 $S_1 = x_1 - x_{1d}$。其中，x_{1d} 为系统的控制期望值。将 S_1 对时间求导，并代入式(8-27)中的第一式可得

$$\dot{S}_1 = x_2 + f_1(x_1) - \dot{x}_{1d} \tag{8-29}$$

如果 $S_1\dot{S}_1 < 0$ 成立，则动态误差面 S_1 将收敛于0。然而，误差动力学式(8-29)中不显式存在控制量 u，但如果将 x_2 视为系统[式(8-29)]的虚拟控制量，那么在动态误差面 S_1 附近某一边界层内满足 $x_2 = \bar{x}_2$，即

$$\bar{x}_2 = \dot{x}_{1d} - f_1(x_1) - K_1 S_1 \tag{8-30}$$

因此，第二步将设计虚拟控制量 $\bar{x}_3$，使得 $x_2 \to \bar{x}_2$。

第二步，定义第二个动态误差面为 $S_2 = x_2 - x_{2d}$。其中，x_{2d} 为 $\bar{x}_2$ 通过一个一阶低通滤波器后形成的指令信号，即

$$\tau_2 \dot{x}_{2d} + x_{2d} = \bar{x}_2, \quad x_{2d}(0) = \bar{x}_2(0) \tag{8-31}$$

与第一步类似，令

$$\bar{x}_3 = \dot{x}_{2d} - f_2(x_1, x_2) - K_2 S_2 \tag{8-32}$$

第三步，设计虚拟控制量 $\bar{x}_4$，使得 $x_3 \to \bar{x}_3$。

对系统中的所有状态依次执行上述过程，定义第 $i-1$ 个动态误差面为 $S_{i-1} = x_{i-1} - x_{(i-1)d}$，取虚拟控制量 $\bar{x}_i$ 为

$$\bar{x}_i = \dot{x}_{(i-1)d} - f_{i-1}(x_1, x_2, \cdots, x_{i-1}) - K_{i-1} S_{i-1} \tag{8-33}$$

$x_{(i-1)d}$ 为 $\bar{x}_{i-1}$ 通过一个一阶低通滤波器后形成的指令信号，即

$$\tau_{i-1} \dot{x}_{(i-1)d} + x_{(i-1)d} = \bar{x}_{i-1}, x_{(i-1)d}(0) = \bar{x}_{i-1}(0) \tag{8-34}$$

依次对系统状态 $x_i (2 \leqslant i \leqslant n-1)$ 执行上述操作，直到误差动力学方程中直接地显示系统控制量 u 为止。定义第 n 个动态误差面为 $S_n = x_n - x_{nd}$，因此，控制输入量 u 为

$$u=\dot{x}_{nd}-f_n(x_1,x_2,\cdots,x_n)-K_nS_n=\frac{\bar{x}_n-x_{nd}}{\tau_n}-f_n(x_1,x_2,\cdots,x_n)-K_nS_n \tag{8-35}$$

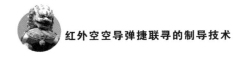

在导弹制导与控制系统设计过程中，动态面控制技术常被应用于一类更为普遍的非线性系统，如：

$$\left.\begin{aligned}
&\dot{x}_1=g_1(x_1)x_2+f_1(x_1)\\
&\dot{x}_2=g_2(x_1,x_2)x_3+f_2(x_1,x_2)\\
&\cdots\cdots\\
&\dot{x}_{n-1}=g_{n-1}(x_1,x_2,\cdots,x_{n-1})x_n+f_{n-1}(x_1,x_2,\cdots,x_{n-1})\\
&\dot{x}_n=g_n(x_1,x_2,\cdots,x_n)u+f_n(x_1,x_2,\cdots,x_n)
\end{aligned}\right\} \tag{8-36}$$

其中，$f_i:D\to\mathbf{R}$，$g_i:D\to\mathbf{R}$。式(8-33)可被改写为

$$\bar{x}_i=[\dot{x}_{(i-1)d}-f_{i-1}(x_1,x_2,\cdots,x_{i-1})-K_{i-1}S_{i-1}]/g_{i-1}(x_1,x_2,\cdots,x_{i-1}) \tag{8-37}$$

此时，系统控制输入为

$$u=(\dot{x}_{nd}-f_n-K_nS_n)/g_n=\left(\frac{\bar{x}_n-x_{nd}}{\tau_n}-f_n-K_nS_n\right)/g_n \tag{8-38}$$

8.2.2 导引制导一体化控制器设计

对由式(8-22)描述的全状态耦合的导弹非线性模型进行导引制导控制一体化主动解耦设计[4-9]。模型中目标法向加速度 $\bar{\boldsymbol{a}}_{t0}$，姿态角回路误差 $\boldsymbol{d}_3$ 以及弹体角速度回路误差 $\boldsymbol{d}_4$ 都是未知扰动，会对控制品质产生影响，通过设计有限时间收敛观测器(FTDO)对误差进行估计。

通过对 $\boldsymbol{x}_1$ 进行带有参数自适应的反步控制器设计，得到框架角速率控制指令。对滑模面 s_1 进行设计时，假设 B_2 矩阵总是可逆。考虑状态子空间：

$$\dot{\boldsymbol{x}}_1=\boldsymbol{f}_1(\boldsymbol{x}_2)+\boldsymbol{g}_1(\boldsymbol{x}_1)\begin{bmatrix}\boldsymbol{x}_4\\ \boldsymbol{u}_1\end{bmatrix} \tag{8-39}$$

定义滑模面为 $\boldsymbol{s}_1=\boldsymbol{x}_1-\boldsymbol{x}_{1d}$，设计控制量 $\boldsymbol{u}_1$，使得 $\boldsymbol{s}_1$ 能渐进收敛到原点。对滑模面进行求导，得到

$$\dot{\boldsymbol{s}}_1=\boldsymbol{f}_1(\boldsymbol{x}_2)+\boldsymbol{g}_1(\boldsymbol{x}_1)\begin{bmatrix}\boldsymbol{x}_4\\ \boldsymbol{u}_1\end{bmatrix}-\dot{\boldsymbol{x}}_{1d}=\boldsymbol{f}_1(\boldsymbol{x}_2)+\boldsymbol{B}_1\boldsymbol{x}_4+\boldsymbol{B}_2\boldsymbol{u}_1-\dot{\boldsymbol{x}}_{1d}$$

令 $\dot{\boldsymbol{s}}_1 = -\boldsymbol{k}_1 \boldsymbol{s}_1$，由于假设 $\boldsymbol{B}_2$ 矩阵总是可逆，那么可得到控制器为

$$\boldsymbol{u}_1 = \boldsymbol{B}_2^{-1}[-\boldsymbol{f}_1(\boldsymbol{x}_2) - \boldsymbol{B}_1 \boldsymbol{x}_4 + \dot{\boldsymbol{x}}_{1d} - \boldsymbol{k}_1 \boldsymbol{s}_1], \quad \boldsymbol{k}_1 > 0 \tag{8-40}$$

除了模型[式(8-22)]中已经定义的状态，再取弹目相对切向速度作为新的状态，即 $\bar{\boldsymbol{x}}_2 = [v_\beta, v_\varepsilon]^{\mathrm{T}}$，$v_\varepsilon = r\dot{q}_\varepsilon$，$v_\beta = r\dot{q}_\beta \cos q_\varepsilon$，则有下面的状态方程成立：

$$\dot{\bar{\boldsymbol{x}}}_2 = \boldsymbol{F}_2(\bar{\boldsymbol{x}}_2) + \boldsymbol{G}_{21}(\bar{\boldsymbol{x}}_2)\boldsymbol{x}_{3\#} + \bar{\boldsymbol{a}}_{t0} \tag{8-41}$$

其中，$\boldsymbol{x}_{3\#} = [\beta, \alpha]^{\mathrm{T}}$；$\bar{\boldsymbol{a}}_{t0} = [-a_{t\beta}, a_{t\varepsilon}]^{\mathrm{T}}$；$\boldsymbol{F}_2(\bar{\boldsymbol{x}}_2) = \begin{bmatrix} -\dfrac{v_r v_\beta}{r} + \dfrac{v_\varepsilon v_\beta \tan q_\varepsilon}{r} \\ -\dfrac{v_r v_\varepsilon}{r} - \dfrac{v_\beta^2 \tan q_\varepsilon}{r} \end{bmatrix}$；

$G_{21}(\bar{\boldsymbol{x}}_2) = \begin{bmatrix} \dfrac{qSc_z^\beta}{m} & 0 \\ 0 & -\dfrac{qSc_y^\alpha}{m} \end{bmatrix}$。

令 $\boldsymbol{z}_{20}$ 为状态 $\bar{\boldsymbol{x}}_2$ 的估计，$\boldsymbol{z}_{21}$ 为目标法向加速度 $\bar{\boldsymbol{a}}_{t0}$ 的估计，可以设计如下的有限时间收敛观测器来估计目标法向加速度：

$$\left.\begin{aligned}
&\dot{z}_{20} = \bar{v}_{20} + F_2(\bar{x}_2) + G_{21}(\bar{x}_2)x_{3\#},\ \dot{z}_{21} = \bar{v}_{21},\ \dot{z}_{22} = \bar{v}_{22} \\
&\bar{v}_{20} = -\lambda_{20}\begin{bmatrix} L_{21}^{1/3}\,|z_{201} - \bar{x}_{21}|^{2/3}\operatorname{sign}(z_{201} - \bar{x}_{21}) \\ L_{22}^{1/3}\,|z_{202} - \bar{x}_{22}|^{2/3}\operatorname{sign}(z_{202} - \bar{x}_{22}) \end{bmatrix} + z_{21} \\
&\bar{v}_{21} = -\lambda_{21}\begin{bmatrix} L_{21}^{1/2}\,|z_{211} - \bar{v}_{201}|^{1/2}\operatorname{sign}(z_{211} - \bar{v}_{201}) \\ L_{22}^{1/2}\,|z_{212} - \bar{v}_{202}|^{1/2}\operatorname{sign}(z_{212} - \bar{v}_{202}) \end{bmatrix} + z_{22} \\
&\bar{v}_{22} = -\lambda_{22}\begin{bmatrix} L_{21}\,|z_{221} - \bar{v}_{211}|^{q_2/p_2}\operatorname{sign}(z_{221} - \bar{v}_{211}) \\ L_{22}\,|z_{222} - \bar{v}_{212}|^{q_2/p_2}\operatorname{sign}(z_{222} - \bar{v}_{212}) \end{bmatrix} \\
&z_{20} = \hat{\bar{x}}_2,\ z_{21} = \hat{\bar{a}}_{t0},\ z_{22} = \hat{\dot{\bar{a}}}_{t0}
\end{aligned}\right\} \tag{8-42}$$

其中，$\bar{\boldsymbol{x}}_2 = [\bar{x}_{21}, \bar{x}_{22}]^{\mathrm{T}}$；$\boldsymbol{z}_{20} = [z_{201}, z_{202}]^{\mathrm{T}}$；$\boldsymbol{z}_{21} = [z_{211}, z_{212}]^{\mathrm{T}}$；$\boldsymbol{z}_{22} = [z_{221}, z_{222}]^{\mathrm{T}}$；$\bar{\boldsymbol{v}}_{20} = [\bar{v}_{201}, \bar{v}_{202}]^{\mathrm{T}}$；$\bar{\boldsymbol{v}}_{21} = [\bar{v}_{211}, \bar{v}_{212}]^{\mathrm{T}}$；$\bar{\boldsymbol{v}}_{22} = [\bar{v}_{221}, \bar{v}_{222}]^{\mathrm{T}}$；$\hat{\bar{a}}_{t0}$ 为目标加速度 $\bar{a}_{t0}$ 的估计值；λ_{2i} 为待设计的观测器参数，$i = 0,1,2$；p_2 和 q_2 为 Terminal 吸引子设计参数，且满足 $0 < q_2 < p_2$；定义目标加速度的估计误差为 $e_{21} = z_{21} - \bar{a}_{t0}$，那么有限时间内，误差是收敛的。

同理，令 $\boldsymbol{z}_{30}$ 为状态 $\boldsymbol{x}_3$ 的估计，$\boldsymbol{z}_{31}$ 为姿态角回路的误差 $\boldsymbol{d}_3$ 的估计，$\boldsymbol{z}_{40}$ 为状态 $\boldsymbol{x}_4$ 的估计，$\boldsymbol{z}_{41}$ 为弹体角速度回路误差 $\boldsymbol{d}_4$ 的估计，可以设计形如下列两式的有限时间收敛观测器：

$$\left.\begin{aligned}
&\dot{z}_{30}=\bar{v}_{30}+\bar{\boldsymbol{f}}_3(\boldsymbol{x}_3)+\bar{\boldsymbol{g}}_3(\vartheta,\boldsymbol{x}_3)x_4,\dot{z}_{31}=\bar{v}_{31},\dot{z}_{32}=\bar{v}_{32}\\
&\bar{v}_{30}=-\lambda_{30}\begin{bmatrix}L_{31}^{1/3}\ |z_{301}-\bar{x}_{31}|^{2/3}\operatorname{sign}(z_{301}-\bar{x}_{31})\\L_{32}^{1/3}\ |z_{302}-\bar{x}_{32}|^{2/3}\operatorname{sign}(z_{302}-\bar{x}_{32})\\L_{33}^{1/3}\ |z_{303}-\bar{x}_{33}|^{2/3}\operatorname{sign}(z_{303}-\bar{x}_{33})\end{bmatrix}+z_{31}\\
&\bar{v}_{31}=-\lambda_{31}\begin{bmatrix}L_{31}^{1/2}\ |z_{311}-\bar{v}_{301}|^{1/2}\operatorname{sign}(z_{311}-\bar{v}_{301})\\L_{32}^{1/2}\ |z_{312}-\bar{v}_{302}|^{1/2}\operatorname{sign}(z_{312}-\bar{v}_{302})\\L_{33}^{1/2}\ |z_{313}-\bar{v}_{303}|^{1/2}\operatorname{sign}(z_{313}-\bar{v}_{303})\end{bmatrix}+z_{32}\\
&\bar{v}_{32}=-\lambda_{32}\begin{bmatrix}L_{31}\ |z_{321}-\bar{v}_{311}|^{q_3/p_3}\operatorname{sign}(z_{321}-\bar{v}_{311})\\L_{32}\ |z_{322}-\bar{v}_{312}|^{q_3/p_3}\operatorname{sign}(z_{322}-\bar{v}_{312})\\L_{33}\ |z_{323}-\bar{v}_{313}|^{q_3/p_3}\operatorname{sign}(z_{323}-\bar{v}_{313})\end{bmatrix}\\
&z_{30}=\hat{x}_3,z_{31}=\hat{d}_3,z_{32}=\hat{\dot{d}}_3
\end{aligned}\right\}\tag{8-43}$$

$$\left.\begin{aligned}
&\dot{z}_{40}=\bar{v}_{40}+\bar{\boldsymbol{f}}_4(\boldsymbol{x}_3,\boldsymbol{x}_4)+\bar{g}_4 v,\dot{z}_{41}=\bar{v}_{41},\dot{z}_{42}=\bar{v}_{42}\\
&\bar{v}_{40}=-\lambda_{40}\begin{bmatrix}L_{41}^{1/3}\ |z_{401}-\bar{x}_{41}|^{2/3}\operatorname{sign}(z_{401}-\bar{x}_{41})\\L_{42}^{1/3}\ |z_{402}-\bar{x}_{42}|^{2/3}\operatorname{sign}(z_{402}-\bar{x}_{42})\\L_{43}^{1/3}\ |z_{403}-\bar{x}_{43}|^{2/3}\operatorname{sign}(z_{403}-\bar{x}_{43})\end{bmatrix}+z_{41}\\
&\bar{v}_{41}=-\lambda_{41}\begin{bmatrix}L_{41}^{1/2}\ |z_{411}-\bar{v}_{401}|^{1/2}\operatorname{sign}(z_{411}-\bar{v}_{401})\\L_{42}^{1/2}\ |z_{412}-\bar{v}_{402}|^{1/2}\operatorname{sign}(z_{412}-\bar{v}_{402})\\L_{43}^{1/2}\ |z_{413}-\bar{v}_{403}|^{1/2}\operatorname{sign}(z_{413}-\bar{v}_{403})\end{bmatrix}+z_{42}\\
&\bar{v}_{42}=-\lambda_{42}\begin{bmatrix}L_{41}\ |z_{421}-\bar{v}_{411}|^{q_4/p_4}\operatorname{sign}(z_{421}-\bar{v}_{411})\\L_{42}\ |z_{422}-\bar{v}_{412}|^{q_4/p_4}\operatorname{sign}(z_{422}-\bar{v}_{412})\\L_{43}\ |z_{423}-\bar{v}_{413}|^{q_4/p_4}\operatorname{sign}(z_{423}-\bar{v}_{413})\end{bmatrix}\\
&z_{40}=\hat{x}_4,z_{41}=\hat{d}_4,z_{42}=\hat{\dot{d}}_4
\end{aligned}\right\}\tag{8-44}$$

其中，$\hat{d}_3$ 和 $\hat{d}_4$ 分别为干扰 d_3 和 d_4 的估计值，其估计误差为 $e_{31}=z_{31}-d_3$ 和 $e_{41}=z_{41}-d_4$。

针对全状态耦合的导弹导引制导一体化模型[式(8－22)]和有限时间收敛观测器[式(8－42)~式(8－44)]，设计反演滑模控制律。取模型[式(8－22)]中制导回路的误差面如下：

$$\boldsymbol{s}_2=-\bar{\boldsymbol{g}}_{21}^{-1}(\boldsymbol{x}_2)(\boldsymbol{x}_2-\boldsymbol{x}_{2d})\tag{8-45}$$

其中，$\boldsymbol{x}_{2d}$ 为视线角速度的指令信号。

将式(8－45)微分并将式(8－22)中的 $\dot{\boldsymbol{x}}_2$ 表达式代入，可得

$$\dot{\boldsymbol{s}}_2=\bar{\boldsymbol{g}}_{21}^{-2}(\boldsymbol{x}_2)\dot{\bar{\boldsymbol{g}}}_{21}(\boldsymbol{x}_2)(\boldsymbol{x}_2-\boldsymbol{x}_{2d})-\bar{\boldsymbol{g}}_{21}^{-1}(\boldsymbol{x}_2)(\bar{\boldsymbol{f}}_2(\boldsymbol{x}_2)+\bar{\boldsymbol{g}}_{22}(\boldsymbol{x}_2)\bar{\boldsymbol{a}}_{t0}-\dot{\boldsymbol{x}}_{2d})-\boldsymbol{x}_{3\#} \tag{8-46}$$

选择如下虚拟控制量 $\tilde{\boldsymbol{x}}_{3\#}$ 使误差面 $\boldsymbol{s}_2$ 趋近于 0：

$$\tilde{\boldsymbol{x}}_{3\#}=\bar{\boldsymbol{g}}_{21}^{-2}(x_2)\dot{\bar{\boldsymbol{g}}}_{21}(\boldsymbol{x}_2)(\boldsymbol{x}_2-\boldsymbol{x}_{2d})-\bar{\boldsymbol{g}}_{21}^{-1}(\boldsymbol{x}_2)(\bar{\boldsymbol{f}}_2(\boldsymbol{x}_2)+\bar{\boldsymbol{g}}_{22}(\boldsymbol{x}_2)z_{21}-\dot{\boldsymbol{x}}_{2d})+\boldsymbol{k}_2\boldsymbol{s}_2 \tag{8-47}$$

其中，正定阵 $\boldsymbol{k}_2=\mathrm{diag}\{k_{11},k_{12}\}$ 为制导回路误差面增益矩阵。

对 $\tilde{\boldsymbol{x}}_{3\#}$ 进行滤波，可得滤波后的虚拟控制量 $\bar{\boldsymbol{x}}_{3\#}$。设计的低通滤波器如下：

$$\left.\begin{aligned}\dot{\bar{\boldsymbol{x}}}_{3\#}&=-\tau_3^{-1}(\bar{\boldsymbol{x}}_{3\#}-\tilde{\boldsymbol{x}}_{3\#})\\ \bar{\boldsymbol{x}}_{3\#}(0)&=\tilde{\boldsymbol{x}}_{3\#}(0)\end{aligned}\right\} \tag{8-48}$$

其中，$\boldsymbol{\tau}_3=\mathrm{diag}\{\boldsymbol{\tau}_{31},\boldsymbol{\tau}_{32}\}$，$\tau_{3i}>0$ 为滤波器时间常数，$i=1,2$。

同理，设计角度回路的误差面及相应虚拟控制量的低通滤波器分别如下：

$$\left.\begin{aligned}\boldsymbol{s}_3&=\boldsymbol{x}_3-[\bar{\boldsymbol{x}}_{3d},\bar{\boldsymbol{x}}_{3\#}^{\mathrm{T}}]^{\mathrm{T}}\\ \dot{\boldsymbol{s}}_3&=\bar{\boldsymbol{f}}_3(\boldsymbol{x}_3)+\bar{\boldsymbol{g}}_3(\boldsymbol{\vartheta},\boldsymbol{x}_3)\boldsymbol{x}_4+\boldsymbol{d}_3-[\dot{\bar{\boldsymbol{x}}}_{3d},\dot{\bar{\boldsymbol{x}}}_{3\#}^{\mathrm{T}}]^{\mathrm{T}}\\ \tilde{\boldsymbol{x}}_4&=\bar{\boldsymbol{g}}_3^{-1}(\boldsymbol{\vartheta},\boldsymbol{x}_3)(-\bar{\boldsymbol{f}}_3(\boldsymbol{x}_3)-\boldsymbol{z}_{31}+[\dot{\bar{\boldsymbol{x}}}_{3d},\dot{\bar{\boldsymbol{x}}}_{3\#}^{\mathrm{T}}]^{\mathrm{T}}-\boldsymbol{k}_3\boldsymbol{s}_3)\end{aligned}\right\} \tag{8-49}$$

$$\left.\begin{aligned}\dot{\bar{\boldsymbol{x}}}_4&=-\boldsymbol{\tau}_4^{-1}(\bar{\boldsymbol{x}}_4-\tilde{\boldsymbol{x}}_4)\\ \bar{\boldsymbol{x}}_4(0)&=\tilde{\boldsymbol{x}}_4(0)\end{aligned}\right\} \tag{8-50}$$

其中，$\bar{\boldsymbol{x}}_{3d}$ 为滚转角的指令信号，正定阵 $\boldsymbol{k}_3=\mathrm{diag}\{k_{31},k_{32},k_{33}\}$ 为角度回路误差面增益矩阵，$\boldsymbol{\tau}_4=\mathrm{diag}\{\tau_{41},\tau_{42},\tau_{43}\}$，$\boldsymbol{\tau}_{4i}>0$ 为滤波器时间常数，$i=1,2,3$。

弹体角速度的误差面及相应控制量如下：

$$\left.\begin{aligned}\boldsymbol{s}_4&=\boldsymbol{x}_4-\bar{\boldsymbol{x}}_4\\ \dot{\boldsymbol{s}}_4&=\bar{\boldsymbol{f}}_4(\boldsymbol{x}_3,\boldsymbol{x}_4)+\bar{\boldsymbol{g}}_4\boldsymbol{v}+\boldsymbol{d}_4-\dot{\bar{\boldsymbol{x}}}_4\\ \boldsymbol{v}&=\bar{\boldsymbol{g}}_4^{-1}[-\bar{\boldsymbol{f}}_4(\boldsymbol{x}_3,\boldsymbol{x}_4)-\boldsymbol{z}_{31}+\dot{\bar{\boldsymbol{x}}}_4-\boldsymbol{k}_4\boldsymbol{s}_4-\boldsymbol{k}_5\mathrm{sign}(\boldsymbol{s}_4)^{\lambda_4}]\end{aligned}\right\} \tag{8-51}$$

其中，正定阵 $\boldsymbol{k}_4=\mathrm{diag}\{k_{31},k_{32},k_{33}\}$ 和 $\boldsymbol{k}_5=\mathrm{diag}\{k_{41},k_{42},k_{43}\}$ 为角速度误差面增益矩阵。$\boldsymbol{\lambda}_4=\mathrm{diag}\{\lambda_{41},\lambda_{42},\lambda_{43}\}$ 为正定阵且 $0<\lambda_{4i}<1$，$i=1,2,3$。若记 $\boldsymbol{s}_4=[s_{41},s_{42},s_{43}]^{\mathrm{T}}$，则 $\mathrm{sign}(\boldsymbol{s}_4)^{\lambda_4}$ 定义为 $\mathrm{sign}(\boldsymbol{s}_4)^{\lambda_4}=[\mathrm{sign}|s_{41}|^{\lambda_{41}},\mathrm{sign}|s_{42}|^{\lambda_{42}},\mathrm{sign}|s_{43}|^{\lambda_{43}}]^{\mathrm{T}}$。

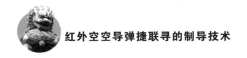

8.2.3 导引制导一体化控制器稳定性分析

下面利用李雅普诺夫方法对前文采用导引制导一体化设计的捷联寻的制导系统的稳定性进行分析。定义 Lyapunov 函数为

$$V_1=\frac{1}{2}\boldsymbol{s}_1^{\mathrm{T}}\boldsymbol{s}_1>0 \tag{8-52}$$

对 V_1 求导，有

$$\dot{V}_1=\boldsymbol{s}_1^{\mathrm{T}}\dot{\boldsymbol{s}}_1=\boldsymbol{s}_1^{\mathrm{T}}[\boldsymbol{f}_1(\boldsymbol{x}_2)+\boldsymbol{B}_1\boldsymbol{x}_4+\boldsymbol{B}_2u_1-\dot{\boldsymbol{x}}_{1d}] \tag{8-53}$$

将控制律[式(8－40)]代入式(8－53)，可得

$$\dot{V}_1=-\boldsymbol{s}_1^{\mathrm{T}}\boldsymbol{k}_1\boldsymbol{s}_1<0,\ \forall\ \boldsymbol{s}_1\neq 0,\ \boldsymbol{k}_1>0 \tag{8-54}$$

由于目标法向加速度是有限的，所以有限时间收敛观测器估计目标法向加速度的估计误差是有界的。记目标法向加速度估计误差为 $\boldsymbol{e}_{21}=\boldsymbol{z}_{21}-\bar{\boldsymbol{a}}_{t0}$，则存在 $N_2>0$ 使得 $\|e_{21}\|\leqslant N_2$。

假设各通道之间的动态耦合项是有界扰动，所以有限时间收敛观测器估计全状态耦合模型中干扰项的估计误差也是有界的。即干扰项的估计误差为 $\boldsymbol{e}_{i1}=\boldsymbol{z}_{i1}-\boldsymbol{d}_i$，则存在 $N_i>0$，使得 $\|\boldsymbol{e}_{i1}\|\leqslant N_i$，$i=3,4$。

制导控制一体化三个通道主动解耦设计的反演滑模控制律中包含虚拟控制量 $\tilde{x}_{3\#}$ 和 $\bar{x}_4$ 的低通滤波器，定义滤波误差为：$\tilde{\boldsymbol{e}}_3=\bar{\boldsymbol{x}}_{3\#}-\tilde{\boldsymbol{x}}_{3\#}$，$\tilde{\boldsymbol{e}}_4=\bar{\boldsymbol{x}}_4-\tilde{\boldsymbol{x}}_4$。

对所设计的反演滑模控制律，由式(8－45)得 $\boldsymbol{x}_2=-\bar{\boldsymbol{g}}_{21}(\boldsymbol{x}_2)\boldsymbol{s}_2+\boldsymbol{x}_{2d}$。

在模型(8－22)中，状态 $\boldsymbol{x}_3=[\gamma,\boldsymbol{x}_{3\#}^{\mathrm{T}}]^{\mathrm{T}}$，如果记误差面 $\boldsymbol{s}_3=[s_{31},s_{3\#}^{\mathrm{T}}]^{\mathrm{T}}$，则由式(8－49)中误差面的 $\boldsymbol{s}_3$ 的定义可得子误差面 $\boldsymbol{s}_{3\#}=\boldsymbol{x}_{3\#}-\bar{\boldsymbol{x}}_{3\#}$。将滤波误差 $\tilde{\boldsymbol{e}}_3$ 和 $\tilde{\boldsymbol{e}}_4$ 分别代入式误差面 $\boldsymbol{s}_{3\#}$ 和 $\boldsymbol{s}_4$ 的表达式中，有

$$\left.\begin{aligned}\boldsymbol{x}_{3\#}&=\boldsymbol{s}_{3\#}+\tilde{\boldsymbol{e}}_3+\tilde{\boldsymbol{x}}_{3\#}\\ \boldsymbol{x}_4&=\boldsymbol{s}_4+\tilde{\boldsymbol{e}}_4+\tilde{\boldsymbol{x}}_4\end{aligned}\right\} \tag{8-55}$$

由式(8－46)、式(8－47)和式(8－55)，并引入观测器误差 $\boldsymbol{e}_{21}$ 和滤波误差 $\tilde{\boldsymbol{e}}_3$，有

$$\dot{\boldsymbol{s}}_2=-\boldsymbol{s}_{3\#}-\tilde{\boldsymbol{e}}_3-\boldsymbol{k}_2\boldsymbol{s}_2+\bar{\boldsymbol{e}}_{21} \tag{8-56}$$

其中，$\bar{\boldsymbol{e}}_{21}=\bar{\boldsymbol{g}}_{21}^{-1}(\boldsymbol{x}_2)\bar{\boldsymbol{g}}_{22}(\boldsymbol{x}_2)\boldsymbol{e}_{21}=\mathrm{diag}\left\{\frac{m}{qSc_z^{\beta}},-\frac{m}{qSc_y^{\alpha}}\right\}\boldsymbol{e}_{21}$。因为 $\boldsymbol{e}_{21}$ 有界，所以存在 $\bar{N}_2>0$，使得 $\|\bar{\boldsymbol{e}}_{21}\|\leqslant\bar{N}_2$。

由式(8-49)中 $\dot{\boldsymbol{s}}_3$ 和虚拟控制量 $\tilde{\boldsymbol{x}}_4$ 的表达式，结合式(8-51)中误差面 $\boldsymbol{s}_4$ 的定义并引入观测器误差 $\boldsymbol{e}_{31}$ 和滤波误差 $\tilde{\boldsymbol{e}}_4$，有

$$\dot{\boldsymbol{s}}_3 = \bar{\boldsymbol{g}}_3(\vartheta, \boldsymbol{x}_3)(\boldsymbol{s}_4 + \tilde{\boldsymbol{e}}_4) - \boldsymbol{k}_3 \boldsymbol{s}_3 - \boldsymbol{e}_{31} \tag{8-57}$$

由式(8-51)中控制量 v 的表达式代入该式中的 $\dot{\boldsymbol{s}}_4$，并引入扩张观测器误差 $\boldsymbol{e}_{41}$，有

$$\dot{\boldsymbol{s}}_4 = -\boldsymbol{k}_4 \boldsymbol{s}_4 - \boldsymbol{k}_5 \operatorname{sign}(\boldsymbol{s}_4)^{\lambda_4} - \boldsymbol{e}_{41} \tag{8-58}$$

针对系统[式(8-38)]和反馈控制[式(8-42)～式(8-51)]，考虑李雅普诺夫函数[V_1 见式(8-52)]：

$$V = V_1 + V_2 = V_1 + \frac{1}{2}(\boldsymbol{s}_2^{\mathrm{T}} \boldsymbol{s}_2 + \boldsymbol{s}_3^{\mathrm{T}} \boldsymbol{s}_3 + \boldsymbol{s}_4^{\mathrm{T}} \boldsymbol{s}_4 + \tilde{\boldsymbol{e}}_3^{\mathrm{T}} \tilde{\boldsymbol{e}}_3 + \tilde{\boldsymbol{e}}_4^{T} \tilde{\boldsymbol{e}}_4) \tag{8-59}$$

给定正常数 χ_1，χ_2 和 χ_3，给出集合定义如下：

$$\begin{cases} \boldsymbol{B}_1 = \{[\boldsymbol{x}_{2d}^{\mathrm{T}}, \dot{\boldsymbol{x}}_{2d}^{\mathrm{T}}, \ddot{\boldsymbol{x}}_{2d}^{\mathrm{T}}]^{\mathrm{T}} \mid \boldsymbol{x}_{2d} \boldsymbol{x}_{2d}^{\mathrm{T}} + \dot{\boldsymbol{x}}_{2d} \dot{\boldsymbol{x}}_{2d}^{\mathrm{T}} + \ddot{\boldsymbol{x}}_{2d} \ddot{\boldsymbol{x}}_{2d}^{\mathrm{T}} \leqslant \chi_1\} \\ \boldsymbol{B}_2 = \{[\bar{\boldsymbol{x}}_{3d}^{\mathrm{T}}, \dot{\bar{\boldsymbol{x}}}_{3d}^{\mathrm{T}}, \ddot{\bar{\boldsymbol{x}}}_{3d}^{\mathrm{T}}]^{\mathrm{T}} \mid \bar{\boldsymbol{x}}_{3d} \bar{\boldsymbol{x}}_{3d}^{\mathrm{T}} + \dot{\bar{\boldsymbol{x}}}_{3d} \dot{\bar{\boldsymbol{x}}}_{3d}^{\mathrm{T}} + \ddot{\bar{\boldsymbol{x}}}_{3d} \ddot{\bar{\boldsymbol{x}}}_{3d}^{\mathrm{T}} \leqslant \chi_2\} \\ \boldsymbol{B}_3 = \{[\boldsymbol{s}_2^{\mathrm{T}}, \boldsymbol{s}_3^{\mathrm{T}}, \boldsymbol{s}_4^{\mathrm{T}}, \tilde{\boldsymbol{e}}_3^{\mathrm{T}}, \tilde{\boldsymbol{e}}_4^{\mathrm{T}}]^{\mathrm{T}} \mid V_2 \leqslant \chi_3\} \end{cases}$$

则 $\boldsymbol{B}_1$、$\boldsymbol{B}_2$、$\boldsymbol{B}_3$ 为紧集。由集合论可知，集合 $\boldsymbol{B}_1$、$\boldsymbol{B}_2$、$\boldsymbol{B}_3$ 的笛卡儿乘积 $\boldsymbol{B}_1 \times \boldsymbol{B}_2 \times \boldsymbol{B}_3$ 也为紧集。由前面推导看出虚拟控制量的导数 $\dot{\tilde{\boldsymbol{x}}}_{3\#}$ 和 $\dot{\tilde{\boldsymbol{x}}}_4$ 是紧集 $\boldsymbol{B}_1 \times \boldsymbol{B}_2 \times \boldsymbol{B}_3$ 上的连续函数，又因为系统中的相关变量及其导数均有界，因此存在紧集 $\boldsymbol{B}_1 \times \boldsymbol{B}_2 \times \boldsymbol{B}_3$ 上的非负连续函数 $\boldsymbol{F}_2$ 和 $\boldsymbol{F}_3$，使得

$$\begin{cases} \|\dot{\tilde{\boldsymbol{x}}}_{3\#}\| \leqslant \boldsymbol{F}_2(\boldsymbol{x}_{2d}, \dot{\boldsymbol{x}}_{2d}, \ddot{\boldsymbol{x}}_{2d}, \bar{\boldsymbol{x}}_{3d}, \dot{\bar{\boldsymbol{x}}}_{3d}, \ddot{\bar{\boldsymbol{x}}}_{3d}, \boldsymbol{s}_2, \boldsymbol{s}_3, \boldsymbol{s}_4, \tilde{\boldsymbol{e}}_3, \tilde{\boldsymbol{e}}_4) \\ \|\dot{\tilde{\boldsymbol{x}}}_4\| \leqslant \boldsymbol{F}_3(\boldsymbol{x}_{2d}, \dot{\boldsymbol{x}}_{2d}, \ddot{\boldsymbol{x}}_{2d}, \bar{\boldsymbol{x}}_{3d}, \dot{\bar{\boldsymbol{x}}}_{3d}, \ddot{\bar{\boldsymbol{x}}}_{3d}, \boldsymbol{s}_2, \boldsymbol{s}_3, \boldsymbol{s}_4, \tilde{\boldsymbol{e}}_3, \tilde{\boldsymbol{e}}_4) \end{cases}$$

记函数 $\boldsymbol{F}_2$ 和 $\boldsymbol{F}_3$ 在集合 $\boldsymbol{B}_1 \times \boldsymbol{B}_2 \times \boldsymbol{B}_3$ 上的最大值分别为 M_2 和 M_3，则有 $\|\dot{\tilde{x}}_{3\#}\| \leqslant M_2$，$\|\dot{\tilde{x}}_4\| \leqslant M_3$。

由式(8-56)，再考虑到 $\boldsymbol{s}_3 = [\boldsymbol{s}_{31}, \boldsymbol{s}_{3\#}^{\mathrm{T}}]^{\mathrm{T}}$，可得

$$\begin{aligned} \boldsymbol{s}_2^{\mathrm{T}} \dot{\boldsymbol{s}}_2 = & -\boldsymbol{s}_2^{\mathrm{T}} \boldsymbol{s}_{3\#} - \boldsymbol{s}_2^{\mathrm{T}} \tilde{\boldsymbol{e}}_3 - \boldsymbol{s}_2^{\mathrm{T}} \boldsymbol{k}_2 \boldsymbol{s}_2 + \boldsymbol{s}_2^{\mathrm{T}} \bar{\boldsymbol{e}}_{21} \leqslant \\ & \frac{1}{2} \boldsymbol{s}_2^{\mathrm{T}} \boldsymbol{s}_2 + \frac{1}{2} \boldsymbol{s}_{3\#}^{\mathrm{T}} \boldsymbol{s}_{3\#} + \frac{1}{2} \boldsymbol{s}_2^{\mathrm{T}} \boldsymbol{s}_2 + \frac{1}{2} \tilde{\boldsymbol{e}}_3^{\mathrm{T}} \tilde{\boldsymbol{e}}_2 - \boldsymbol{s}_2^{\mathrm{T}} \boldsymbol{k}_2 \boldsymbol{s}_2 + \frac{1}{2} \boldsymbol{s}_2^{\mathrm{T}} \boldsymbol{s}_2 + \frac{1}{2} \bar{\boldsymbol{e}}_{21}^{\mathrm{T}} \bar{\boldsymbol{e}}_{21} \leqslant \\ & \boldsymbol{s}_2^{\mathrm{T}} \left(\frac{3}{2} \boldsymbol{I} - \boldsymbol{k}_2\right) \boldsymbol{s}_2 + \frac{1}{2} \boldsymbol{s}_3^{\mathrm{T}} \boldsymbol{s}_3 + \frac{1}{2} \tilde{\boldsymbol{e}}_3^{\mathrm{T}} \tilde{\boldsymbol{e}}_2 + \frac{1}{2} N_1^2 \end{aligned} \tag{8-60}$$

由式(8-57)可得

$$
\begin{aligned}
\boldsymbol{s}_3^{\mathrm{T}}\dot{\boldsymbol{s}}_3 = & \boldsymbol{s}_3^{\mathrm{T}}\bar{\boldsymbol{g}}_3\boldsymbol{s}_4 + \boldsymbol{s}_3^{\mathrm{T}}\bar{\boldsymbol{g}}_3\tilde{\boldsymbol{e}}_4 - \boldsymbol{s}_3^{\mathrm{T}}\boldsymbol{k}_3\boldsymbol{s}_3 + \boldsymbol{s}_3^{\mathrm{T}}\boldsymbol{e}_{31} \leqslant \\
& \frac{1}{2}\boldsymbol{s}_3^{\mathrm{T}}\bar{\boldsymbol{g}}_3\bar{\boldsymbol{g}}_3^{\mathrm{T}}\boldsymbol{s}_3 + \frac{1}{2}\boldsymbol{s}_4^{\mathrm{T}}\boldsymbol{s}_4 + \frac{1}{2}\boldsymbol{s}_3^{\mathrm{T}}\bar{\boldsymbol{g}}_3\bar{\boldsymbol{g}}_3^{\mathrm{T}}\boldsymbol{s}_3 + \frac{1}{2}\tilde{\boldsymbol{e}}_4^{\mathrm{T}}\tilde{\boldsymbol{e}}_4 - \\
& \boldsymbol{s}_3^{\mathrm{T}}\boldsymbol{k}_3\boldsymbol{s}_3 + \frac{1}{2}\boldsymbol{s}_3^{\mathrm{T}}\boldsymbol{s}_3 + \frac{1}{2}\bar{\boldsymbol{e}}_{31}^{\mathrm{T}}\bar{\boldsymbol{e}}_{31} \leqslant \\
& \boldsymbol{s}_3^{\mathrm{T}}\left(\frac{1}{2}\boldsymbol{I} + \bar{\boldsymbol{g}}_3\bar{\boldsymbol{g}}_3^{\mathrm{T}} - \boldsymbol{k}_3\right)\boldsymbol{s}_3 + \frac{1}{2}\boldsymbol{s}_4^{\mathrm{T}}\boldsymbol{s}_4 + \frac{1}{2}\tilde{\boldsymbol{e}}_4^{\mathrm{T}}\tilde{\boldsymbol{e}}_4 + \frac{1}{2}N_2^2
\end{aligned}
\tag{8-61}
$$

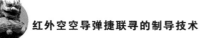

由式(8-58)和 $\mathrm{sign}\,(\boldsymbol{s}_4)^{\lambda_4}$ 的定义并考虑到选择的控制量 $\boldsymbol{v}$ 可以使误差面 $\boldsymbol{s}_4$ 趋于 0,可得

$$
\begin{aligned}
\boldsymbol{s}_4^{\mathrm{T}}\dot{\boldsymbol{s}}_4 = & -\boldsymbol{s}_4^{\mathrm{T}}\boldsymbol{k}_4\boldsymbol{s}_4 + \boldsymbol{s}_4^{\mathrm{T}}\boldsymbol{k}_4\mathrm{sig}\,(\boldsymbol{s}_4)^{\lambda_4} - \boldsymbol{s}_4^{\mathrm{T}}\boldsymbol{e}_{41} \leqslant \\
& -\boldsymbol{s}_4^{\mathrm{T}}\boldsymbol{k}_4\boldsymbol{s}_4 - |\boldsymbol{s}_4^{\mathrm{T}}|\boldsymbol{k}_4|\boldsymbol{s}_4|^{\lambda_4} + \frac{1}{2}\boldsymbol{s}_4^{\mathrm{T}}\boldsymbol{s}_4 + \frac{1}{2}\boldsymbol{e}_{41}^{\mathrm{T}}\boldsymbol{e}_{41} \leqslant \\
& -\boldsymbol{s}_4^{\mathrm{T}}\boldsymbol{k}_4\boldsymbol{s}_4 + \frac{1}{2}|\boldsymbol{s}_4^{\mathrm{T}}|^2 + \frac{1}{2}\boldsymbol{k}_4|s_4|^{2\lambda_4} + \frac{1}{2}\boldsymbol{s}_4^{\mathrm{T}}s_4 + \frac{1}{2}\boldsymbol{e}_{41}^{\mathrm{T}}\boldsymbol{e}_{41} \leqslant \\
& -\boldsymbol{s}_4^{\mathrm{T}}\boldsymbol{k}_4\boldsymbol{s}_4 + \frac{1}{2}|\boldsymbol{s}_4^{\mathrm{T}}|^2 + \frac{1}{2}\boldsymbol{k}_4((1-\lambda_4)I^{\frac{1}{(1-\lambda_4)}} + \lambda_4|\boldsymbol{s}_4|^{2\frac{\lambda_4}{\lambda_4}})|\boldsymbol{s}_4|^{2\lambda_4} + \\
& \frac{1}{2}\boldsymbol{s}_4^{\mathrm{T}}\boldsymbol{s}_4 + \frac{1}{2}\boldsymbol{e}_{41}^{\mathrm{T}}\boldsymbol{e}_{41} \leqslant \boldsymbol{s}_4^{\mathrm{T}}\left(\frac{1}{2}\boldsymbol{I} - \boldsymbol{k}_4 + \frac{3}{2}\boldsymbol{k}_5\right)\boldsymbol{s}_4 + \frac{1}{2}\boldsymbol{k}_{51} + \frac{1}{2}\boldsymbol{k}_{52} + \frac{1}{2}\boldsymbol{k}_{53} + \frac{1}{2}N_3^2
\end{aligned}
\tag{8-62}
$$

由式(8-48)可得

$$
\begin{aligned}
\tilde{\boldsymbol{e}}_3^{\mathrm{T}}\dot{\tilde{\boldsymbol{e}}}_3 = & \tilde{\boldsymbol{e}}_3^{\mathrm{T}}\boldsymbol{\tau}_3^{-1}(-\bar{\boldsymbol{x}}_{3\#} + \tilde{\boldsymbol{x}}_{3\#}) - \tilde{\boldsymbol{e}}_3^{\mathrm{T}}\dot{\tilde{\boldsymbol{x}}}_{3\#} = -\tilde{\boldsymbol{e}}_3^{\mathrm{T}}\boldsymbol{\tau}_3^{-1}\tilde{\boldsymbol{e}}_3 - \tilde{\boldsymbol{e}}_3^{\mathrm{T}}\dot{\tilde{\boldsymbol{x}}}_{3\#} \leqslant \\
& -\tilde{\boldsymbol{e}}_3^{\mathrm{T}}\boldsymbol{\tau}_3^{-1}\tilde{\boldsymbol{e}}_3 + \frac{1}{2}\tilde{\boldsymbol{e}}_3^{\mathrm{T}}\tilde{\boldsymbol{e}}_3 + \frac{1}{2}\dot{\tilde{\boldsymbol{x}}}_{3\#}^{\mathrm{T}}\dot{\tilde{\boldsymbol{x}}}_{3\#} \leqslant \tilde{\boldsymbol{e}}_3^{\mathrm{T}}\left(\frac{1}{2}\boldsymbol{I} - \boldsymbol{\tau}_3^{-1}\right)\tilde{\boldsymbol{e}}_3 + \frac{1}{2}M_2^2
\end{aligned}
\tag{8-63}
$$

由式(8-50)可得

$$
\begin{aligned}
\tilde{\boldsymbol{e}}_4^{\mathrm{T}}\dot{\tilde{\boldsymbol{e}}}_4 = & \tilde{\boldsymbol{e}}_4^{\mathrm{T}}\boldsymbol{\tau}_4^{-1}(-\bar{\boldsymbol{x}}_4 + \tilde{\boldsymbol{x}}_4) - \tilde{\boldsymbol{e}}_4^{\mathrm{T}}\dot{\tilde{\boldsymbol{x}}}_4 = -\tilde{\boldsymbol{e}}_4^{\mathrm{T}}\boldsymbol{\tau}_4^{-1}\tilde{\boldsymbol{e}}_4 - \tilde{\boldsymbol{e}}_4^{\mathrm{T}}\dot{\tilde{\boldsymbol{x}}}_4 \leqslant \\
& -\tilde{\boldsymbol{e}}_4^{\mathrm{T}}\boldsymbol{\tau}_4^{-1}\tilde{\boldsymbol{e}}_4 + \frac{1}{2}\tilde{\boldsymbol{e}}_4^{\mathrm{T}}\tilde{\boldsymbol{e}}_4 + \frac{1}{2}\dot{\tilde{\boldsymbol{x}}}_4^{\mathrm{T}}\dot{\tilde{\boldsymbol{x}}}_4 \leqslant \tilde{\boldsymbol{e}}_4^{\mathrm{T}}\left(\frac{1}{2}\boldsymbol{I} - \boldsymbol{\tau}_4^{-1}\right)\tilde{\boldsymbol{e}}_4 + \frac{1}{2}M_3^2
\end{aligned}
\tag{8-64}
$$

沿着系统[式(8-22)],对李雅普诺夫函数[式(8-59)]中的 V_2 求导,并将式(8-60)~式(8-64)代入,可得

$$\begin{aligned}\dot{V}_2 \leqslant\ & \boldsymbol{s}_2^{\mathrm{T}}(1.5\boldsymbol{I}-\boldsymbol{k}_2)\boldsymbol{s}_2+\boldsymbol{s}_3^{\mathrm{T}}(\boldsymbol{I}+\bar{\boldsymbol{g}}_3^2-\boldsymbol{k}_3)\boldsymbol{s}_3+\boldsymbol{s}_4^{\mathrm{T}}(\boldsymbol{I}-\boldsymbol{k}_4+1.5\boldsymbol{k}_5)\boldsymbol{s}_4+\\ & \tilde{\boldsymbol{e}}_3^{\mathrm{T}}(1-\boldsymbol{\tau}_3^{-1})\tilde{\boldsymbol{e}}_3+\tilde{\boldsymbol{e}}_4^{\mathrm{T}}(1-\tau_4^{-1})\tilde{\boldsymbol{e}}_4+0.5N_1^2+0.5N_2^2+0.5N_3^2+\\ & 0.5M_2^2+0.5M_3^2+0.5k_{51}+0.5k_{52}+0.5k_{53}\end{aligned} \tag{8-65}$$

取整常数 $\boldsymbol{\kappa}$，设计反演滑模控制律中的误差面增益矩阵 $\boldsymbol{k}_i$ 和滤波器时间常数矩阵 $\boldsymbol{\tau}_j$，$i=2,3,4$，$j=3,4$，满足如下约束条件：

$$\begin{cases}\boldsymbol{k}_2 \geqslant \dfrac{3}{2}\boldsymbol{I}+\dfrac{1}{2}\boldsymbol{\kappa}\boldsymbol{I}\\ \boldsymbol{k}_3 \geqslant \boldsymbol{I}+\bar{\boldsymbol{g}}_3\bar{\boldsymbol{g}}_3^{\mathrm{T}}+\dfrac{1}{2}\boldsymbol{\kappa}\boldsymbol{I},\\ \boldsymbol{k}_4-\dfrac{3}{2}\boldsymbol{k}_5 \geqslant \boldsymbol{I}+\dfrac{1}{2}\boldsymbol{\kappa}\boldsymbol{I}\end{cases}\quad \begin{cases}\boldsymbol{\tau}_3 \leqslant \left(\boldsymbol{I}+\dfrac{1}{2}\boldsymbol{\kappa}\boldsymbol{I}\right)^{-1}\\ \boldsymbol{\tau}_4 \leqslant \left(\boldsymbol{I}+\dfrac{1}{2}\boldsymbol{\kappa}\boldsymbol{I}\right)^{-1}\end{cases} \tag{8-66}$$

由式(8－65)和式(8－66)，$\dot{V}_2$ 可以进一步放大为

$$\dot{V}_2(t) \leqslant -\kappa V_2(t)+\bar{E} \tag{8-67}$$

其中，$\bar{E}=0.5N_1^2+0.5N_2^2+0.5N_3^2+0.5M_2^2+0.5M_3^2+0.5k_{51}+0.5k_{52}+0.5k_{53}$。

进而可以得到

$$V_2(t) \leqslant \frac{\bar{E}}{\kappa}(1-\exp(-\kappa t))+V_2(0)\exp(-\kappa t) \tag{8-68}$$

从约束式(8－66)可以看出，选择参数 $\boldsymbol{k}_i(i=2,3,4,5)$ 足够大，减小滤波器时间常数 $\boldsymbol{\tau}_3$ 和 $\boldsymbol{\tau}_4$，则必然要求 $\boldsymbol{\kappa}$ 足够大。显然 $\bar{E}$ 和 $V_2(0)$ 是有界的，所以由式(8－68)知，$V_2(t)$ 可以任意小。这样根据式(8－67)可得，$\dot{V}_2 \leqslant 0$。同时根据所选择李雅普诺夫函数的表达式[式(8－59)]可知，当 $V_2(t)$ 任意小时，等价于误差面和滤波误差达到任意小，即 $\boldsymbol{s}_2$、$\boldsymbol{s}_3$、$\boldsymbol{s}_4$、$\tilde{\boldsymbol{e}}_3$ 和 $\tilde{\boldsymbol{e}}_4$ 一致有界。

对完整状态空间的李雅普诺夫函数[式(8－59)]求导，得到 $\dot{V}=\dot{V}_1+\dot{V}_2$，由式(8－54)和式(8－68)可知，$\dot{V}_1 \leqslant 0$，$\dot{V}_2 \leqslant 0$，则 $\dot{V} \leqslant 0$。故由李雅普诺夫稳定性原理，采用导引制导一体化方法设计的捷联寻的制导系统是渐进稳定的。

8.3 捷联寻的制导一体化设计仿真

本书对捷联寻的空空导弹攻击机动飞行目标进行仿真，来验证提出的制导控制一体化设计方法的有效性。

选择典型的迎头态势作为仿真的弹目相对初始条件，如表 8 - 1 所示。由式(8 - 22)可知，d_4 为姿态角速度回路误差，考虑到通过弹载惯性测量组合可以测量导弹姿态角速度，其精度较高，故设弹体姿态误差为 0，即理想化处理。由于所设计的一体化算法主要包括弹目视线角速度、导弹攻角、侧滑角、滚转角、导弹姿态角速度等状态量，因此仿真结果以这些状态量的变化曲线为主。仿真算法采用定步长四阶龙格库塔法，仿真步长取为 1ms。

表 8 - 1 仿真的相对初始条件

相对初始状态	态势
导弹速度的大小 $\|V\|$ /(m·s^{-1})	800
相对距离 r_0 /km	10
视线倾角 q_ε /(°)	15
导弹弹道角 σ_M /(°)	0
视线方位角 q_β /(°)	0
目标速度 V_t /(m·s^{-1})	400
目标航向角 σ_t /(°)	180
目标机动加速度 $\|\bar{\boldsymbol{a}}_{t0}\|$ /g	幅值为 3 g 的方波

表 8 - 1 的态势中，导弹进入末制导阶段，目标以幅值为 3g 的方波机动，整个拦截过程如图 8 - 2 所示。该态势下导弹初速方向与视线方向重合且前置角为 0。针对所给态势，基于制导控制一体化系统各状态量的仿真结果如图8 - 3～图 8 - 7 所示。其中，图 8 - 3 是导弹高低视线角(q_ε)和方位视线角(q_β)变化曲线，图 8 - 4 是导弹高低视线角速率($\dot{q}_\varepsilon$)和方位视线角速率($\dot{q}_\beta$)变化曲线，图 8 - 5是导弹 y 轴机动(a_{my})和 z 轴机动(a_{mz})图，图 8 - 6 是导弹攻角(α)和侧滑角(β)图，图 8 - 7 是导弹姿态角速率 $\begin{bmatrix}\omega_{x_1} & \omega_{y_1} & \omega_{z_1}\end{bmatrix}^{\mathrm{T}}$ 的曲线图。

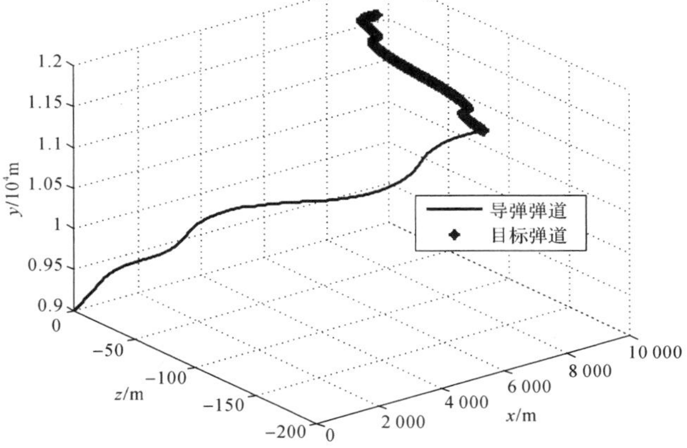

图 8-2 弹目相对运动图

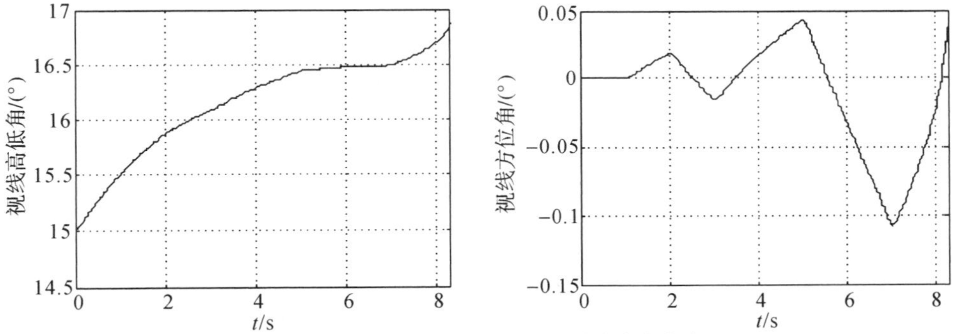

图 8-3 导弹高低视线角和方位视线角变化曲线

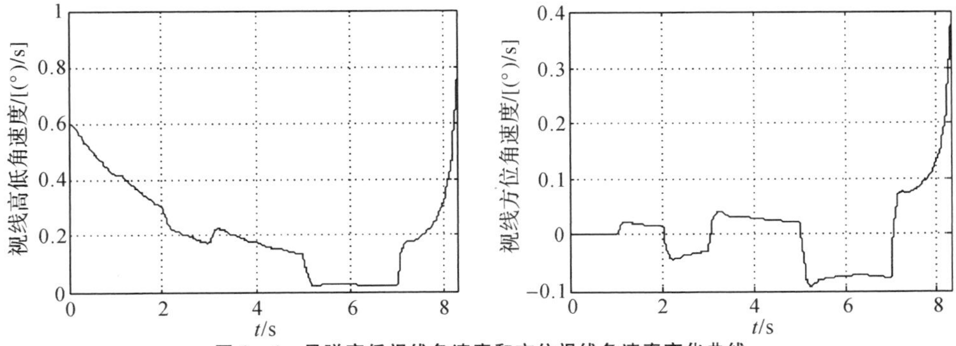

图 8-4 导弹高低视线角速率和方位视线角速率变化曲线

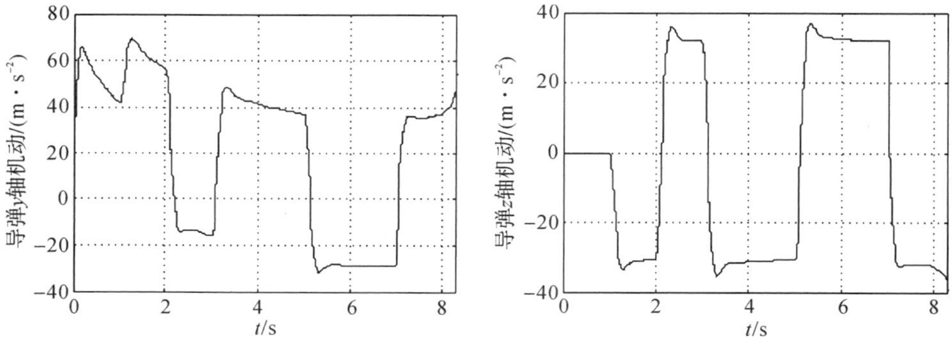

图 8-5　导弹 y 轴机动和 z 轴机动变化曲线

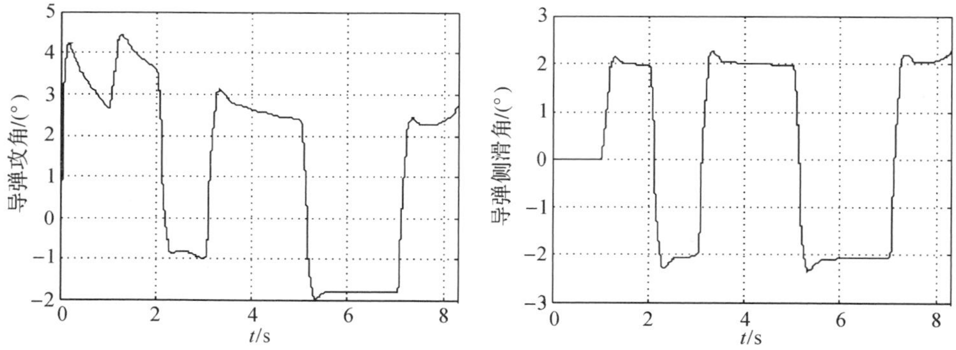

图 8-6　导弹攻角和侧滑角变化曲线

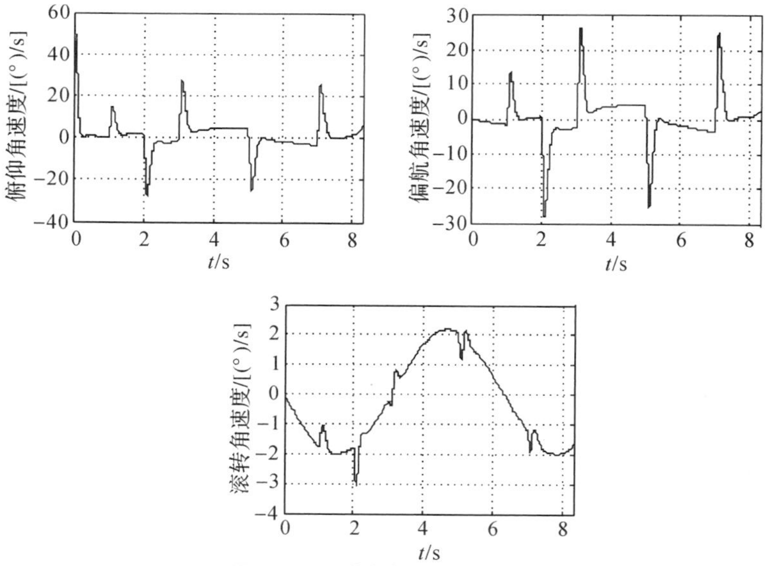

图 8-7　导弹姿态角速率曲线图

导引制导一体化算法的制导原理是使导弹在飞行过程中视线角速度趋近于0,从而保证导弹跟踪目标,并保持视线稳定,与平行接近导引律的制导思想一致。比例导引律则是要求导弹飞行过程中,导弹速度矢量的转动角速度与目标视线的转动角速度成比例关系。由图 8-3 和图 8-4 可知,采用制导一体化算法的导弹,其视线角速率随时间变化保持在零值附近,视线角变化不大。从图 8-2中也可以看出导弹弹道整体比较平滑,就脱靶量来说,采用一体化算法的脱靶量控制在 1.3 m 以下,保证了导弹的命中精度。

从图 8-5 和图 8-6 可以看出,采用一体化算法的导弹在飞行的早期阶段就对目标机动作出响应,及时地修正弹道偏差,从而避免了比例导引律带来的初期过载指令较小、弹道末端过载指令过大、导弹可用过载不足的问题。导弹攻角和侧滑角的变化趋势与导弹过载的变化趋势相一致,导弹的过载能力由气动力来提供。导弹的过载能力峰值不超过 $6g$,在导弹的机动能力范围内,是可以实现的。除了导弹在 0～1s 内用来对初始相对侧向速度进行侧向机动外,导弹的机动过载与目标的机动形式是一致的,说明该控制策略可以引导导弹很好的追踪目标,其需用过载控制在目标机动过载 2 倍以内。

由于采用一体化算法设计的导弹在整个弹道期间保持与目标机动相对应的机动能力,所以从图 8-7 可以看出,相对于传统算法导弹的姿态变化较快,尤其是目标机动加速度突变的时刻,导弹姿态角速度变化相对较大,这样才能为导弹提供快速响应的攻角和侧滑角,从而提高导弹对目标机动的机动响应能力。

制导控制一体化系统干扰项估计结果如图 8-8 和图 8-9 所示。图 8-8 是目标机动过载估计值($\bar{a}_{t0}$)曲线,图 8-9 是导弹攻角、侧滑角和滚转角干扰项(d_α 、d_β 、d_γ)估计曲线。可以看出,有限时间收敛观测器对导弹攻角、侧滑角及滚转角的干扰项有高精度的估计能力,对目标机动的估计有一定的上升时间和超调量,但是其估计精度足以保证生成正确的制导指令和控制的稳定性。

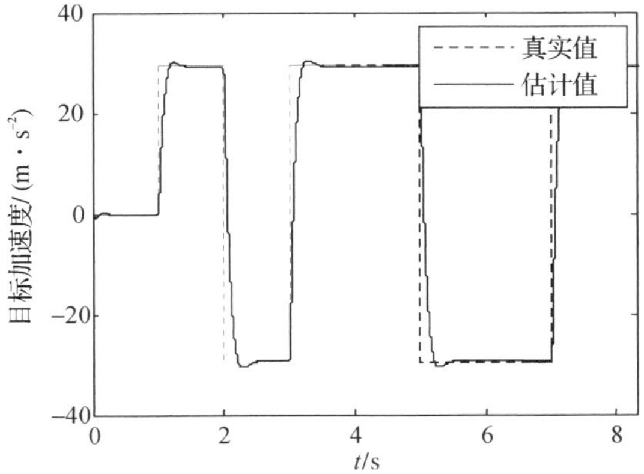

图 8-8　目标机动过载估计值曲线

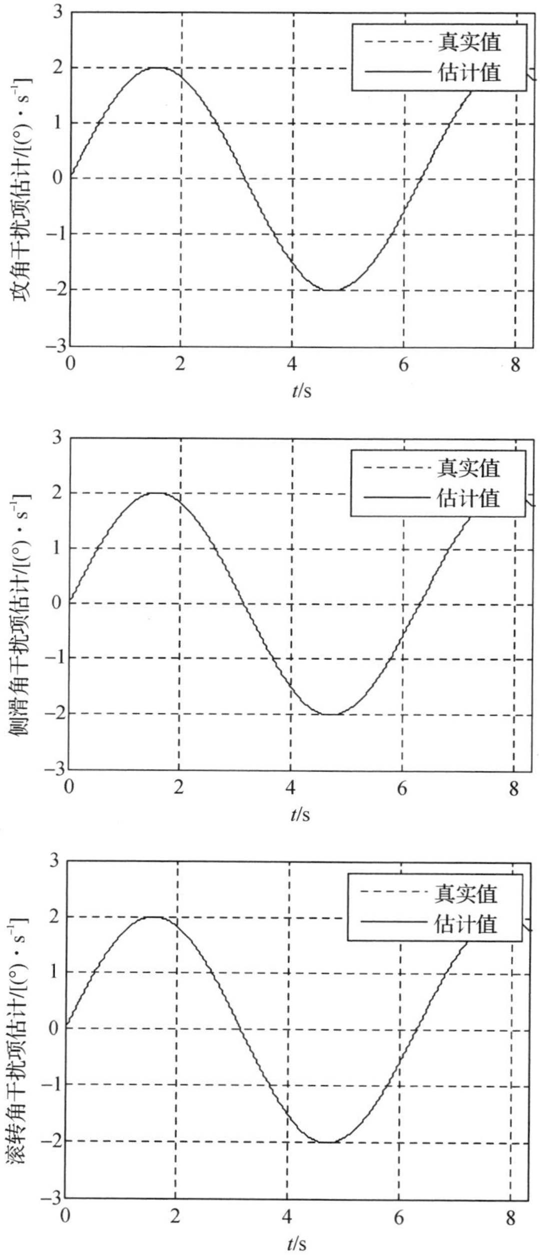

图 8-9 导弹攻角、侧滑角和滚转角干扰项估计曲线

图 8-10～图 8-12 给出了制导一体化设计情况下导引头各状态量的变化。

导引头的工作状态主要关注其失调角，框架角速率及框架角随时间的变化情况。仿真时设定初始失调角为 2°，以此验证导引头对失调角的调整能力。

由图 8-10 可以明显看出，在目标机动的情况下，采用制导一体化设计方法使失调角误差快速趋近于零，并在后面的飞行中保持在零值附近。这体现了制导一体化设计方法保证了导引头视线稳定和对目标持续跟踪的能力。如图 8-11和图 8-12 所示，一体化设计算法对导引头的框架角速率指令相对较大，这样才能保持导引头在目标机动情况下对目标持续、快速且稳定的跟踪能力。

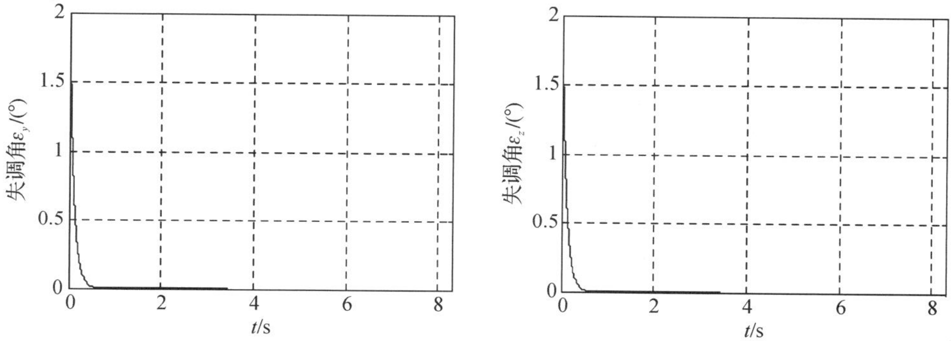

图 8-10　导引头纵向及侧向失调角

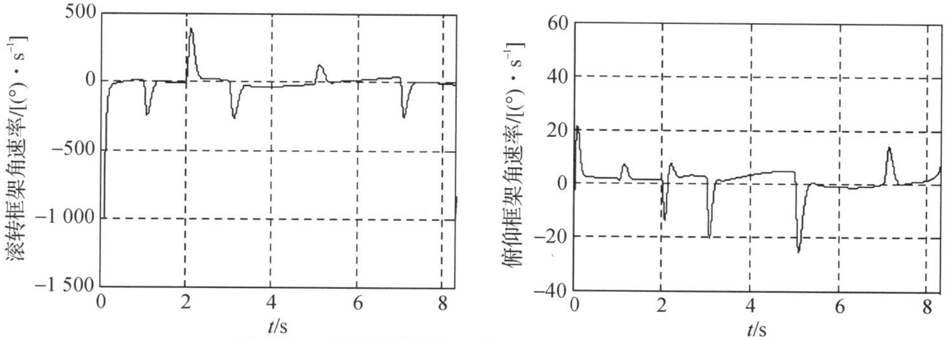

图 8-11　导引头滚转框架角速率及俯仰框架角速率

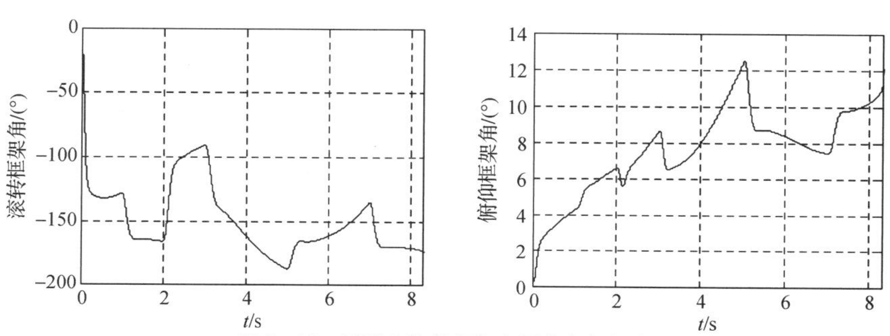

图 8-12　导引头滚转框架角及俯仰框架角

参考文献

[1]周瑞青，刘新华，史守峡，等. 捷联导引头稳定与跟踪技术[M]. 北京：国防工业出版社，2010.

[2]WILLMAN W W. Effects of strapdown seeker scale-factor uncertainty on optimal guidance [J]. Journal of Guidance, Control and Dynamics, 1988, 11(3): 199 - 206.

[3]SU J Y, YANG J, LI S H. Finite-time disturbance rejection control for robotic manipulators based on sliding mode differentiator[C]//25th Chinese Control and Decision Conference (CCDC). GUI ZHOU: IEEE. 2013: 3844 - 3849.

[4]张尧. 机动目标防御的导弹精确制导与控制及一体化设计研究[D]. 北京：北京理工大学，2015.

[5]郭超. 临近空间拦截弹制导控制及一体化设计研究[D]. 西安：西北工业大学，2015.

[6]田宏亮，许晓艳. 视场受限制导与控制一体化设计[J]. 航空科学技术，2017，28(5)：67 - 73.

[7]SONG H T, ZHANG G L. L1 adaptive state feedback controller for three-dimensional integrated guidance and control of interceptor[J]. Journal of Aerospace Engineering, 2014, 228(10): 1693 - 1701.

[8]宋海涛，张涛，张国良. 飞行器制导控制一体化技术[M]. 北京：国防工业出版社，2017.

[9]梁晓玲. 控制受限的导引与控制一体化设计[D]. 哈尔滨：哈尔滨工业大学，2015.